纺织
与
服装

主　编　赵　丰　[丹]玛丽－路易斯·诺施（Marie-Louise Nosch）
助理主编　李晋芳
主　译　李思龙　李启正

丝 绸 之 路 文 化 互 动 专 题 集

中国丝绸博物馆
China National Silk Museum

ZHEJIANG UNIVERSITY PRESS
浙江大学出版社
·杭州·

纺织与服装：共同的脉络

人类的共同遗产具有激发对话、促进理解的力量，是建立信任和尊重的重要工具。深入了解丝绸之路沿线不同民族和文化间的相互影响和传承，对于加强跨文化对话、维持可持续的和平和发展至关重要。

纺织品和服装是我们生活中不可或缺的一部分，全球每 8 名劳动者就有 1 名受雇于纺织和服装行业。纵观历史，纺织品和服装一直以来也是各种文化间相互交流和影响的载体。即便如此，人们有时也会忽略纺织品和服装在促进人际交流方面发挥的重要作用。

本书将带领我们环游世界：从爪哇到西非，从斯堪的纳维亚半岛到菲律宾。它记录了一段引人入胜的历史，从图案和染料如何成为文化模仿、融合和交流的要素，到特定的图案和符号如何在不同的文化中被接受并成为影响文化的手段，娓娓道来。

这段历史犹如丝线，将我们所有人联结在一起！翻阅本书，让我们一起来探索纺织和服装的丰富历史。

30 位国际知名学者倾心力作！

丝为纽带，网络天下

《纺织与服装》是"丝绸之路文化互动专题集"的第一本专集，也是联合国教科文组织（UNESCO）和中国丝绸博物馆的第一个合作出版项目"丝绸之路上的纺织与服装"的成果。继《纺织与服装》英文版出版之后，中文版也要正式出版了。作为这一项目的负责人和本书的主编之一，我觉得应该写个序，介绍一下这个项目的缘起、主要内容、特色和未来。

一

UNESCO之所以要出版《纺织与服装》，是因为其对丝绸之路的长期关注。

1986 年 12 月，联合国大会通过了《世界文化发展十年行动计划（1988—1997）》，依据该计划，UNESCO牵头设立了一系列社会科学研究项目，其中就包括"丝绸之路整体研究：对话之路"。正是从此开始，UNESCO 在 1990—1995 年开展了史无前例的五次丝绸之路考察活动，考察范围包括从西安到喀什的沙漠丝绸之路（1990 年 7 月 20 日—8 月 23 日）、从威尼斯到大阪的海上丝绸之路（1990 年 10 月 30 日—1991 年 3 月）、中亚草原丝绸之路（1991 年春夏之际）、蒙古游牧丝绸之路（1992 年 7 月 10 日—8 月 5 日）以及尼泊尔佛教丝绸之路（1995 年）。来自 47 个国家的 227 位专家参与了正式考察，2000 多人参与了各项活动。也正是从此之后，丝绸之路成了世界各国专家学者、政府官员、媒体和公众心目中的国际对话之路、友谊之路、交流之路的代名词。

进入 21 世纪以来，在 UNESCO 世界遗产委员会和世界遗产中心的协调推动下，丝绸之路沿线国家和地区与中国达成了联合申遗的意向和协议。此后，苏珊·丹尼尔（Susan Denyer）女士和亨利·克利尔博士（Dr. Henry Cleere）起草了丝绸之路申遗的"概念文件"，最终认定了丝绸之路线路的时空范畴：时间上以公元前 2 世纪古代中国汉王朝派遣张骞出使西域，最早系统地沟通和整合这一交通线路为稳定系列的标志性重大历史事件为起始点，而以大航海时代或东西方陆路交通大通道的作用相对弱化之前的 15—16 世纪为结束点。其空间分布则为自中国平原开始，穿过中亚，西达地中海沿岸，南至印度河流域，北至阿姆河流域、咸海和里海的多重交叉、呈路网状的体系。蒂姆·威廉姆斯博士（Dr. Tim Williams）又开展了主题研究，把庞大的丝绸之路划分为同一框架体系下的 52 条文化廊道，建议各个廊道分别、陆续申报"丝绸之路"总体名称下各自的世界遗产组合。正是在上述"概念文件"和威廉姆斯博士的主题研究的思路下，2014 年 6 月 22 日，在卡塔尔首都多哈召开的第 38 届世界遗产大会上，中国、哈萨克斯坦、吉尔吉斯斯坦联合申报的"丝绸之路：长安—天山廊道的路网"作为世界文化遗产被批准列入 UNESCO《世界遗产名录》。至此，丝绸之路正式成了被国际社会认同的世界遗产。

自此之后，UNESCO 更加重视丝绸之路的平台建设，一方面在文化领域下的世界遗产相关机构继续协调和推动新的丝绸之路申遗项目，另一方面也在社会和人文科学部下专门设置了丝路相关项目机构，与丝绸之路沿线国家和地区建立了丝绸之路网络（Silk Roads Network）。2017 年 5 月，UNESCO 在北京召开了"丝绸之路互动地图"国际专家会议，来自世界各地的历史、文化、语言、民俗、人类学、文化遗产保护方面的专家学者在会上一致同意启动"丝绸之路互动地图"项目，并将其中的丝绸内容作为试点项目，由以中国丝绸博物馆倡议建立的国际丝路之绸研究联盟（IASSRT）的专家成员为主合作实施。

UNESCO 当时希望同时启动互动地图平台，但后来发现更为重要的是地图上的内容。所以考虑再三，UNESCO最先启动的丝绸试点项目，不再只是一个平台，而是变成了具有丝绸、纺织、服饰文化遗产内容的文章和著作，这就是《纺织与服装》的缘起。

二

在决定编写出版《纺织与服装》之后，UNESCO就在乌兹别克斯坦马吉兰组织召开了专家会，后来又在西班牙瓦伦西亚再一次召开了专家会。会上专家一起讨论了书的提纲，最后决定由IASSRT主席，时任中国丝绸博物馆馆长——我和IASSRT联合发起人，丹麦皇家科学与文学院院长玛丽-路易斯·诺施（Marie-Louise Nosch）女士担任联合主编。2020年4月，UNESCO和中国丝绸博物馆签约联合出版这一著作。

UNESCO对于"丝绸之路文化互动专题集"这一系列出版物的定位十分清晰，力求"专、广、浅"。"专"，是指这套书要达到顶尖的专业水平，要汇集全球各区域顶尖纺织品领域专家的研究成果，聚焦于丝绸之路。"广"，是指所涉领域广博浩瀚，沿丝路溯纺织品类，探古今中外。"浅"，则指这套书作为通识类图书，需要深入浅出，专业而不晦涩。

《纺织与服装》共收录了22篇文章，分为五个部分和结语。这五部分分别为：纺织生产中主要纤维材料的应用和交流，丝绸之路沿线纺织生产技艺交流，丝绸之路沿线织物纹样、设计和图案交流，丝绸之路沿线织物中的社会标识，以及丝绸之路沿线贸易、商旅、礼品和交流。

在《纺织与服装》的第一部分《丝绸的起源与全球化》一文中，开宗明义地明确了丝绸在中国起源的史实，以及中国丝绸通过丝绸之路向东到达日、韩，向西传到中亚、西亚、欧洲，再到美洲、非洲，最终实现全球化的简明过程。乔吉奥·列略（Giorgio Riello）是英国华威大学世界历史与文化教授，也是《棉的全球史》的作者，他在《棉的全球传播》一文中与日本学者小林和夫（Kazuo Kobayashi）一起重写了棉的全球传播史过程。

纺织品的传播会导致纺织技术和工艺的传播和交流，所以《纺织与服装》的第二部分关注的是"丝绸之路沿线纺织生产技艺交流"。生产技术首先包括蚕桑的基础，即桑树。伦敦的桑树专家彼得·寇斯（Peter Coles）在英国和欧洲其他国家收集了大量关于桑树的分布情况和白桑出现之前的植桑活动的资料。牛津大学的克里斯托弗·白克利（Christopher Buckley）则深入讨论了丝绸之路沿线花楼机的类型及其出现和传播的过程。大英博物馆的迪戈·坦布里尼（Diego Tamburini）通过分析其收藏的敦煌藏经洞丝绸以及美国博物馆收藏的中亚绊织物（ikat）服饰上的染料，描绘了丝绸之路沿线的染料种类和传播过程。

纹样设计或艺术图案是丝绸纺织品最吸引人的地方。《纺织与服装》第三部分"丝绸之路沿线织物纹样、设计和图案交流"关注的是从希腊化时期以来的纺织品设计艺术的变化以及丝绸之路文化交流带来的影响。牛津大学古代艺术学教授彼得·斯图尔特（Peter Stewart）以中国新疆考古发现的三件典型毛织物上的图案为例来讨论丝绸之路纺织品上希腊、罗马意象的传播；韩国国立传统文化大学沈莲玉（Yeonok Sim）教授对伊朗、乌兹别克斯坦、塔吉克斯坦以及中国多地的石窟壁画中的联珠纹进行了整理和比较，展示了纺织图像的地域性差异；来自俄罗斯Naslidia考古所的兹韦兹达娜·道蒂（Zvezdana Dode）以厄尔布鲁士雪峰上的金凤凰为题，详细讨论了中世纪时北高加索地区从东方传来的龙、凤等动物纹样的丝绸。

《纺织与服装》的第四部分特别关注丝绸之路沿线织物中的社会标识，强调文化多样性和通过交流达成的趋同和统一。埃及开罗伊斯兰艺术博物馆副馆长穆罕默德·阿布都－萨拉姆（Mohamed Abdel-Salam）特别以中国与伊斯兰世界之间丝路上的织品的相似性来介绍和说明其多元统一性，而乌兹别克斯坦的埃尔迈拉·久尔（Elmira Gyul）所讨论的绗织物，已成为中亚和西亚地区的一种较具统一特色、共同特性的服饰面料，成为丝绸之路文化交流融合的佳话。

《纺织与服装》的第五部分内容较为分散，讨论了丝绸之路沿线的贸易、商旅、礼品和交流。比萨大学亚洲史教授克劳迪奥·扎尼尔（Claudio Zanier）长期从事丝路东方部分的研究，特别是中国与日本和意大利之间蚕丝技术交流的问题，他详细说明了中国丝绸生产技术西传欧洲的过程及其后续发展，特别以中世纪早期从中国和中亚传至意大利的丝绸长袍和优质丝线为例进行了说明。加拿大皇家安大略博物馆的策展人莎拉·菲（Sarah Fee）则以丝绸、棉花及拉菲草三种材料为例，讨论了以撒哈拉以南非洲地区为起点的全球纺织贸易。大英博物馆策展人汪海岚（Helen Wang）的题目特别有趣，从织物与纸币的材质讲起，一直讲到了纸币设计中的纺织题材。

在《纺织与服装》的最后，由玛丽－路易斯·诺施主笔，赵丰和英国著名历史学家、《丝绸之路：一部全新的世界史》作者彼得·弗兰科潘合作撰写的结语《丝路万维网》，则从丝绸、纺织和服饰的角度出发，充分全面地对丝绸之路又进行了一次纺织角度的概述，其实就是一次关于"丝路之绸"的再梳理。从"丝"字的传播开始，到丝路开辟之前西方对亚洲奢侈织品的不懈追求，经过了织品创新和织机技术的创新，以及丝绸新创作的新源泉与时尚全球化，形成了一张纺织的万维网。这篇结语提纲挈领，算是对UNESCO率先以《纺织与服装》为试点进行合作出版的一个说明。

UNESCO十分重视这一著作的编写和出版。UNESCO社会和人文科学部助理总干事加布里埃拉·拉莫斯（Gabriela Ramos）专门为此书撰写了序："我希望这本引人入胜的书能够成为专家和普通读者的宝贵资源。该书将进一步加深我们对纺织与服装这一重要主题的理解，并有助于实现专题集更远大的目标，即加强我们对这些文化交流及其当代遗产的共识。"

彼得·弗兰科潘也为本书做了序。正如弗兰科潘所说，总体而言，该书是丝绸之路上一切事物的见证，更凝练了世界各地博物馆、研究机构及研究中心的一流学术成果。跟随作者的指引，读者将被带往地球的不同角落——从爪哇到西非，从斯堪的纳维亚到菲律宾。跟随作者的指引，读者不仅可以了解丝绸这种高档丝织品，还可了解其他纺织品和织物，包括棉花、羊毛及植物性材料，如亚麻、大麻、苎麻和其他韧皮纤维，以及图案、染料和服装的时新式样是如何成为相互借鉴、影响和交流的重要元素的，何时、何地选用特定的设计和图案，设计和图案在新环境中的演变过程，从而感受到丝绸之路始于中国、属于世界的独特魅力。

三

回顾《纺织与服装》策划、组织、撰写、编辑、出版的合作全过程，我们深深体会到，这是一次真正的丝绸之路主题的国际学术合作项目，全面体现了"和平合作、开放包容、互学互鉴、互利共赢"的丝绸之路精神，也生动展示了中国丝绸博物馆的国际视野、国家站位和浙江担当的作为。

《纺织与服装》的作者团队以 IASSRT 为核心，又邀请了来自中国、丹麦、俄罗斯、英国、美国、加拿大、意大利、韩国、印度、日本、埃及、加纳等 15 个国家的 30 位具有代表性的纺织服装历史文化领域的作者，从不同角度解读、阐释丝绸之路上纺织材料、技术、图案、艺术、文化、功能性的发展历程及沿线的交流。IASSRT 是 2015 年以中国丝绸博物馆为主，联合丝绸之路沿途或相关的学术机构（包括大学、博物馆、图书馆、考古所、研究机构、研究团体等）合作发起并成立的学术联盟。自 2016 年起，IASSRT 每年组织一次国际学术讨论会，迄今已在中国杭州、法国里昂、韩国扶余、俄罗斯矿水城举行了现场活动,并和意大利特伦、美国纽约、泰国曼谷、中国北京等地合作举行了7次线上线下结合的学术讨论会。历经8年发展,联盟现已形成涵盖中国、英国、美国、法国、德国、意大利、俄罗斯、丹麦、希腊、瑞典、以色列、韩国、日本、泰国、印度、印度尼西亚、乌兹别克斯坦等17个国家40多个成员的国际合作专业网络,成为国际上研究世界丝绸历史、传播和弘扬丝绸之路精神的重要学术团体,在国际丝绸之路研究方面有着独自的作用和地位。

出版《纺织与服装》,我们不只是进行内容的收集与整理,同时也进行平台的建设,那就是建设作为科学技术部重点研发项目的"世界丝绸互动地图"。2019年,中国丝绸博物馆联合浙江大学、东华大学、浙江理工大学等高校的相关学术机构成功申报了科学技术部重点研发项目"世界丝绸互动地图关键技术研发和示范"。该项目立足全球视野,针对丝绸文物的种类鉴别、年代测定、地理溯源、技术还原、造型分析等,基于国家地理信息公共服务平台"天地图",由中国学者和学术机构牵头组织12国约20余名学术同行共同参加实施资源调查、技术研发和示范应用,探寻世界丝绸起源、传播与交流的时空规律,提供世界丝绸知识模型与图谱,研发"锦秀·世界丝绸互动地图"平台。经过近3年的努力,平台已收集包括文物、图像、史料、工艺、遗址、染料和纤维等七大类世界丝绸文化遗产资源1.2万余条,并以汉语、英语、法语、意大利语、泰语、乌兹别克语六种语言呈现。

《纺织与服装》是中国丝绸博物馆长期以丝绸为切入点、研究丝绸之路跨文化交流对话的结果。1992年,在中国丝绸博物馆开馆同时,我出版了两部专著——《唐代丝绸与丝绸之路》和《丝绸艺术史》,把丝绸历史研究和丝绸之路结合在一起。此后,我们的团队一次次奔走在丝绸之路上,进行着丝绸之路上的纺织考古研究工作。从法门寺到敦煌,从都兰热水到众多的环塔遗址,再从费尔干纳到片治肯特古城,从北高加索莫谢谷到奈良正仓院,从大英博物馆到辉伊大教堂,无数从丝绸之路沿途出土的丝绸文物,无数在丝绸之路沿途留存的丝绸生产技艺，渐渐被收入我们的学术著作或展览图录，如《中国丝绸通史》《敦煌丝绸艺术全集》《丝路之绸：起源、传播与交流》《锦绣世界：国际丝绸艺术精品集》《神机妙算：世界织机与纺织艺术》等。在 2019 年，中国丝绸博物馆成立了国际丝绸之路与跨文化交流研究中心，丝绸之路研究成为中国丝绸博物馆战略规划中的长期目标。

《纺织与服装》将成为UNESCO丝绸之路项目与中国丝绸博物馆及IASSRT进一步合作的新起点。《纺织与服装》的试点经验已得到UNESCO的肯定，将用于即将开始的建筑、地毯等相关项目。中国丝绸博物馆已经建成的丝绸之路数字博物馆（SROM）可以成为《纺织与服装》内容的展示平台；已经推出三年的丝绸之路周，也将是弘扬丝绸之路精神的大型活动与传播平台。IASSRT的团队和网格，将在丝绸之路沿线文化遗产的调查、研究、保护、展示和弘扬上，发挥更大的作用。

2023 年正值中国政府提出共建"丝绸之路经济带"和"21 世纪海上丝绸之路"重大倡议十周年。"一带一路"的历史文化基础是丝绸之路，而丝绸之路精神的核心是和平合作、开放包容、互学互鉴和互利共赢，这是今天我们中国丝绸博物馆的国际丝绸之路跨文化交流研究中心以研究为核心、以合作为平台、让文物活起来、让生活更美好的工作目标。其中，丝绸是丝绸之路的原动力。所以，展望未来，我们还会以丝绸为切入点，做好丝绸研究，讲好丝路精神。我们期待，我们能在丝绸之路的国际合作平台上，以丝为力，以丝为媒，为丝绸之路的跨文化交流做出更大贡献。

是为序。

赵　丰

2023 年 1 月 28 日

三十多年来，联合国教科文组织（UNESCO）始终强调丝绸之路上的共同遗产及多元身份的重要性，而丝绸之路的发展得益于不同文化背景和不同区域的人们在数百年间的交流和互鉴。然而，引发这些交流和相互影响的主要领域中的各种要素尚未得到充分认识。这些要素见证了人与人之间和各种文化间的相互联系，并奠定了互敬互信的基础。最终，这些联系为当今世界实现可持续和平与发展铺平了道路。

加布里埃拉·拉莫斯
（Gabriela Ramos）
联合国教科文组织社会和人文科学部助理总干事

为此，联合国教科文组织社会和人文科学部近期编撰了"丝绸之路文化互动专题集"，旨在确认这些重要领域以及相关的要素。在悠久的贸易和文化交流之路上，这些领域和要素促进了互动交流，同时它们自身也产生于文化交流中。《纺织与服装》为本专题集中的第一本，叙述了纺织和服装的变迁过程及其引发的跨文化碰撞。

丝绸通常是奢侈品的代名词，一个庞大的贸易和文化互动路线组成的网络也以丝绸来命名。几个世纪以来，丝绸一直吸引着欧亚大陆及其以外地区的社会群体。5000—7000 年前，这种曾具有神秘色彩的纤维所制成的纺织品首先在中国生产，且在最初，丝绸的生产方法严格保密。对丝织品这种奢侈品的需求成为联通古罗马与东方世界的早期贸易路线的一个主要动力，而丝绸远非丝绸之路沿线上交易的唯一纺织品，事实上，丝绸之路沿线遗址已出土羊毛、棉花和麻等多种不同材料制成的纺织品残片和衣物。这些皆能证明，作为在丝路交流互动中留下的当代辉煌遗产，纺织品和服装具有重要意义。

各种纺织品以及能工巧匠和艺术家们沿这些路线不断流动，催生了纺织生产中的新传统和新技术，其中的许多传统和技术至今仍在沿用。各条商路传播了原材料以及改造原材料所需的学问，也使纺织成品得以流通，这有助于艺术风格、时新式样、色彩、图案和纹样的传播——上述种种皆可被模仿和创新。因此，纺织品与服装揭示了各地区间在设计、生产、材料和仪式用途以及日常服装和配饰方面存在着复杂的相互影响的关系。

现如今，纺织品和服装对于扩大文化互动与交流的潜在贡献难以估计。在当代，当面对面交流受限时，纺织品与服装就成了跨文化对话的持续催化剂。此外，在世界范围内，植物纤维织品在推动生态时尚和可持续发展，以及保护和推广非物质文化遗产诸要素方面都发挥了重要作用。纺织品和服装也经常伴随着文化遗产的诸要素，包括节日、庆典、运动、音乐表演和各种传统戏剧以及个人生命中的重要时刻，如出生、婚礼或葬礼。

因此，我希望这本引人入胜的书能够成为专家和普通读者的宝贵资源。该书将进一步加深我们对纺织与服装这一重要主题的理解，并有助于实现专题集更远大的目标，即加强我们对这些文化交流及其当代遗产的共识。联合国教科文组织将继续促进人们更好地理解丝绸之路沿线人民间的相互影响和繁荣发展的文化间的相互影响，以此实现对话、合作及可持续和平与发展——在我们这个相互联系日益紧密但有时又伴有分裂的世界上，这一目标比以往任何时候都更加重要。鉴于新冠疫情的遗留影响，该书会让人们意识到交流的衍生潜力。

联合国教科文组织社会和人文科学部助理总干事

加布里埃拉·拉莫斯

我非常高兴地向各位读者朋友推荐该书，该书是联合国教科文组织编撰的全新丛书中的第一卷，聚焦丝绸之路沿线民族、文化和历史。因丝绸而形成的线路、联络及交流网络不仅连接亚洲各地，而且辐射到世界其他地方。这些网络有利于促进商品流通和思想交流，随着时间的推移，这些流通和交流慢慢具备真正意义上的全球性。鉴于此，第一卷围绕纺织品和织物展开是完全恰当的。

"丝绸之路项目"是由联合国教科文组织发起的旗舰项目，自1988年以来，该项目就聚焦古丝绸之路上丰富的历史与共同遗产。人们在自然环境中的互相交流，以及自然界自身的演变，形成了我们的过去；通过让人们注意到过去形成的诸多方式，本项目搭建的平台有助于保护书面文化、口头文化和物质文化，并支持对话与相互尊重。

19世纪初，欧洲的古典学家越来越多地使用"丝绸之路"这一名称来指代汉代（前206—220年）中国与罗马帝国之间的联络线路。19世纪70年代，德国地理学家费迪南·冯·李希霍芬（Ferdinand von Richthofen）将"丝绸之路"这个名称推广开来，激起了学者和普通大众的无限遐想。

"丝绸之路"与其他标签一样，其名称本身亦具有两面性。一方面，"丝绸之路"促进了国家和地区间的交流便利化；另一方面，"丝绸之路"暗示着，对上层人士而言，丝绸这种奢侈纺织品的交易要比其他所有纺织品交易都更为重要。本书收集的精彩文章表明，各种纺织品和面料曾经都起到过复杂的作用，这些作用会随着时间的推移而变化。丝绸之路上的许多贸易是局部的，而非远距离进行的；在丝绸之路上，价值高昂的丝织品固然重要，但由其他材料生产的织物也同样重要。

《纺织与服装》各章由全球资深历史学家撰写，他们是各自领域的权威专家。跟随作者指引，读者将被带往地球的不同角落——从爪哇到西非，从斯堪的纳维亚到菲律宾。诚然，读者不仅可以了解丝绸这种高档丝织品，还可了解其他纺织品和面料，包括棉织物、羊毛织物及其他植物性材料织物，如亚麻、大麻、苎麻和其他韧皮纤维织物。

通过阅读该书，读者可以了解到图案、染料和服装的时新式样是如何成为相互借鉴、影响和交流的重要元素，并知晓缘何乃至何时、何地选用特定的设计和图案，以及设计和图案在新环境中的演变过程。丝绸之路沿线，工匠和商人通过技术交流将提花机及织造方法传承下来，读者能依此认识到技术交流和传播的重要性，也能认识到这种交流和传播是如何协助创办当地优秀学校的。

纺织品和织物既可以制成服饰，又是权力和地位的象征，从古至今，一贯如此。然而，由于纺织品与人们的日常活动息息相关，其作为功能性材料所发挥的日常作用也同样重要。当然，纺织品和织物还有其他功能，本书也会一一讨论。毋庸置疑，其中最为重要的是，纺织品既可以充当货币用于贸易流通，亦可作为社会和政治控制的工具，用于奖赏赐赠。

该书图文并茂，带给读者一种全新的视觉享受，但最为重要的是，该书立足全球视野，全面探讨了纺织品在全球历史上所发挥的作用。每一章均由专家学者精心撰写，内容深刻独到、发人深省，帮助读者领略跨越近四千年的宏大主题的深刻内涵。总体而言，该书是丝绸之路上一切事物的见证，更凝练了世界各地博物馆、研究机构及研究中心的一流学术成果。

该书由不同领域的专家撰写，内容引人入胜，我从中汲取知识、获得启发、深受鼓舞、受益匪浅，希望读者在阅读过程中也能有此体验。人类史有时很容易忽视我们共同的始祖曾经如何相互合作、交流互鉴。重新审视纺织品和服饰所发挥的重要作用，可以为看待历史提供全新角度，并重塑对其他民族的认知，也会激励读者思考材料的使用，尤其是在如今人类消费主义和可持续发展之间的矛盾日益紧迫的时代背景下。

　　有幸参与该书英文版的编撰，我不胜感激，同时我也期待其他卷的出版发行。此刻，我向每一位为该书慷慨地贡献出自己的时间和专业知识的学者致谢。我还要向全体作者表示感谢，感谢他们不遗余力地付出。最后，希望每位读者都能从书中得到享受、获取知识、收获成长。

彼得·弗兰科潘（Peter Frankopan）教授

剑桥大学国王学院丝绸之路项目

2021 年 12 月 5 日

目　录

第一部分

纺织生产中主要纤维材料的应用和交流

第 1 章

丝绸的起源与全球化

赵 丰

在地球上很多地方都分布着多种野蚕，也有利用野蚕的案例。但只有在中国，古人驯化了野桑蚕，这正是中国丝绸的独特性。只有桑蚕（ser）的养殖才可以被称为蚕业（sericulture），于是才有了赛里斯（Seres），有了丝绸之路。这是一条以丝绸贸易带动丝绸生产技术特别是养蚕技术向世界各地传播的通道。所以，丝绸在世界上的传播可以分为两个层次：一是丝绸产品或商品的传播，随之而来的就是穿着和利用；二是生产技术的传播，生产技术中最基础的是种桑养蚕和蚕丝的生产，这是最为重要的原始技术，进一步是织造和印染生产，其往往会和当地原有的纺织印染技术相结合。

丝绸在中国的起源和发展

中国一直就有黄帝元妃嫘祖教民养蚕的传说，考古实物说明桑蚕丝绸在5000—6000年前就在中国的黄河流域和长江流域出现。重要的实物证据有山西夏县西阴村出土的半个蚕茧（约前4000—前3000年），河南荥阳青台村出土的丝织物（约前3300年），以及浙江湖州钱山漾出土的丝线、丝带和丝织物（约前2200年）。经过几代纺织科学家的分析检测，可以证实这些丝绸的原料都是家蚕丝，这一时期人们已经完成了从野桑蚕到家蚕的驯化。

人们为什么要驯化桑蚕以获取极其少量的茧丝？我们认为，先民们由自然界中野桑蚕从卵到蚕（幼虫）、到蛹再到蛾（成虫）的神奇一生联想到了人类自身：从卵到蚕就如人的生命本体，从蚕到蛹就如生命之死，而破茧化蛾就如人死后再生。所以人类开始栽培桑树，饲养桑蚕，并把所得的茧丝用于织造尸服，使人死后穿了丝绸衣服就可以像蚕蛾一样破茧而出，灵魂升天。显然，家蚕驯化以及丝绸生产的初衷与经济并不相关，而与文化相关。

丝绸生产在青铜时代达到了很高的水平，大量考古发现如殷商时期的墓中都能发现丝绸包裹青铜器下葬的痕迹，说明丝绸的织绣技术在3000多年前已经非常高超。在2500年前的战国时期，丝绸的织绣技术可以说已达到一个高峰，大量平纹经锦、提花纹罗、暗花绫绮都在中国各地出现，甚至传播到了丝绸之路沿途阿尔泰山北部的俄罗斯巴泽雷克地区。而公元前138年汉武帝派遣张骞出使西域，表明丝绸开始以更大规模向丝路沿途国家与地区乃至世界各地传播，开启了丝绸全球化的过程。

但是，丝绸的传播有不同的层次：首先是产品层次的传播，然后是丝织技术层次的传播与交流，养蚕技术可能是更后一层次的传播。根据传播的层次和过程，我们可以把中国丝绸通过丝绸之路的传播分成几个板块，一是东亚，二是东南亚，三是中亚到西亚，四是南亚，五是欧洲，最后形成的是一个充满丝绸和美好的锦绣世界。

东亚：朝鲜半岛与日本

丝绸起源于中国，其最便捷的传播目的地首先是东邻的朝鲜半岛和日本。

传入朝鲜半岛的时间也许是商代。据《汉书·地理志》："箕子去之朝鲜，教其民以礼仪，田蚕织作。"它把中国丝绸文化传入朝鲜的起始时间定在商末周初的公元前 11 世纪前后。书中还记载，汉武帝曾在朝鲜设郡，其中乐浪郡下有县名"蚕台"，或指专门养蚕的地方。乐浪汉墓曾出土大量丝织品，日本学者布目顺郎基于纤维完全度和织物织造技术推测这些织物是在乐浪本地生产的。

据《三国史记》记载，3 世纪的朝鲜半岛有丝绸生产。当地蚕丝主要用于生产绵或缣等素织物，而在重要场合使用的衣冠常为锦、绣、罗等，显然是从中国输入的。在 8 世纪新罗时期，一个称为朝霞房的官方作坊将其生产的朝霞绸和朝霞锦作为礼物进贡给唐朝。10—14 世纪的高丽王朝生产的一些特有的丝绸产品还进入了中国：元代陶宗仪《南村辍耕录》中记录了白鹭绫和花绫这两种高丽产品或仿高丽产品。在 14—19 世纪的朝鲜王朝初期，政府鼓励蚕桑生产，民间生产丝绸的比例渐渐增大。

再看日本。日本丝绸的历史开始甚早。弥生时代中期（相当于中国汉代）的遗址中发现了包裹着素环头刀子的丝织物，布目顺郎认为，它是日本生产的。这说明中国丝绸早于汉代之前传入日本。中日之间最早的丝绸交易文献则可以追溯到 3 世纪。

根据《三国志·东夷传》记载：景初二年（238 年）倭王遣使来朝，魏国赐平纹经锦、绢和毛罽。正始四年（243 年）倭王派人来献倭锦、绛青缣等丝绸产品，后又献异文杂锦二十四。可见当时日本已产丝绸。南方的吴地曾与日本进行交流，有吴织、汉织和缝衣等丝织女工越过海洋去往日本。

7—8 世纪，大量遣隋使和遣唐使为日本带回了大量的中国丝绸以及丝绸生产技术，东大寺正仓院和法隆寺中保留了许多 7—8 世纪的丝绸染织品，特别是四天王狩狮锦、犀圆纹锦等。同时，当时日本有很多地区也已生产大量丝绸。此后，中国丝绸染织品通过各种形式被陆续带到日本。宋元时期，许多日本僧人留学中国，带回了在中国制作的袈裟。16—17 世纪，一些高级丝织品在茶道爱好者之间以高价交易，成了当时人们收藏的对象，称为"名物裂"。

江户时代，由于日本与欧洲的来往较与中国的来往更为便利，因此日本的丝绸染织技术开始追赶上中国，织造业繁荣兴盛。1859 年之后，日本生丝大量出口至欧美各国，其生丝供应量也占到了世界生丝量的八成以上。

东南亚：中南半岛与印度尼西亚

越南

越南在汉代地属南粤，所辖交趾、九真、日南三郡。从北魏贾思勰《齐民要术》中对汉代俞益期笺的引用，可以看到秦汉时期对多化性蚕种有了更深刻的认识，"日南蚕八熟，茧软而薄"，说明越南产丝在汉代已较多并有特色。

不过，越南丝绸的真正发展应该是在唐代前后。宋代周去非《岭外代答》记载了安南（越南）绢，"绢粗如细网，而蒙之以绵"。宋代赵汝适在《诸蕃志》中提到，占城国（越南中部）土地所出中有"丝绞布"，商业贸易中有"凉伞、绢、扇等"，都是丝绸产品。

柬埔寨

柬埔寨和泰国与越南相近，情况相似。据赵汝适《诸蕃志》记载，真腊国（柬埔寨）"土产……生丝、棉布等物。番商兴贩，用金银……假锦……等"。据元代周达观《真腊风土记》："妇人亦不晓针线缝补之事，仅能织木绵布而已。亦不能纺，但以手理成条……近年暹人来居，却以蚕桑为业，桑种蚕种皆自暹中来。"这里的暹人就是泰国人，文中写明了柬埔寨的蚕桑生产技术是通过泰国而来到柬埔寨的，从地理位置来看，这也十分合理。

印度尼西亚

中国与印度尼西亚等东南亚重要岛国应该很早就有丝绸贸易往来（可参见第 11 章）。最为经典的实例是爪哇岛上的婆罗浮屠（Borobudur），约在 750—850 年兴建。石雕上有着大量的装饰图案，其中一部分明显属于初唐到盛唐的丝绸图案。与此年代相近的塞乌（Sewu）石雕上也有完整的团窠联珠纹织锦图案，说明至少当时的丝绸贸易已经十分发达（图 1-1）。印尼的蚕桑丝织业至迟在宋元时期也已出现。宋代赵汝适《诸蕃志》载，阇婆国（爪哇）"亦务蚕织，有杂色绣丝、吉贝、绫布……番商兴贩，用……五色缬绢、皂绫……"说明了当地蚕桑丝绸业的兴盛。汪大渊所记载各岛之间贸易之货中的丝绸种类包括绢、绫、锦、缎、布等，还包括西洋丝布和苏杭五花缎等名目。

可惜海上丝绸之路沿途气候潮湿，考古出土或传世的纺织品极少。据目

图1-1 塞乌石雕上的丝绸图案，印度尼西亚
©赵丰

前所知，印度尼西亚一带最早的丝织物是在苏门答腊南部科梅灵（Komering）地区发现的纬绗织物（weft ikat），经线是丝，经过扎染的纬线是棉。经碳-14测定，该织物的年代可能在1403—1501年，即明代初期至中期（图1-2）。

此后这类织物越来越多，包括苏门答腊南部的船布，是用丝线和棉线织成的；巴厘岛的伊卡，通常用棉质纬线和丝质经线织成描金的帕托拉（patola）；爪哇岛最重要的纺织品是蜡染织物，其中包括大量的丝绸质的蜡染织物。

南亚：印度

印度出土最早的丝织物是在古吉拉特邦（Gujarat）萨巴坎塔地区（Sabarkantha）德夫尼·莫里（Devni Mori）的一个宝物盒里发现的，年代为克

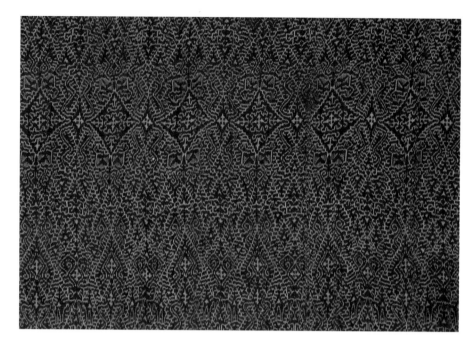

图 1-2　印尼最早的丝棉织物
公共领域图片。©美国耶鲁大学艺术学院，纽黑文

萨塔拉帕（Ksatrapa）国王时期的 375 年（图 1-3）。

　　不过，这件实物尚有待于进一步的深入分析和检测。稍迟的文献记载也证实了印度桑蚕丝的生产与存在。著名的《福斯塔特（古开罗）犹太教堂录（1097—1098 年）》[Fustat (Ancient Cairo) Synagogue Record (1097–1098)] 中记载了印度洋货物的清单："印度丝和棉织物……被运往地中海。"其中提到的印度丝，可能是指印度的野蚕丝。

　　印度真正发展桑蚕业是从英国统治印度的年代开始的。东印度公司于 19 世纪中期在英属印度孟加拉地区奖励推广栽桑、养蚕，使得生丝产量曾经达到 544.8 吨。20 世纪 50 年代，印度年产丝量已达 3000 余吨，印度南部的迈索尔邦成为桑蚕业的中心。

图 1-3　宝物盒中发现的丝织物
供图：印度巴罗达哈拉贾·萨亚吉劳大学考古与古代史系，古吉拉特邦

中　亚

　　丝绸作为产品向西传播，首先是通过河西走廊到达西北地区，然后在各地再与草原丝绸之路联通。中国西北地区最早发现的丝绸实物出自甘肃张家川马家塬战国墓地（前 5 世纪—前 3 世纪）、新疆塔什库尔干曲曼墓地，加上乌鲁木齐鱼儿沟的战国刺绣，以及俄罗斯巴泽雷克出土的战国织锦、刺绣，证明张骞通西域之前丝绸已开始向西传播。

　　汉末、晋朝时期（1 世纪—4 世纪），中国典型织锦已经出现在丝绸之路沿途更为遥远的地区，如新疆的楼兰、尼雅、营盘、扎滚鲁克、山普拉，以及俄罗斯境内的伊里莫瓦·帕迪（Ilmovaya Padi）墓地和米努辛斯克盆地的格拉吉斯基（Golahtisky）墓地，都出土了 2—4 世纪的汉式织锦实物。汉锦的最远发现地是在叙利亚帕尔米拉遗址，从风格上看有可能当时已有专为西亚地区定制的平纹经锦。

　　据玄奘《大唐西域记》载，3—4 世纪，东国公主将蚕种带到了瞿萨旦那（今新疆和田）（图 1-4）。此后，养蚕和栽桑技术进一步向西推进，传到了中亚地区。

图 1-4　传丝公主的故事，木板画

可追溯到 6 世纪（Whitfield，1985）或 7—8 世纪（Ghose，2004），编号：1907,1111.73，尺寸：30.48 cm×11.13 cm。© 大英博物馆托管会

　　乌兹别克斯坦有两处重要的丝绸生产基地。一是东部的费尔干纳盆地。在帕帕的蒙恰特佩（Munchaktepe）墓地出土了大量的 3—5 世纪的丝绸实物，其中轻薄型的绢和绮很有可能来自中国，用作服饰领袖及边饰的棉线平纹纬锦，可能是当地生产的。二是中部的粟特地区。在著名的阿夫拉西阿卜（Afrasiab）遗址大使厅中的壁画和瓦拉沙（Varasan）的壁画上，都有着当地贵族服用大量精美丝绸织锦的描绘。到了 10 世纪，中亚地区特别是布哈拉附近的丝绸生产情况被详细地记载在 10 世纪那沙基（al-Narshakhi）的《布哈拉史》（*History of Bukhara*）中，其介绍了当地最为有名的赞丹尼奇（Zandaniji），赞丹尼奇不仅为当地贵族所用，还出口到伊朗、伊拉克、印度等地，中国史料中辽代的赞丹宁和元代的撒搭剌欺应该都是它的延续。

　　约在 15 世纪之后，当地最为著名的纺织品是以棉和丝进行扎染的艾德莱斯绸，其技艺与东南亚的绛织物（ikat）基本相同，在 19 世纪达到顶峰并延续至今。

西　亚

　　从叙利亚帕尔米拉（Palmyra）出土的丝绸来看，其中有部分丝绸应该是在地中海沿岸生产的，另从在埃及北部安提诺埃（Antinoe）出土的大量丝织品来看，西亚附近的丝绸在 3—5 世纪已形成鲜明的地方特色。

到6—8世纪，西亚最为有名的国家就是萨珊波斯。新疆吐鲁番出土文书中有大量关于波斯锦的记载，波斯锦有时被写成"婆斯锦""钵斯锦"等，其特点是规格为张，宽度在80—100厘米左右，所以当时也称之为"大张锦"。这在敦煌文书中也有类似的记载，不过多称之为"番锦"，如"大红番锦伞壹"。据《大唐西域记》载：波刺斯国工织大锦。这种大锦应该就是特别宽的大张锦。目前还不清楚波斯锦究竟是指何锦，但从伊朗塔克–伊·波斯坦（Taq-I Bostan）遗址的石刻来看，其图案与组织结构和中亚丝绸有着较相似的风格。

到13世纪，蒙古人入侵西亚。据宋代赵汝适的《诸蕃志》记载，大秦国（今叙利亚）："以帛织出金字缠头，所从之物则织以丝屦。土产花锦、缦布。"如大食国（今阿拉伯）："帷幕之属，番用百花锦，其锦以真金线夹五色丝织成，土地所出，织金软锦、异缎。"再如芦眉国（今叙利亚）："有四万户织锦为业，地产绞绡，金字越诺布、间金间丝织锦绮。"这里描述的叙利亚正值塞尔柱克王朝时期（11—14世纪），丝织业十分发达。

阿拔斯一世时期（1587—1629年），丝织业成为全国的主要行业，一些犹太人也定居下来，主要从事印染和金线绣技艺。后来，奥斯曼帝国在伊斯坦布尔设立皇家作坊，但布尔萨市依然为朝廷供应丝绸。直到今天，伊朗一带还保留着比较兴盛的丝织业，包括地毯和绯织物（图1-5）。

图1-5 伊朗亚兹德织工织造绯织物
©赵丰

欧　洲

公元前 5 世纪古希腊的很多文学作品中都曾描述过类似丝织品的半透明衣物。亚里士多德在《动物志》（*History of Animals*）中曾提到科斯岛上的妇女会从一种昆虫的茧中抽丝织成衣物，这种丝就被称作科斯丝（Cos silk），应是一种野蚕丝。从目前的资料来看，直到 6 世纪之前，欧洲人都不会养蚕缫丝，只是把中国运来的生丝加工纺织，再把二次加工后的丝绸销往欧洲各国。

蚕种从东方向西方的进一步西传是通过波斯僧侣传入君士坦丁堡的。拜占庭的泰奥法纳（750—817 年）说：在查士丁尼时期（483—565 年），一位来自赛里斯的波斯人曾在小盒子里收藏了蚕卵，并将其携至拜占庭。这样，在 5—7 世纪，拜占庭开始出现养蚕业，君士坦丁堡、埃及、叙利亚等地建立了皇家丝织工场，提尔和贝鲁特等地出现了私人丝织作坊。

意大利

大约在 9—10 世纪，在地中海沿岸的西班牙南部、意大利、希腊等地都开始有了养蚕业。西西里岛独立于 1071 年。后来，罗杰二世（1130—1154 年在位）于 1147 年在西西里岛的巴勒莫地区建立了第一个丝织作坊，这可能是一个宫廷作坊。但目前只有一件作品可以被确认为巴勒莫作坊的作品，上面还有宫廷作坊制造的款识。而最为精美的作品是罗杰二世的加冕斗篷，上面还有阿拉伯文题款。

12 世纪中叶之后，意大利开始生产丝绸，并长期占据领先地位。意大利丝绸业的起源可以追溯到古老的地中海贸易。自 11 世纪开始，丝绸生产技术在意大利发端，并在意大利境内渐渐由南向北传播，然后以意大利为中心向整个欧洲辐射（图 1-6）。14 世纪以前，意大利的丝绸制造业主要分布在北部的威尼斯、热那亚、佛罗伦萨等地。14 世纪后，威尼斯、热那亚和佛罗伦萨的丝绸业进入繁荣时期。据说，意大利织工在 14 世纪发明了五片综的缎织物，但最为奢华的织物是天鹅绒，甚至是织金天鹅绒（参见第 17、18 章）。

图 1-6　意大利卡拉廖（Caraglio）的拈丝车
©赵丰

西班牙

　　西班牙的丝绸织造业起步于 8 世纪，当时摩尔人引进了养蚕技术。9 世纪的文献记载了一种用银线装饰的提花丝织品，被认定为西班牙产，罗马教皇格里高利四世（827—844 年在位）将其中的 14 匹提花织物赐予罗马圣马可教堂。早期的丝织品上有着库法体的织款，阿拉伯风格丝织艺术风靡一时。1492年，基督教徒再次征服西班牙，一些阿拉伯织工被改造，另一些则逃往北非。15 世纪，西班牙出现大量织造天鹅绒的意大利织工。18 世纪，西班牙丝织业则依赖于法国织工。

法　国

　　丝绸在法国的历史并不算长。约在 14 世纪初，于泽斯（Uzès）、尼姆（Nîmes）和阿维尼翁（Avignon）成为法国第一批生产丝织品的城市，而其他北部城市如兰斯（Reims）、普瓦捷（Poitiers）、特鲁瓦（Troyes）和巴黎等地也已陆续出现丝织生产。1461 年，路易十一（1461—1483 年在位）即位，开始在里昂发展国家丝绸工业，与外国丝绸业抗衡。1495 年，查理八世（1483—1498 年在位）从波斯带蚕种回法国，开始了养蚕生产。1536 年，蒂尤凯（Turquet）和纳里斯（Naris）经营的丝织工坊在里昂开张，这是第一家意大利人经营的丝织工坊。从此，里昂丝织业渐渐成为法国丝织业中的翘楚。

17 世纪初开始，亨利四世（1589—1610 年在位）带来了法国丝织业的快速发展。17 世纪后半叶开始，在路易十四（1643—1715 年在位）的领导下，法国成为欧洲时尚潮流的风向标，法国丝绸站在了时尚的最前沿。18 世纪，法国丝绸业特别是里昂丝织业获得了极大的发展，里昂有着最为完整的产业链和品种类别，成为法国丝织生产的中心，满足了巴洛克、洛可可、怪异风、中国风、新古典主义、装饰艺术等一系列风格在丝绸上表现的需求。但 18 世纪末法国大革命的爆发给以里昂为中心的法国丝织业带来了重大打击，而 1845 年欧洲出现了桑蚕疾病，更是使法国的丝绸生产量急剧下降。

英　国

英国的丝绸业始于法国之后。在 15 世纪前，英国丝绸业从业人数众多，但直到詹姆斯一世（1566—1625 年在位）期间才建立第一座丝绸织造厂。18 世纪 80 年代之后，英国丝绸业迎来了机遇，许多熟练的织布工和养蚕专家来到伦敦、贝思纳尔格林、斯皮塔佛德等地区，使得这些地区出现了许多高质量的丝绸作坊（参见第 7 章）。

美　洲

墨西哥的桑蚕丝最早可以追溯到 1523 年，第一艘从西班牙来的航船为当地带来了桑蚕种子。此后的 60 年间，在墨西哥城、普埃布拉（Puebla）和瓦哈卡（Oaxaca）城市有了蚕桑丝绸生产，但基本由西班牙织工织造丝绸，当地人从事田野里的栽桑养蚕。1592 年，中国丝绸从菲律宾输入墨西哥，从此南美也成为海上丝绸之路的重要节点，不仅经由马尼拉运去的诸如大披肩这样的外销丝绸在这里广受欢迎，南美的养蚕、制丝、染色、织造的传统也比较盛行，甚至还生产丝绸并输出到西班牙。

现在南美最为重要的丝绸产地是巴西的圣佩德罗卡约诺斯（San Pedro

Cajonos）。1920 年前后，意大利移民开始在那里养蚕，此后又有日本移民进入，并扩大了养蚕业。第二次世界大战前，巴西生丝年产量在 48 吨左右，不够国内人消费。到第二次世界大战期间，丝产量大增，附近南美国家也从巴西进口生丝。巴西现在已成为世界丝绸的重要产地。

北美也有着悠久的用丝传统，种类多样的土壤和适宜的气候意味着北美是开展养蚕业的理想之地。约在 17 世纪早期，詹姆斯一世开始资助弗吉尼亚州的詹姆斯敦养蚕，1730 年，卡罗来纳州的新移民种植 100 棵桑树，则可以从政府手上拿到土地，这样，到 18 世纪时，佐治亚、宾夕法尼亚等地有了养蚕业。

1749 年，英国停止对从殖民地进口的丝绸征税，从而间接促进了北美殖民地丝织业的发展。到 1867 年，美国开始直接与中国进行丝绸贸易，成为世界上最大的丝绸消费国。拼布是北美历史最为悠久、使用最为广泛的丝绸用品。

非　洲

北非很早就接受了丝绸，特别是地中海沿线的埃及、阿尔及利亚、摩洛哥等地，在 13—16 世纪，这一带的丝织业已经很发达。当地在 18 世纪开始养蚕，至今在阿尔及利亚依然可以见到当时留下来的高大桑树。但在 19 世纪中叶，非洲养蚕业也受到了蚕病的严重影响，直到 20 世纪才开始恢复部分养蚕业。

西非曾是法国的殖民地。受到法国的影响，西非也在 18 世纪开始养蚕和开展丝织生产。恩克鲁玛时代，西非曾试养过野蚕。到 20 世纪，库马西和阿克拉市两地成了加纳的蚕业中心，最多时有 4500 亩地用于种桑养蚕，同时也开展过缫丝和丝织的尝试。

值得一提的是马达加斯达，其蚕业在 1855 年的史书里就有记载，当地的麦利那族用各种本地产的野蚕茧制织、染色，做成美丽的衣服。到了拉那婆罗一世（1828—1861 年在位）时，开始引进家蚕。1896 年，马达加斯达成为法国殖民地，在法国政府的推动下，马达加斯加开始有较大规模的养蚕业。

小　结

　　现在，我们可以得到桑蚕丝绸起源、传播和全球化的大致时间表。至迟在 6000 年前，野桑蚕在中国的黄河和长江流域被驯化成为家蚕，丝绸被用作人类服饰，这就是丝绸的起源。公元前 1000 年前后，丝绸产品和生产技术已在中国周边传播，特别是在朝鲜半岛传播。公元前 500 年，丝绸产品已通过草原丝绸之路在中亚和俄罗斯地区传播。公元前 138 年，张骞通西域，丝绸之路形成，并带来丝绸的大面积传播。5—10 世纪，养蚕和丝绸生产技术传入中亚、西亚和东南亚地区，11—15 世纪，传入地中海沿岸如意大利、西班牙等国和北非地区。16—19 世纪，西欧，特别是法国和意大利成为世界丝绸的中心，尤其是丝绸织造的中心。到 19 世纪，丝绸完成了全球化的进程，栽桑养蚕、缫丝织绸成为世界性的产业，非洲南部、北美、南美等地都产生了区域性的桑蚕丝绸生产中心。人们喜爱丝绸的优雅，向往丝绸的美好，丝绸给世界带来了美与享受，也带来了文明与交流。

参考文献

Armitage, Careyn Patricia. 2008. Silk production and its impact on families and communities in Oaxaca, Mexico. Ph.D. thesis. Iowa State University

Barnes, Ruth. 2010. Early Indonesian textiles: Scientific dating in a wider context. In Ruth Barnes and Mary Hunt Kahlenberg (eds.). *Five Centuries of Indonesian Textiles: The Mary Hunt Kahlenberg Collection*. Munich: Delmonico Books.

Buss, Chiara. 2009. *Silk Gold Crimson: Secrets and Technology at the Visconti and Sforza Courts*. Cinisello Balsamo: Silvana Editoriale.

Clark, Ruby. 2007. *Central Asian Ikats from the Rau Collection*. London: V & A Publications.

Frye, Richard N. 2007. *Al-Narshakhi's The History of Bukhara*. Princeton: Markus Wiener Publishers.

Harris, Jennifer. 1993. *5000 Years of Textiles*. London: British Museum Press in association with the Whitworth Art Gallery and the Victoria and Albert Museum.

Nunome, Junrō. 1979. *The Origin of Sericulture and Ancient Silk*. Tokyo: Yozankaku.

Peigler, Richard S. 2004. The silk moths of Madagascar. In Chapurukha M. Kusimba, J. Claire Odland and Bennet Bronson. *Unwrapping the Textile Traditions of Madagascar*. Los Angeles: UCLA Fowler Museum of Cultural History, and Chicago, The Field Museum, pp.155–163.

Schmidt-Colinet, Andreas and Annemarie Stauffer et al. 2000. *Die Textilien aus Palmyra: Neue und alter Funde*. Mainz: Verlag Philipp von Zabern. (In German.)

Varadarajan, Lotika and Krishna Amin-Patel. 2015. *Of Fibre and Loom: The Indian Tradition*. New Delhi: Manohar Publishers.

布目順郎，1979. 養蚕の起源と古代絹 [M]. 東京：雄山閣.

戈岱司，1987. 希腊拉丁作家远东古文献辑录 [M]. 耿昇，译. 北京：中华书局.

京都国立博物館，2010. 高僧と袈裟 [M]. 京都：京都国立博物館.

松本包夫，1984. 正倉院裂と飛鳥天平の染織 [M]. 京都：紫紅社.

赵丰，1987. 古代中朝丝绸文化的交流 [J]. 海交史研究 (2): 55-65.

赵丰，2019. 锦绣世界:国际丝绸艺术精品集 [M]. 上海：东华大学出版社.

赵丰，桑德拉，白克利，2019. 神机妙算——世界织机与织造艺术 [M]. 杭州：浙江大学出版社.

赵丰，王乐，2009. 敦煌的胡锦与番锦 [J]. 敦煌研究 (4): 38-46.

朱新予，1992. 中国丝绸史 [M]. 北京：纺织工业出版社.

第 2 章

跨越欧亚大陆的绵羊毛

伊娃·安德森·斯特兰德（Eva Andersson Strand）、乌拉·曼纳林（Ulla Mannering）和奥里特·沙米尔（Orit Shamir）

    丝绸是丝绸之路贸易路线上重要的奢侈消费品之一，但人们不应误以为丝绸之路只交易丝绸，抑或认为丝绸是该路线上最重要的生活材料。自 19 世纪末以来，考古学家从欧洲、亚洲多处遗址发掘出许多其他纤维（如亚麻、棉、大麻、荨麻、羊毛和其他动物纤维等）制成的纺织品残片。在丝绸之路沿线以及旧世界（the Old World，指欧洲、亚洲和非洲）的其他许多地区，羊毛织物的重要程度与丝绸相当。事实上，羊毛织物是在多变的自然环境中，尤其是在恶劣环境下生存的必需品。

图2-1 塔克拉玛干沙漠的绵羊
©李文瑛

在讨论羊毛织物生产过程中社会、文化和经济的作用时，我们必须意识到其涉及诸多不同过程和阶段的复杂性。4000多年前，也就是乌尔第三王朝时期的文献中就已提及不同的绵羊品种，这表明当时的羊毛已经根据不同的纺织品类型和品质分门别类，以便使用。众所周知，无论是在现代还是古代，生产何种类型的纺织品都取决于用户需求，以及可用的原材料和工艺。羊毛织物可粗可精，可以简约也可以繁复，可用作日用品又可制成珍贵礼物。任何情况下，羊毛的品种与生产过程中的不同程序都会对纺织品的外观和质地产生重要影响（图2-1）。

羊毛的保存

羊毛纤维像所有易腐烂的有机材料一样，在考古环境中会迅速分解，因此羊毛需要在特殊条件下保存，以免遭微生物侵蚀。

图 2-2　丹麦铁器时代晚期（约 8 世纪）墓葬中发现的青铜胸针正反面附着的矿化织物
© 乌拉·曼纳林

　　不同的环境条件对动物纤维材料的保存产生的影响不同。一般来说，酸性环境有利于保存蛋白质纤维。由于大多数降解发生在有氧环境下，因此羊毛纺织品多发现于厌氧或涝渍环境中。其他条件，如保存于极端干燥、永久性霜冻或含盐环境，抑或是羊毛与金属物品接触而产生矿化作用，也能够使许多羊毛织物保存下来（图 2-2）。

　　在世界各地，羊毛织物也被发现与丧葬有关，用于裹尸物、随葬品、墓葬陈设和其他实用纺织品等。墓中的有机材料经常暴露在易于降解的环境中，只有在特殊条件下，如铜或铁等金属制品形成了金属盐，才可能帮助抑制其降解。在干燥的气候条件下，如在中国新疆的塔克拉玛干沙漠或埃及，纺织品由于气候干燥而得以保存。在极寒环境下，如西伯利亚和格陵兰岛的北欧古墓遗址，织物几乎完好地保留了其原有形态。在丹麦青铜时代的墓穴中，涝渍、厌氧和酸性的环境也有利于保存纺织品和其他蛋白质来源的衣物。羊毛织物还可能发现于以下环境：祭祀场所、居住区、垃圾场和填埋场等。每种环境都以各自的方式在羊毛生产和消费方面增添了重要内容。

作为原材料的羊毛

早在羊毛纤维被用于纺织品生产之前，植物纤维和兽皮材料就被用于制作服装和器物。早在公元前 9000 年左右的中东地区，绵羊就已被驯化。然而，最初的家养羊只是皮肉兼用，其羊毛并未用于纺织生产。公元前 4000 年左右，美索不达米亚南部地区开始驯化牲畜及选择性育种，并随之开始了对羊毛的开发利用。美索不达米亚被称为"羊毛之地"，于公元前 2500 年左右开始了大规模的纺织生产。从一开始，这些羊毛织物似乎就象征着最初的市场经济中的权力和货币。在从北欧到中亚的许多地区，人们都发现，不同品种的绵羊在同一时期被用于织造不同类型的纺织品。

绵羊毛的一个重要特性是其纤维具有弹性和柔韧性，这使其易于纺织。且无论是织造还是制毡，羊毛都具有良好的隔热性能。这是因为纤维中的扭结间存在气孔，有助于保持稳定的温度，且纤维本身也具有良好的保温性能。当羊毛制成衣服并在寒冷天气穿着时，气孔有助于保留身体的热量。羊毛纺织品还能提供良好的隔热保护，主要原因在于其不易燃，其次在于羊毛纺织品能够吸收大量的水分。

纤维鉴定因其便于鉴别材料的特性及可能的用途，是纺织品研究中的重要手段。大多数情况下，纤维鉴定可通过各种类型的显微镜来观察纤维的形态特征。长期以来，对古代羊毛纤维的分析和纤维直径的测量被用来确定羊毛的精细程度和类型特性。弄清羊毛纤维的直径与不同的绵羊品种间存在何种关联，将为产毛羊的发展历程带来新的发现。然而，在不同品种间，同一品种的不同个体之间，在公羊、母羊、羔羊和羯羊之间，乃至羊毛来源的不同部位之间，羊毛纤维的质量都会存在差异。例如，身侧和肩部的羊毛一般比大腿部的羊毛更细更短。此外，羊毛的质量还可能受到气候和食物来源的影响。例如，生活在寒冷和潮湿气候中的羊相较于生活在温暖气候中的羊，羊毛含有更多油脂。

绵羊毛有三种纤维：发毛、绒毛和粗毛。

发毛纤维直径约为 50—100 微米（μm）。绒毛纤维则更纤细，直径通常在 10—30 微米之间，且其纤维长度往往短于发毛纤维（见图 2-3）。部分或完全由绒毛纺成的纱线很柔软，是纺织品生产的优良材料。粗毛纤维的直径一般在 100—250 微米之间，粗脆易断。粗毛不适合用来生产纺织品，因其会使织物表面坚硬并带刺，且在加工过程中，粗毛的纺织效用会慢慢消失。一般来说，山羊毛比绵羊毛更粗，但其中的马海毛（mohair）和克什米尔羊毛（cashmere）却是高质量的纤维。

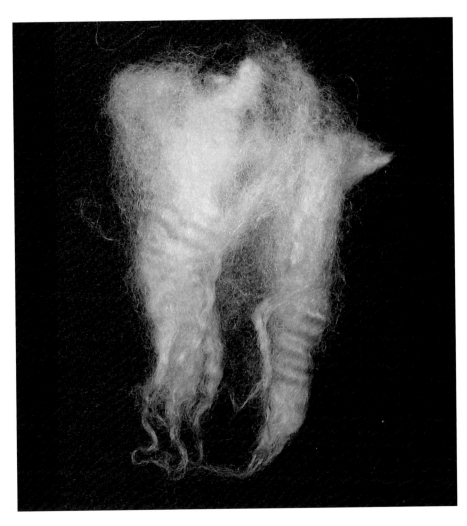

图 2-3　兼含发毛和绒毛的一绺羊毛
©哥本哈根大学纺织品研究中心琳达·奥勒夫松（Linda Olofsson）

羊毛具有多种天然色泽，这一特点在纺织品制造中发挥了效用。同一只羊身上的毛也可以有多种天然色泽。不同的色泽可以分别归类和纺制，以便用于纺织生产。

羊毛的收集或修剪

自古以来，人们通过拔毛或剪毛获取羊毛。绵羊可以一年剪两次毛，或一年拔一次毛。早期的绵羊会在春夏之交换毛。拔羊毛的好处在于可以适时拔除旧毛，以便让新毛长出。而且，对羊来说，拔毛并不痛苦。如今，在羊毛容易拔除的情况下，一个人需要 50 分钟来拔除一只羊的毛。如果工作 10 小时，每人每天可以处理 10—12 只羊。在过去，如果羊群数量庞大，那么在适合拔毛的窗口期，可能需要许多人来完成这项工作。选择合适的时机也很重要：如果开始得太早，纤维可能难以拔除；如果拔毛过迟，新旧纤维混合在一起，羊毛的质量也会变差。据文字资料估计，美索不达米亚每只成年绵羊的原毛年产量约为 0.7—1.12 千克，而古代爱琴海地区每只成年绵羊原毛年产量约为 0.5—1 千克（大多高于 750 克），可以说相差无几。然而，由于分拣和加工过程会损耗大量的羊毛，因此，了解具体的千克数是指可用于纺织品生产的羊毛量还是指原毛产量，这点尤为重要。

获取羊毛的第三种方法是梳理羊毛。这种方法仍然可见于俄罗斯奥伦堡山羊毛的收集中。梳理收集优质的奥伦堡山羊毛是一项辛苦的任务：每年只能在春季梳理一次羊毛，至少需要三年的艰苦工作才能从一只山羊身上得到 0.3—1 千克山羊毛。

羊毛分拣和加工

分拣和加工工序会对毛线的最终产出产生影响。一旦拔毛和剪毛完成，就可根据诸如颜色、细度、卷曲度、长度、强度或结构等标准对纤维按需分类。羊毛可以在拔毛或剪毛前期或后期清洗。纺线之前清洗羊毛，会去除羊毛脂（天然羊毛油脂，在纺线的时候有助于使纤维结合），这意味着纺线时还要添加一点油脂。如果要将羊毛染色，则必须对其进行清洗，否则染料将无法渗透到纤维中。

羊毛在拔下或剪下后可立即纺线，但通常要先用手、短齿或长齿梳精梳，以去除污垢，同时避免缠结，从而使纺线过程更顺利。乌尔第三王朝时期的记载和线形文字B的铭文中就有关于梳理羊毛的记载，但考古发现的羊毛梳不多。梳理技术有很多种，人们可以用一把梳子来梳理羊毛，也可以用两把梳子来梳理，后来还发现有成对使用的铁齿羊毛梳。梳理羊毛可以将长的发毛和短的绒毛分离。不同纤维的分离程度取决于梳齿的齿距。绒毛也可以借助起毛机来梳理。

羊毛纤维可以用鞭子打散。如果鞭打整块羊毛，必须足够仔细，以使纤维充分混合。在这些不同的处理过程中产生的大量多余或废弃的羊毛可用于其他目的，如作填充物、制毡和隔热。

分析纺织品文物可知，不同的羊毛纤维被用来制作不同类型的纺织品。这一点，再加上羊毛能够分成不同类型的纤维，就足以解释为什么文献资料中经常提到不同类别的羊毛。例如，乌尔第三王朝时期的记载表明，羊毛被分为五等，第一等纤维最细，第五等最粗。纤维品质明显与羊的品种有关，例如，大尾羊（fat-tailed sheep）的羊毛被归类为一等和二等，而高地或山区羊的羊毛比较粗糙，一般归类为四等和五等。同质毛纤维在大规模的羊毛生产中必不可少，与现代羊毛纺织生产的过程相似，对同质毛纤维的需求会影响绵羊的培育。

纺 毛

纺毛的目的是将纤维纺成长而结实的毛线。纺线技术的出现比羊毛的使用要早得多，且纺线工具并不随着所用纤维的改变而改变。手工纺线可使用多种工具，如由纺轮和轮杆组成的纺锤（图2-4），抑或仅用木头制成的轮杆，纺轮可以由石头、烧制的黏土、骨头或木质材料制成。无论选择何种纺线工具，纺成的绵羊毛线都比植物纤维线和大多数其他动物纤维线更有弹性。

要纺出均匀的羊毛线，提前精心备好羊毛非常重要。有很多技术可用于纺羊毛，轻巧的纺锤可以

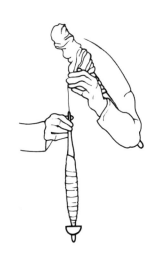

图2-4　用纺锤纺线时使用卷线棒

绘图：安尼卡·杰普森（Annika Jeppsson）和丹麦哥本哈根大学纺织品研究中心，哥本哈根

把羊毛纺得很细，而用较重的纺锤则可以纺得粗一些。纤维以S捻（逆时针）或Z捻（顺时针）方向捻回，如若以低捻度捻回，则称为无捻。植物纤维有天然的卷曲方向，而羊毛纤维没有，这使其顺着任一方向均可成功纺线。此外，羊毛线还可以由两股或更多的纱线合股而成，制成更粗更结实的毛线。合股线通常用于制成绳索，而在纺织业中，这可能意味着要使用短羊毛纤维。

织　造

　　在整个古代世界，许多不同类型的织机均可织造羊毛织物，并不与单一或特定的织造传统相关。然而，羊毛纺织品的织造与重锤织机（图2-5）的联系却尤为密切，因为这种织机类型能与具有弹性的羊毛线完美结合。早在新石器时代早期即公元前7000年后期至公元前6000年，匈牙利就已有了重锤，也就有了重锤织机，早于已知的毛织物。在南黎凡特，已知最早的记录来自青铜时代中期第二期。公元前6世纪的希腊器皿上也绘有重锤织机的图像。

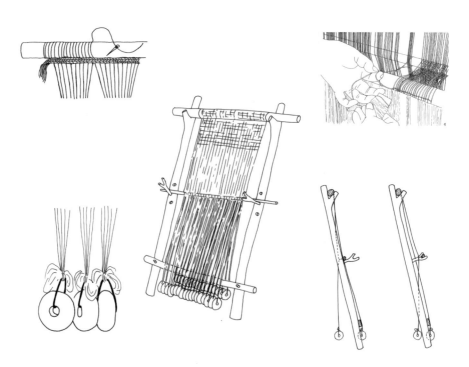

图2-5　重锤织机示意
绘图：安尼卡·杰普森和丹麦哥本哈根大学纺织品研究中心，哥本哈根

重锤织机的典型形式是由两根垂直的竖杆（立柱）将织机的经轴撑在顶端，织机的上端靠在墙上，形成一个斜面。经轴上的每根经线都在底部悬挂了一个重锤（通常用石头或黏土等制成的重物），利用重力使经线在张力下平行下垂。织工站在织布机前用打纬器将纬线从下往上打紧，以形成织物。

与地织机相比，重锤织机的优点是织物可以织成两米以上的宽度，而且经线的长度不受限制，而地织机的长度决定了经线的长度。

1世纪末，双轴织机在地中海地区开始流行，重锤织机逐渐被废弃。在斯堪的纳维亚半岛的两个国家和冰岛，重锤织机却一直使用到20世纪中期。

染料、媒染剂和缩绒

因羊毛纤维的蛋白质成分比植物纤维更易吸收染料，因此羊毛是易着色的原料。羊毛纤维可以在纺线之前或之后染色。羊毛纺物的遗存呈现出多种颜色，如红色、绿色、蓝色、紫色、粉色、黑色、黄色和棕色（图2-6）（见第5章）。

图2-6　丹麦泥炭沼泽中发现的哈尔德莫斯（Huldremose）妇女穿的羊毛衣物可追溯至前350—前341年。围巾和裙子使用天然色彩的羊毛织成格子纹，并以黄、红和蓝色染料染色，这些染料如今已不再使用。©罗伯特·福特那（Roberto Fortuna）

大多数染料（如茜草和黄木樨草）被归类为媒染染料，需要经过预处理才能附着在纤维上。某些媒染剂，如单宁酸和铝、铁、铜形成的金属盐，会在染料和纤维之间形成化学键。植物媒染的染色过程相对简单：将植物在水中煮沸，随后将羊毛浸入染液中即可。相比之下，能够染出蓝色的靛蓝染料属于还原染料，其染色过程更加复杂，因为这一过程涉及染料的还原和氧化。发酵过程中也可以进一步添加染料，这一方法缓慢但消耗低。一般来说，媒染剂能加深和提亮色彩。不同的染料组合和不同的染色方法，都可获得不同的颜色，而当染料与有天然色彩的羊毛一起使用时，甚至会出现更广的色调（图2-7）。

织物自织机上取下后可以进行的另一项处理是缩绒。在此过程中，织物在湿热条件下，经反复揉搓、踩踏和捶打，最终表面被毡化成预期效果。缩绒的目的是清理织物、使其收缩，并产生覆盖在毛线表面上的毛绒。最便宜的清洁剂是人的尿液，其中的氨元素与羊毛中的油脂结合可以形成肥皂化合物。捣碎的皂草植物根茎和各种类型的漂白土是另一种肥皂替代品。用上述清洁剂处理后，织物必须用清水冲洗干净。正因如此，稳定的水源对于缩绒工人来说必不可少。为了提高织物质量，使其具有柔软的表面，还需对织物进行刷洗和梳理。

图2-7 奥地利哈尔施塔特（前700—前600年）发现的马毛点缀的综板织羊毛织带（编号：HallTex 123）。
©奥地利维也纳自然史博物馆，维也纳

制　毡

在丝绸之路沿线，尤其是塔克拉玛干沙漠，与羊毛生产相关的一项重要技术是制毡，该技术至今仍在使用。羊毛纤维的鳞状表面使之无须织造即可成型。羊毛纤维在湿热环境中经过物理搓揉施加毡合或压缩作用，纤维之间的鳞片会相互穿插纠缠而毡化。出于实用和审美考量，毛毡被用来制作服饰和陈设，如帽子、斗篷、地毯等，甚至会被用来制作鞍袱。

其中，中国小河墓地出土的毡帽（前1800—前1500年）就是青铜时代的典型物品。毡帽样式简单，装饰风格独特。这些帽子让人们可以深入了解青铜时代的毛毡工艺及当时社会和文化方面的情况。例如，有证据表明，有时装饰在帽子上的红绳和羽毛不仅有装饰作用，而且具有宗教内涵。此外，毡帽的不同装饰品似乎有明显的性别指向。

丝绸之路上的羊毛织物实例

丝绸之路横跨大片地区和许多不同的气候区，联结许多随着时间而改变的国家和文化。很难说清历史上人们是如何使用羊毛的。一种可能的解释是：羊毛最先在美索不达米亚开始被使用，随后由西向东传播，但未来的研究也可能会有新的解释。

得益于新疆塔里木盆地干燥的气候，大量羊毛纺织品在约公元前2000年以后各个时期的墓葬中保存至今。最著名的墓葬之一是公元前2000—前1500年的小河墓地，这是一处青铜时代的考古遗址，有大量保存完好的木乃伊和其生前曾使用的羊毛织物。不同的服饰残片，如腰衣、毛线裙，以及有红条纹和穗饰的斗篷等，都清楚地表明了当时的羊毛生产还包括植物染色的过程。

有趣的是，通过比较发现，中国新疆地区一些服饰的形制（如毛线裙，图2-8）与稍晚时期的丹麦青铜时代保存完好的服饰有相似之处，后者如"艾特韦女孩"（Egtved Girl）的毛线裙（图2-9），根据对橡木棺所用橡木树龄年代的测定，可以追溯到公元前1370年。

距小河墓地约600公里的北方墓地是另一个著名的青铜时代墓葬遗址，那

图2-8　出土于中国小河墓地的三面流苏边毛线裙

饰有红毛线横条纹。中国新疆文物考古研究所藏，乌鲁木齐，编号：03XHM12:16。©中国新疆维吾尔自治区博物馆，乌鲁木齐

图2-9　丹麦艾特韦（Egtved）发现的青铜时代早期女性墓葬

墓主身穿一条长至膝盖的毛线裙和羊毛短上衣。©罗伯特·福特那

里同样有保存完好的来自塔克拉玛干沙漠的羊毛纺织品。

　　来自较晚时期的发现，如吐鲁番洋海、苏贝希古墓群、扎滚鲁克古墓群（图2-10）等地的发现向人们展示了不同类型的羊毛服饰，如裤子和大衣。值得一提的是，在新疆山普拉出土的精美羊毛服饰，包括了精细的T形羊毛长袍，染色毛线织造的裤子，以及丝、棉和羊毛线混织的纺织品。

图2-10　扎滚鲁克墓群出土的裤子,铁器时代
中国新疆维吾尔自治区博物馆藏,乌鲁木齐。
© 中国新疆维吾尔自治区博物馆

　　此外,羊毛也被用于其他用途,如地毯、帘幕、毛毯和衬垫等,至今仍然如此。

小　结

　　羊毛的重要性不可低估。羊毛在纺织品和毛毡中的应用对古代社会产生了重要影响。羊毛的类型和质量不一,很明显,羊毛在生产高级纺织品方面的潜力在古代近东已被发掘并加以应用。毋庸置疑,和羊毛相关的这部分认知必定会沿着丝绸之路传播。对羊毛纺织品的分析表明,品质不同的羊毛被用于不同类型的纺织品,羊毛使用范围的扩大也可能催生新工具和新技术。

然而，正是个人与社会的需求和偏好以及原材料的可用性，为羊的新品种的开发和羊毛在纺织品中新用途的产生提供可能。这些专业领域必定涌现了许多技术娴熟的专家。塔克拉玛干沙漠的羊毛纺织品表明，当地居民不仅在绵羊的饲养上经验丰富，而且十分了解复杂的羊毛加工和纺织品织造技术，如拔毛、剪毛、选毛、精梳、纺线、织造、染色、缩绒等步骤。这些织物和毛毡制品的考古发现有助于我们清晰地了解丝绸之路上羊毛的发展历程。

参考文献

Cardon, Dominique, Corinne Debaine-Francfort, Abduressul Idriss, Kasim Anwar. and Hu Xingjun. 2013. Bronze Age textiles of the North Cemetery: Discoveries made by the Franco-Chinese archaeological mission in the Taklamakan Desert, Xinjiang, China. *Archaeological Textiles Review*, Vol. 55, pp. 68-85.

Gleba, Margarita and Ulla Mannering (eds.). 2012. *Textiles and Textile Production in Europe. From Prehistory to AD 400.* (Ancient Textile Series 11). Oxford: Oxbow Books.

Grömer, Karina, Anton Kern, Hans Reschreiter and Helga Rösel-Mautendorfer (eds.). 2013. *Textiles from Hallstatt: Weaving Culture in Bronze Age and Iron Age Salt Mines.* [Textilen aus Hallstatt: Gewebe Kultur aus dem Bronze- und Eisenzeitlichen Salzbergwerk]. Budapest: Archaeolingua. (In English and German.)

Hildebrandt, Berit. 2013. Wool on the Silk Road: Research on the Eurasian wool textiles of Bronze to Early Iron Ages. *Archaeological Textiles Review*, Vol. 55, pp. 120-123.

Rast-Eicher, Antoinette. 2016. *Fibres: Microscopy of Archaeological Textiles and Furs* (Archaeolingua Main Series). Budapest: Archaeolingua.

Ryder, Michel. 1983. *Sheep and Man.* London: Duckworth.

Schieir, Wolfram and Susan Pollock (eds.). 2020. *The Competition of Fibres. Early Textile Production in Western Asia, Southeast and Central Europe (10,000 BC–500 BC).* Oxford: Oxbow Books.

第 3 章

韧皮纤维：亚麻、大麻、苎麻和黄麻

约翰·斯泰尔斯（John Styles）

史前时代之后，由植物茎皮纤维（学名：韧皮纤维）制成的纺织品便已在欧亚大陆及其他地区广泛应用。韧皮纤维包括亚麻、大麻、苎麻和黄麻等。这些纤维虽取自不同植物，却有许多共同之处，尤其是在纤维长度、耐用性、抗拉强度以及凉感方面。作为纺织品的一种，韧皮纤维纺织品与其他主要的纺织纤维（蚕丝、棉花和羊毛）所制产品不同，其产地与用途均与欧亚大陆特定的地理位置无关。韧皮纤维纺织品的应用极为广泛，不知不觉间，它们已沿着丝绸之路传播了两千年。尽管如此，东西方的韧皮纤维纺织品依然存在着显著差异。在选择用于提取韧皮纤维的植物以及这些纤维的运用方式上，东亚与欧洲的做法截然不同。

韧皮纤维的加工：捻接、纺线和加捻

直到 19 世纪，东亚使用的主要韧皮纤维还是荨麻科植物苎麻，以及桑科大麻属植物大麻。而在欧洲，主要的韧皮纤维则是亚麻科亚麻属一年生草本植物亚麻和大麻。因此，无论是在东方还是西方，大麻纤维和大麻纱线都颇为常见，但相对粗糙。为得到更精细的韧皮纱线，东方使用苎麻，西方使用亚麻。在英语国家，亚麻非常重要，以至于韧皮纤维织造的纺织品通常都被称为亚麻制品（linens），而实际上"linen"一词是拉丁语对"flax"（亚麻）的称呼。

从植物茎中取得各种韧皮纤维的劳动密集型生产过程大体相似，没有地域差异。韧皮纤维存在于韧皮纤维植物茎的内皮中。麻类植物收割后，需将纤维与茎的其余部分分离，然后将茎丢弃。此外，必须将使得纤维粘在一起的胶质脱胶，以分离出纤维束，从而捻成纱线。在把纤维制成纱线的这一过程中，东西方的做法出现了分歧。据历史记载，东亚主要通过将纤维束捻接后捻成纱线，而欧洲则主要是将纤维纺成纱线。

通过弯曲和缠绕，将两股纤维的两端牢牢固定在一起的过程称为捻接（图 3-1）。不断重复该过程，形成由单根的连续长线组接成的纱线，相当于从蚕茧上抽取生丝长丝。苎麻和大麻的纤维很长，比亚麻韧皮纤维长得多，因此特别适合捻接。捻接后，长丝必须加捻以增加纱线强度。几百年来，加捻都使用手摇纺锤。11 世纪以来，中国固定纱锭的纺车取代了手摇纺锤，尤其是脚踏纺车成为新的加捻工具。这种纺车很适合对连续纱线进行加捻，并且一人可以同时操作多个纱锭。在接下来的两百年里，加捻完全机械化。1313 年，中国农学家王祯绘制了用于大麻和苎麻加捻的水转大纺车（图 3-2）。这类纺车以水力、畜力或人力为动力。王祯还提及水转大纺车使用广泛，"中原麻苎之乡，凡临流处所多置之"。此后不久，基于同样的原理，还制造了捻丝的纺车。

仅凭东亚部分地区出现了某一种用于捻制韧皮纤维纱线的纺车，并不足以说明东亚的麻纱是纺制而成的。无论是用手摇纺车还是脚踏纺车纺制韧皮纤维，所涉及的都不仅仅是简单的加捻。从青铜时代到 15 世纪，欧洲生产麻纱的方式都是由纺纱工用手将一簇平行纤维送入纺锤，形成一条连续的细丝。纺锤转动时，这条细丝在摩擦力的作用下将纤维牵伸加捻，最终的纱线由多个

图 3-1　捻接韧皮纤维的场景
出自西川祐信《百人女郎品定》
（*Hayakunin jorō shinasadame*），1723
年出版于日本京都，卷 1。美国
史密森尼图书馆藏，华盛顿特区。
图片来源：https://doi.org/10.5479/
sil.893056.39088019037563

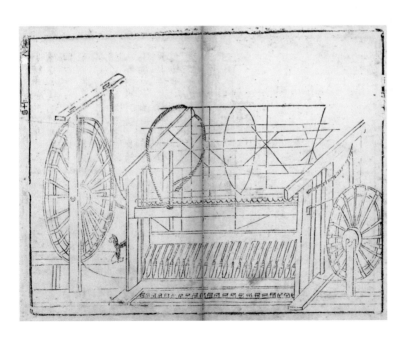

图 3-2　中国古代的水转大纺车（1313 年）
出自王祯《农书》，1530 年版，卷 4，编号：81-2。美国哈佛燕京图书馆藏，马萨诸塞州剑桥市。
图片来源：https://curiosity.lib.harvard.edu/chinese-rare-books/catalog/49- 990078925110203941

重叠的纤维捻合而成（图3-3）。尽管最近的研究表明，公元前1000年前，欧洲、亚洲西南部和非洲的埃及已经出现了麻纱的捻接，随后转向纺纱，这可能是由于开发了羊毛纺纱技术，但羊毛并非东亚的主要纺织纤维。15世纪，随着翼锭纺纱机（flyer spinning wheel，图3-4）的引入，欧洲的纺织业有了新的发展。这种纺车通常只需纺工用脚踩踏，完全省去了纺锤，取而代之的是滚筒和翼锭，它们以不同的速度抽出纤维，将其加捻，并将纱线缠绕到滚筒上，所有步骤都在一个连续的过程中完成。这种纺车特别适合纺织相对较长的韧皮纤维，在英语国家中，人们通常称其为"亚麻纺车"（flax wheel）。

图3-3　用手摇纺锤纺线，《房客的女儿》
耶鲁大学英国艺术中心保罗·梅隆基金会，纽黑文，编号：B1970.3.816。公共领域图片

图 3-4　爱尔兰地区用翼锭纺纱机纺亚麻的场景（局部）

来自威廉·辛克斯（William Hincks）1782 年绘《尊敬的莫伊拉伯爵阁下，此图绘于唐恩郡，描绘了纺纱、缫丝、煮纱线等生产场景》。美国国会图书馆印刷和摄影部藏，华盛顿特区，编号：LC-USZC4-11219

韧皮纤维纺织品的用途

　　韧皮纤维在东亚和欧洲都曾发挥过至关重要的作用，直到 11 世纪初，棉花才开始逐渐取而代之（见第 4 章）。在棉花广泛传播之前，蚕丝和韧皮纤维在东亚的纺织文化中占据主导地位，而欧洲则以羊毛和韧皮纤维为主，只有韧皮纤维在东西方均得到了普遍应用。无论在东方还是西方，两种纤维之间的关系都有等级性。尤其是在东亚，平民大众的衣服大都是由价格低廉的韧皮纤维制成的，精英阶层的服饰则主要由蚕丝织造而成。在中世纪的欧洲，羊毛织品和亚麻织品在成本和所有权方面都有所重合；但最为优质的羊毛制品，如极其昂贵的佛兰德猩红宽幅面料仍为主教、国王和贵族所垄断。

　　然而，种类繁多的韧皮纤维纺织品在价格和质量方面存在巨大差异。韧皮纤维制成的纺织品具有结实、耐用、凉爽舒适、易漂洗、可广泛地运用于农业等特性，因此较之其他纤维制成品，用途更为广泛。作为纺织原料，韧皮纤维既可织成极其廉价、极为粗糙且未经漂白的奥斯纳堡亚麻布（18 世纪从德国运到美国弗吉尼亚州，供奴隶穿着），亦可织成 1600 年左右欧洲朝臣所穿的有着巨大褶裥的超细亚麻布（图 3-5），还可织成江户时代日本上流社会女性所穿的帷子（夏季和服）之类精美轻盈的苎麻织物（图 3-6）。此外，韧皮纤维纺织品的用途并不仅限于服装和服饰。韧皮纤维纺织品随时随地可见，如床单、桌布、窗帘、家居装潢、绳索、麻绳、线、帆布和各类包装材料。至少在欧洲，韧皮纤维纺织品一经磨损，就会成为造纸的主要原料，直到 19 世纪中期这种造纸原料才被木浆取代。

图 3-5　细麻制成的拉夫领，见《一个男人的肖像》（*Portrait of a Man*），佛兰德绘画大师安东尼·凡·戴克绘

约 1618 年。1889 年，亨利·戈登·马昆德（Henry G. Marquand）捐赠。美国大都会艺术博物馆藏，纽约，编号：89.15.11。公共领域图片

图 3-6　帷子（日本夏季和服）
芒麻，江户时代晚期。©英国维多利亚和阿尔伯特博物馆，伦敦

韧皮纤维的落幕

　　尽管韧皮纤维织物用途广泛，但从 13 世纪开始，其地位逐渐被棉花替代，这一进程最先在东亚开始，后来扩展至欧洲。当然，此前棉花就一直是南亚的主要纤维来源。约在 11—13 世纪，棉花种植才传播到中国的黄河流域和长江流域，在那里，人们培育出了能够在如此高的纬度生长的一年生棉花。到 1800 年，棉布已经成为中国第二大贸易商品，仅次于粮食。与大麻和芒麻一样，棉花由中国农户种植并加工成布料。人们之所以放弃上述两种韧皮纤维而选择棉花，不仅因为棉花有着质地柔软、易于染色等突出特性，还因为加工棉花需要的劳动力要少得多。不久之后，在 16—17 世纪，日本农户也纷纷开始

种植棉花。

在欧洲，棉花替代亚麻和大麻的进程更为缓慢。欧洲大部分地区不适宜种植棉花，无论是原棉、纱线还是织物都依赖进口，所以价格往往颇为高昂。12世纪时，意大利开始模仿从西南亚和埃及进口的织物，生产名为棉麻粗布（fustian）的棉制纺织品。但直到19世纪，这种棉织物和其他在欧洲制造的棉纺织品仍以混合织物为主，即棉纱与亚麻纱（亚麻或大麻）混纺的织物。亚麻纱通常比棉纱便宜，且更为结实耐用。亚麻可以染色或印花，但对天然染料的吸收能力不及棉花，更不及蚕丝和羊毛。另外，较之棉花，亚麻更易褪色。但亚麻经线与棉纬线混合而成的织物已具备全棉纺织品的一些特性，且成本较低。

12—17世纪，经销商和制造商组织生产的棉麻粗布逐渐传遍欧洲。但17世纪后期至18世纪，欧洲东印度公司大量进口印度全棉纺织品，极大地扩大了对棉布的需求，历史学家称之为欧洲"印花热"（calico craze）。与此同时，亚麻织物的商业生产蒸蒸日上，日益冲击着欧洲西北部农村家庭自给自足的大麻和亚麻纺织品生产模式。

到了19世纪上半叶，美国南部各州奴隶种植园的原棉价格本已十分低廉，加上工业革命不断地催生出新的机械发明，又极大削减了生产成本，因而欧洲制造商能够以更低的成本生产全棉布料，这使得欧洲的亚麻和大麻纺织品竞争力全无。在1850年的英国，即使是贫困的劳工家庭也已用棉布代替了粗麻布床单和衬衣，虽然棉布的耐用性较差，却足以让韧皮纤维织物黯然失色。

小　结

在整个欧亚大陆，韧皮纤维的发展历史呈现出了相似的趋势，但无论是纤维、织物还是技术方面，各地区之间的交流都非常有限。但也有例外，19世纪中期，欧洲的韧皮纤维纺织品正面临着工业革命背景下工厂生产的廉价棉花的竞争。为寻找低成本原材料，苏格兰邓迪（Dundee）的粗麻袋生产商利用新动力机器加工从印度进口的超廉价韧皮纤维，但主要是孟加拉国的黄麻，尽管他们也尝试了红麻（kenaf）。邓迪的新的黄麻产业在几十年间蓬勃发展，但在20世纪初，随着黄麻机械加工技术流向另一地区，其命运发生了逆转。孟加拉国建起了工厂，并很快就在竞争中击败了苏格兰邓迪的工厂。黄麻这一典型例外，反向证明了原料和技术交流的重要性。然而，因缺乏历史记载，早期的韧皮纤维纺织品及其技术的交流情况仍不得而知。

参考文献

Collins, Brenda and Philip Ollerenshaw (eds.). 2004. *The European Linen Industry in Historical Perspective*. Oxford: Oxford University Press.

Gleba, Margarita and Susanna Harris, S. 2019. The first plant bast fibre technology: Identifying splicing in archaeological textiles. *Archaeological and Anthropological Sciences*, Vol.11, No.5, pp. 2329–2346.

Needham, Joseph and Dieter Kuhn. 1998. *Science and Civilisation in China. Vol. 5, Chemistry and Chemical Technology, Part 9, Textile Technology: Spinning and Reeling*. Cambridge: Cambridge University Press.

Stewart, Gordon. T. 1998. *Jute and Empire: The Calcutta Jute Wallahs and the Landscapes of Empire*. Manchester: Manchester University Press.

第 4 章

棉的全球传播

乔吉奥·列略 (Giorgio Riello)、小林和夫 (Kazuo Kobayashi)

传说中,是黄道婆于 13 世纪末将粗纱、弹棉和纺棉技术从海南岛引进内陆地区的。她的故事载于元代陶宗仪于 1366 年著的《南村辍耕录》,书中说道,多亏了黄道婆,江苏松江(今上海松江区)才得以成为繁荣的棉花种植和织造中心。无独有偶,成书于 9 世纪、多达 200 卷的《类聚国史》(*The Collection of National History*)也记载了一位会说汉语的东南亚年轻人将棉花引进日本的故事:799 年夏,此人乘坐的小船被冲到岸上。相传,他将棉籽带到了日本。这些棉籽经清洗、浸泡,被播种到日本各地。可惜,他没有黄道婆那般幸运,这些棉籽没能生根发芽。于是,日本只好又等了 700 年,才最终成功地从亚洲大陆引进了棉花栽培技术。

这样的故事屡见不鲜。人们常用多姿多彩的故事来讲述农业和技术创新。寻求各种生产原料是人类社会永恒的主题,也是讲述这段棉花历史的良好起点。本章着重探讨棉花如何从稀有植物转变为一种广泛应用于纺织业的常见原材料。18 世纪末,棉花还未成为欧洲机械化工业的生产原料,而关于能否卓有成效地利用棉花这种植物,曾引发了一场"棉花革命"。2 世纪至 17 世纪,棉花成为亚洲乃至全世界的重要纤维来源;经过精心培育、弹棉、纺棉及织造等加工过程,棉花最终成为史上最受欢迎和交易最为广泛的商品之一。

棉花种植

当前，全世界至少有 30 个主要的棉花品种，其中许多品种又包含一系列地方亚种。这些品种分为两大类："新世界棉"（26 条染色体，8 个栽培品种）和"旧世界棉"（13 条染色体，4 个栽培品种）。在新世界棉的 8 个品种中，北美陆地棉（North American *Gossypium hirsutum*）可能是当今世界最为常见的一种。所谓的旧世界棉分为两个大亚科，包括原产于阿拉伯北部且仍在亚洲种植的草棉（一年生品种），以及最早在印度种植、后来遍及亚洲的树棉（多年生）。这些多样化的棉花品种是千百年来基因突变及人为诱导杂交的结果，旨在生产出高质量的棉绒。例如，海岛棉的纤维长 2 英寸（约 5 厘米），埃及棉纤维长约 1.5—1.66 英寸（约 3.8—4.2 厘米），美国长绒陆地棉纤维长 1.25—1.5 英寸（约 3.1—3.8 厘米），美国短绒陆地棉纤维长 1 英寸（约 2.5 厘米），印度棉纤维长 0.6—0.9 英寸（约 1.5—2.3 厘米），而中国棉的纤维则长约 0.75 英寸（约 1.9 厘米）。

词源学家认为，"棉花"一词来自阿拉伯语"kotom""kutn""katān""kutun"或"gootn"。这说明棉花起源于亚洲，尽管可能并非起源于今天的伊斯兰国家。然而，要将野生棉和栽培棉区分开来非常困难。野生棉的纤维长约 1/3 英寸（约 0.85 厘米），而现代杂交型品种的纤维长度可达 2—3 英寸（约 5—7.5 厘米），如丝线一般更易加工。因此可以说，棉花的种植过程实为人类不断开发更容易纺和织的棉花品种的过程。有学者认为，公元前 3200 年的印度河流域就出现了棉花种植。约公元前 2600—前 1900 年的摩亨佐·达罗遗址（又称"死亡之丘"）是古代印度河流域文明的大都会，在这里发现了大量纺织品残片，使用的是从一种与树棉密切相关的植物上得到的"棉"。

公元前 600 年，棉花贸易开始出现于美索不达米亚平原，并于公元前 4 世纪传入欧洲。不过，欧洲大陆的气候不太适宜棉花生长，因此棉花种植仍然有限。尽管当时已有棉布传到古罗马，但其仍为一种珍稀织物。希罗多德（Herodotus）在记叙波斯国王薛西斯入侵希腊的历史时，就曾对波斯帝国军队穿着的"用长在野树上的绒毛制成的"服装做了一番描述。这种"植物绒毛"无论是在美感还是在品质上都要比羊毛更为出色；印度人也身穿由其制成的服装（Goody, 1996: 127）。这些只言片语证明了古代世界对棉花的有限认识。而在 11 世纪前，中国的棉织品也相对珍稀。

从棉花出现于印度的公元前 3200 年，到公元 1000 年左右的这段漫长岁月里，棉花传播并不广泛，主要有以下原因：首先，要想在不同的生态环境中种植棉花，须先充分了解棉花的潜在用途及其繁荣生长的条件。公元 800—1000 年，棉花终于开始渗透进中国、中东和非洲的农业体系中，与此同时，相关农学知识也得以传播开来。琳达·谢弗（Linda Shaffer）将该过程称为"南方化"，即包括棉花在内的原材料及相关工艺和技术从南亚传播到亚洲大陆的其他地区，并最终传播到世界各地的过程。其次，问题在于要找到合适的地形和足够的水、有效的清洁和轧制技术，以及适合该纤维的纺织技术。最后，还必须牢记，不能在温度低于 11 摄氏度的气候条件下种植棉花，在其成熟期（为期 25—40 天）时则至少要保持 20 摄氏度高的温度。

棉花种植是如何传播到东亚和非洲的？棉花可能早在古代就在波斯湾地区种植，并传播到阿拉伯、埃塞俄比亚、努比亚和上埃及，在前伊斯兰时代则传播至地中海地区。到了 10 世纪，在伊斯兰世界的大部分地区都可以看到棉花。棉花从小亚细亚和北非传播到地中海地区，特别是塞浦路斯、意大利南部和西班牙南部（表 4-1）。棉花种植也在向东扩张，并于 1 世纪或 2 世纪传播至中南半岛（旧称印度支那）和中国的广东。然而，由于棉花的传播受其气候耐受性所限，其种植、加工的方式直到 7 世纪才传入中国。

表 4-1 棉花种植在欧洲、亚洲、非洲的传播情况

棉花种植地区	首次记载	广泛种植／市场流通
阿拉伯湾	公元前 4 世纪（？）	
中南半岛	汉代	
伊洛瓦底江	汉代	
中国广东和云南	3—6 世纪（？）	
中国新疆	6—7 世纪	
苏门答腊岛和印尼爪哇岛	5 世纪	
中国南方	7 世纪	13 世纪
中国甘肃	7—10 世纪	
日本	9 世纪	
美索不达米亚平原	公元前 7 世纪	
非洲东北部	4 世纪前	

续表

棉花种植地区	首次记载	广泛种植／市场流通
努比亚	7 世纪前	
西非（两个中心）	10 世纪	
西班牙南部	9—10 世纪	
中东		12 世纪
塞浦路斯		12 世纪
埃及	10 世纪	13 世纪
意大利西西里岛	10 世纪	

来源：Watson, 1977; Kriger, 2005。

棉花种植可能在 11 世纪之前就已传播至非洲之角。科琳·克里格（Colleen Krieger）认为，10 世纪左右，撒哈拉以南的非洲出现了两个棉花种植区域。关于在伊斯兰时代之前是何种棉花在印度和亚洲其他地区以及非洲传播，历史学家、考古学家以及遗传学家各执一词。当时人们引进的主要是多年生棉花（树棉），然而，这对棉花的传播范围造成了很大限制，因为一年生棉花（草棉）在寒冷气候下更容易成熟。这在一定程度上解释了为何棉花的传播过程相对比较缓慢。

直到 6 世纪和 7 世纪，棉花才传至如今中国西北部的新疆吐鲁番，但最初仅被用作观赏植物。到 9 世纪，新疆吐鲁番开始种植一年生棉花。唐代（618—907 年）末年，福建地区开始广泛种植棉花。棉花种植在中国有两种截然不同的传播方式，在新疆东部地区的传播方式便是其中之一。棉花沿着连通了今乌兹别克斯坦的撒马尔罕、俄罗斯的阿尔泰和蒙古国前杭爱省的丝绸之路传播，这与从中国到中亚和西亚的成品贸易发展方向相反。10 世纪末，多年生树棉则通过最有可能经由孟加拉国的第二条路径传入中国。这条南线途经印度支那、中国云南的西南以及海南岛，但一些历史学家对这条路线的重要性持怀疑态度。

棉花传入中国经历了几个世纪。最初人们只种植多年生的品种，在一年生棉花培育出来以后，棉的种植才得以向北传播。12 世纪，棉花成为长江下游的重要作物。然而，我们应该区分植物的生物传播和经济用途。棉花传入中国时，人们并未立即大规模发展棉花种植或棉纺织品生产。只有在轧花、纺纱（使用长度较短的纤维）和织造技术得以改进后，棉花种植才开始产生经济效益。一些历史学家认为，棉花传入中国的进程之所以缓慢，是因为人们不知如何将这一纤维变成有用的商品。棉花这一纤维要比苎麻或亚麻短，需通过纺纱和织造对其进行再加工，仅这一过程就花费了几百年的时间。到 13 世纪，棉纺织品生产和棉花种植才成为中国农村最为常见的两种生计。那时，棉花种植面积"百倍于桑麻"，原棉也是每年湘、鄂、闽、浙、苏、川、晋、陕等地区向皇家进献的重要贡品。

在中国，棉花种植不仅仅受生态或农业因素影响。长久以来，人们都在使用丝和麻代替货币税。因此，用棉花取而代之，或仅将二者搭配使用，就遭到了丝绸利益相关群体和朝廷的反对：前者担心棉花会破坏既定的经济平衡；后者则希望延续二元服饰制度，即上层阶级以丝绸为衣，普通百姓以麻为衣。因此，只有在朝廷决定推广棉花时，棉花种植才能蓬勃发展。随着棉花成为一种简单的实物税，棉花种植的推广最终得以实现。到 14 世纪时，朝廷每年征收50 多万匹棉布以及 500 多吨生丝。1365 年的一项法令规定，所有拥有耕地满一英亩（约 6.075 亩）的农民都必须种植棉花。为进一步促进棉花种植，元朝政府将棉花纳入税收和朝贡，同时借助政府机构编撰的棉花种植著作如《农桑辑要》（1273 年）以及在各省设立木棉提举司来帮助百姓学习棉花种植方面的农学知识。然而，朝廷的做法，即将棉花的成功推广与国家需求挂钩，将棉花加工与内部供应紧密挂钩，并不利于棉纺织品发展成为国际贸易商品。

制棉技术

准确地说，从技术角度来看，在 18 世纪机械化之前，棉花生产过程相对比较简单，用于生产棉花的工具或机器也无须格外专业化。首先要去除棉籽，清洁纤维，这一过程为轧花，然后通过弹棉使其变得蓬松，再进行纺纱和织造。最终，棉布可用以印花或加以装饰。但在很多情况下，如在中国，棉花常被用作填充物，甚至不需要纺线。

古时候使用简单工具将棉籽从棉花中分离的过程称为"轧花"，在印度称为"chobkin"，在明朝以前也已经在中国出现。后来，用于轧花的简单器具被更为复杂的工具取代，后者由两个沿相反方向运动的木制滚筒构成，并带有平行的蜗杆和曲柄。这种复杂工具是 6 世纪的南亚和中东发明的，在印度被称为

"carkhī"或"charkha"，到 12 世纪在南亚次大陆广泛传播。王祯于 1313 年所著的《农书》中也记载了这种工具。

轧花之后的步骤是弹棉。这个过程旨在将皮棉纤维弹散并除去杂质。棉弓（naddaf）可能出现于 11 世纪到 14 世纪之间的伊斯兰世界。目前尚不清楚棉弓是印度人发明的（在印度被称为"kaman"），还是由 14 世纪的穆斯林旅行者传到印度的。不过，古代史教授维杰·拉马斯瓦米（Vijaya Ramaswami）认为，这种弓是在 2—6 世纪传到南印度的。在中国，类似的工具虽然在南宋时期就已经出现，不过很可能是在元末明初棉花广泛种植时才得以改进的。棉弓在 15 世纪传入日本，在 14 世纪或 15 世纪初传入西欧（图 4-1）。

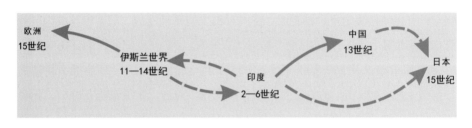

图 4-1　弹棉的技术传播路线
图中时间为可能发明或传播时的时间（Riello，2013：52）

考古证据有助于我们了解纺纱的演变。印度旁遮普出土了历史可追溯到公元前 3000 年的陶制纺轮。纺车的发明带来了重大的技术突破。历史学家迪特马尔·库恩（Dietmar Kuhn）认为，中国在战国时期就发明了简易的纺车。虽然这些纺车并非用于纺棉，但可以解释为什么在原棉传播到中国、欧洲和伊斯兰地区后，人们就开始借鉴其他纤维的加工过程，采用纺车来加工棉花。据文献记载，中东地区在 1260 年左右就有了纺车，13 世纪中叶或 14 世纪初，印度北部出现纺车，且纺车极有可能来自西亚。梵文资料记载，纺车是经由海上丝绸之路从印度传入马来半岛，并于 1600 年传到南苏拉威西岛和马鲁古岛，在 17 世纪左右传到菲律宾的（图 4-2）。直到殖民时期，纺车才成功传入非洲。

最后，棉纺织技术因生产面料的地区和类型不同而有很大差异。在印度可以同时看到不同类型的织机。立织机在 12 世纪被引入南亚次大陆，用于生产图案复杂的织物或地毯。水平式织机很可能是在 11 世纪从波斯传入印度的

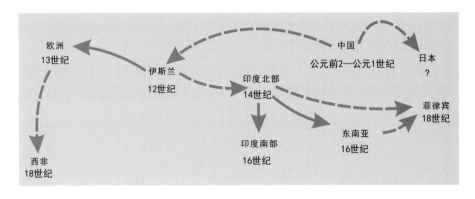

图 4-2 纺车的技术传播路线
图中时间为可能发明或传播时的时间（Riello，2013：53）

（图 4-3）。一些织机，如在 15—16 世纪从伊斯兰区北部引进的"四角框架"织机，在南部仅为伊斯兰区使用。腰机出现在南亚次大陆的东北部，而小巧便携和基于人体张力的腰机在南亚各国基础布料生产中颇为常见。历史学家伊尔

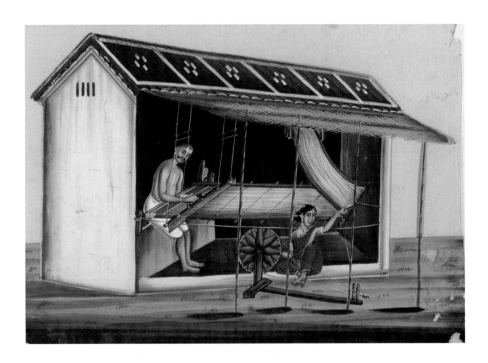

图 4-3 织工坐在织机前织布，其妻纺纱，印度，约 1860 年
云母粉绘制的水粉画，为描绘工匠及其作坊的 11 幅画作之一。英国维多利亚和阿尔伯特博物馆藏，伦敦，编号：07363:13/（IS）

凡·哈比卜（Irfan Habib）认为，随着印度对"粗布和普通面料"需求的扩大，基础织机得以使用。如《农书》所述，中国使用更复杂的提花机，可能是由于中国人对丝织机进行了改造，而非直接借鉴其他领域的技术。在西非有各种各样的织机，其中最常见的是踏板织机，可以生产较窄的条状棉布。在11—12世纪，这种踏板织机传入今尼日利亚。

市场与消费

印度生产的棉纺织品不仅连接了前工业时期的不同地区，而且还塑造了全球贸易格局，影响了除南亚以外地区的物质文化和制造业。技艺精湛的工匠们精心制作产品，以满足各地市场不断变化的消费者口味。印度纺织品的贸易联结随着时间发生变化。16世纪之前，印度洋市场就开始了此类织物的交易，到了16世纪，此类织物出现在大西洋交易市场。南亚次大陆棉纺织品的四大核心产区——旁遮普、古吉拉特、科罗曼德海岸和孟加拉国——都将其手工制品销往海外市场。

旁遮普位于印度北部，曾以生产木版印花棉布闻名。在17、18世纪，该地区盛产棉制品，尤其是印花棉布和平纹细棉布，因此，无论通过海运还是陆运，其均与西亚和奥斯曼帝国建立了密切的贸易联系。在波斯和黎凡特，优质棉制品有庞大的市场。在此期间，亚美尼亚商人在印度和黎凡特之间的商队贸易中发挥了关键作用，他们不仅将印度纺织品运往西方，还将印度的印花技术传播到了西亚。同时，印度北部生产的棉织物在18世纪的中亚同样有很大市场，花样和品质不一的印度纺织品受到了平民大众和精英阶层的欢迎。中亚商队将这些纺织品从印度经波斯运来，同时，他们还向印度人提供马匹。

印度西部的古吉拉特邦与北非和印度洋周边的市场联系更加广泛。考古发现，印度棉花可能在1世纪就通过西印度洋和红海传入埃及，人们还在今印度尼西亚苏拉威西群岛发现了于14世纪产于古吉拉特邦的棉织物残片。这些例子说明，早在16世纪前，印度洋附近就经常进行印度棉织物贸易。东非是古吉拉特棉花的一大销售市场。古吉拉特邦商人在印度和东非之间的西印度洋贸易中扮演着重要角色，他们使用单桅帆船进行贸易，所以他们的贸易节奏取决于季风的节奏。他们向东非海岸出口棉织物和玻璃珠，以交换东非的象牙、犀牛角、黄金和奴隶，非洲消费者的喜好决定了从印度带来的棉布类型。甚至在葡萄牙人于 15 世纪末经由好望角进入印度洋之后，这种贸易模式仍然存在。

16 世纪前，科罗曼德附近生产的棉花出口到东南亚，以换取香料。这两个地区之间的纺织品和香料贸易主要掌握在从红海和波斯湾远道而来的阿拉伯商人手中，直到欧洲人来到印度，这种状况才结束。近代东南亚对印度棉纺织品的消费在一定程度上具有政治和文化意涵，这些纺织品以及其他本土和进口面料常用于外交来往、各种仪式和典礼场合。16 世纪后，印度的棉织物促进了技术创新，各种新型布料应运而生，如爪哇的蜡染与日本德川时代的更纱和岛物。

欧洲参与下的印度贸易将印度棉花的贸易范围从印度洋扩大到大西洋。欧洲东印度公司对于欧洲从印度进口纺织品至关重要，印度棉刺激了欧洲仿制品的生产，以迎合消费者需求（图 4-4）。因此，欧亚贸易推动西欧尤其是英国发明出新型奢侈品。

与此同时，许多印度棉花从欧洲再出口到西非，用于交换黄金、象牙、阿拉伯树胶和奴隶，这些奴隶被带到大西洋彼岸的美洲，以维持种植园经济。因此，印度纺织品非常重要。如果欧洲商人没有带来非洲消费者想要的东西，他们就无法从当地商人那里购买奴隶和其他物品。印度纺织品凭其样式齐全、色彩丰富的特点，吸引了西非的顾客。如上文提及的东南亚的情况一样，非洲人不仅重新加工这些纺织品，使之符合自身喜好，还将其用于礼仪或外交场合。到了 18 世纪中叶，印度纺织品在大西洋经济发展中变得极为重要，此后，印度棉和英国棉在西非的竞争愈演愈烈。值得注意的是，自 18 世纪中叶以来，人们往往过于强调英国棉花对西非的作用，但至少在 19 世纪后期，更受塞内加尔及周边地区消费者青睐的依然是靛蓝染色的印度棉布，而非欧洲棉。

图 4-4　印度科罗曼德海岸生产的外销欧洲的帕棱布，1700—1740 年

316.23 cm × 226.06 cm。这种大型纺织品当时在欧洲流行，常用作床罩。纪念玛丽·亨特·卡伦伯格
服装委员会捐赠，编号：M.2012.73。美国洛杉矶县艺术博物馆藏，洛杉矶，公共领域图片

小 结

到了 20 世纪，棉花已经成为世界上最为常见的纤维，牛仔裤、牛仔布等服装和面料在全球变得随处可见。棉花也成为抵抗殖民压迫的象征，如圣雄甘地为支持当地手纺棉花而领导了土布运动（图 4-5）。

合成纤维的兴起使得棉花的主导地位骤降，但合成纤维也常用棉花混纺。因此，在棉花的发展过程中，全球化无疑是纤维种植、加工以及面料使用的一个因素。本章还强调，棉花的发展并非线性过程。伴随着农业知识的普及，新型预制技术、纺纱和织造技术的采用，棉花种植逐渐开始从南亚向东西两个方向扩展。然而，伴随创新而来的还有生态、技术和制度障碍。丝绸之路是棉花生产在亚洲发展的主要通路之一，在欧洲势力出现在印度洋前后，丝绸之路也一直与其他海上通路紧密相连。

图 4-5 甘地纺纱，20 世纪 40 年代
公共领域图片。图片来源：www.gandhiserve.org

参考文献

Bally, W. 1952. The cotton plant. *Ciba Review*, Vol. 95, pp. 3402, 3405.

Bray, Francesca. 1999. Towards a critical history of Non-Western technology. In Timothy Brook and Gregory Blue (eds.). *China and Historical Capitalism: Genealogies of Sinological Knowledge (Studies in Modern Capitalism)*. Cambridge: Cambridge University Press, pp. 158–209.

Cartier, Michel. 1994. À propos de l'histoire du coton en Chine: Approche technologique, économique et sociale. Études Chinoises, Vol. 13. No. 12, pp. 417–435. (In French.)

Chaudhuri, K. N. 1978. *The Trading World of Asia and the English East India Company 1660–1760*. Cambridge: Cambridge University Press.

Cheng, Weiji, 1992. *History of Textile Technology of Ancient China*. New York: Science Press.

Dale, Stephen F. 2009. Silk road, cotton Road or… Indo-Chinese trade in pre-European times. *Modern Asian Studies,* Vol. 43, No.1, pp. 79–88.

Deng, Gang. 1999. *The Premodern Chinese Economy: Structural Equilibrium and Capitalist Sterility*. London: Routledge.

DuPlessis, Robert S. 2015. *The Material Atlantic: Clothing, Commerce, and Colonization in the Atlantic World, 1650–1800*. Cambridge: Cambridge University Press.

Gervers, Michael. 1990. Cotton and cotton weaving in Meroitic Nubia and medieval Ethiopia. *Textile History*, Vol. 21, No. 1, pp. 13–30.

Goody, Jack. 1996. *The East in the West*. Cambridge: Cambridge University Press.

Habib, Irfan. 1980. The technology and economy of Mughal India. *The Indian Economic and Social History Review,* Vol. 17, No. 1, pp. 1–34.

Habib, Irfan. 1982. Non-agricultural production and urban economy. T. Raychaudhuri and I. Habib (eds.). *The Cambridge Economic History of India,* Vol. I. c. 1200–c.1750. Cambridge: Cambridge University Press.

Inikori, Joseph. E. 2002. *Africans and the Industrial Revolution in England: A Study in International Trade and Economic Development*. Cambridge: Cambridge University Press.

Kang, Chao. 1977. *The Development of Cotton Textile Production in China*. (Harvard East Asian Monographs, 74). Cambridge, Mass.: East Asian Research Center, Harvard University.

Kobayashi, Kazuo. 2019. *Indian Cotton Textiles in West Africa: African Agency, Consumer Demand and the Making of the Global Economy, 1750–1850*. (Cambridge Imperial and Post-Colonial Studies). Cham: Palgrave Macmillan.

Kriger, Colleen E. 2005. Mapping the history of cotton textile production in precolonial West Africa. *African Economic History*, Vol. 33, pp. 87–116.

Li, Lillian. M. 1981. *China's Silk Trade: Traditional Industry in the Modern World, 1842–1937*. (Harvard

East Asian Monographs, 97). Cambridge, Mass.: East Asian Research Center, Harvard University.

Machado, Pedro. 2014. *Ocean of Trade: South Asian Merchants, Africa and the Indian Ocean, c. 1750–1850*. Cambridge: Cambridge University Press.

Needham, Joseph and Dieter Kuhn. 1998. *Science and Civilisation in China, Vol. 5. Chemistry and Chemical Technology. Part 9. Textile Technology: Spinning and Reeling*. Cambridge: Cambridge University Press.

Prestholdt, Jeremy. 2008. *Domesticating the World: African Consumerism and the Genealogies of Globalization*. Berkeley: University of California Press.

Ramaswamy, Vijaya. 1980. Notes on the textile technology in medieval India with special reference to the South. *Indian Economic and Social History Review*, Vol. 17, pp. 227–241.

Reid, Anthony. 1984. *Southeast Asia in the Age of Commerce, 1450–1680. Volume One: The Lands Below the Winds*. New Haven: Yale University Press.

Riello, Giorgio. 2013. *Cotton: The Fabric That Made the Modern World*. Cambridge: Cambridge University Press. (In English and Chinese translation [2018].)

Riello, Giorgio and Prasannan Parthasarathi (eds.). 2009. *The Spinning World: A Global History of Cotton Textiles, 1200–1850*. Oxford: Oxford University Press.

Riello, Giorgio and Tirthankar Roy (eds.). 2009. *How India Clothed the World: The World of South Asian Textiles, 1500–1850*. Leiden and Boston: Brill.

Schafer, Edward. H. 1963. *The Golden Peaches of Samarkand: A Study of T'ang Exotics*. Berkeley: University of California Press.

Shaffer, Linda. 1994. Southernization. *Journal of World History*, Vol. 5, No. 1, pp. 1–21.

Sinopoli, Carla M. 2003. *The Political Economy of Craft Production: Crafting Empire in South India, c.1350–1650*. Cambridge: Cambridge University Press.

Vanina, Eugenia. 2004. *Urban Crafts and Craftsmen in Medieval India: Thirteenth-Eighteenth Centuries*. New Delhi: Munshiram Manoharlal Publishers.

Walker, Kathy Le Mons. 1999. *Chinese Modernity and the Peasant Path: Semicolonialism in the Northern Yangzi Delta*. Stanford: Stanford University Press.

Watson, Andrew M. 1977. The rise and spread of Old World cotton. In Veronika Gervers (ed.) *Studies in Textile History in Memory of Harold B. Burnham*. Toronto: Royal Ontario Museum. pp. 355–368.

陶宗仪, 1959. 辍耕录[M]. 北京: 中华书局.

第二部分

丝绸之路沿线纺织生产技艺交流

第 5 章

丝绸之路沿线的染料

迭戈·坦布里尼（Diego Tamburini）

天然染料有着千年的历史，它始于人类对再现周围环境的颜色并将这些颜色施加在物体表面的需求。色彩与艺术的概念有着内在的联系，在 1856 年合成着色剂发明之前，人们从自然世界中提取色素以获得着色物质。

古人早在史前就发现，对部分植物、昆虫和软体动物稍做加工，混以热水，就可以提取出颜色，这就是天然染料的起源。染料可以以多种染色方法使纤维着色，这一发现带来了最非凡的艺术和工艺形式之一：纺织品。纺织品染色的证据可以追溯到公元前 3 世纪的中国、埃及和中东其他国家，以及公元前 5 世纪的南美洲。最初，不同地理区域的人们是在当地探索染料的，而在世界各地发现和使用的各种天然染料的多样性则体现了地球生物的多样性。

在广阔的丝路区域追溯染料的使用极其困难，相关研究还远未完成。纺织品和染料属于有机材料，会发生一系列降解。所以，纺织品在考古发掘中并不多见，它们只能保存在冰冻、极度干燥或饱水的环境中。提及知名的考古遗址，最先跃入脑海的当属俄罗斯巴泽雷克，中国尼雅、吐鲁番和敦煌。丝绸之路还包括粟特人商栈和繁华集市的诗意形象，它们分布于包括浩罕、撒马尔罕、布哈拉在内的中亚绿洲纺织生产中心。

本章并非旨在详尽叙述丝路上所有地区的染料使用和演变，也并非要涵盖五千年的染料和染色史，而是概述染色在当地传统、贸易和技术发展方面的微妙平衡关系，本章会引用我之前以先进科技手段进行研究的案例，例如大英博物馆藏敦煌织物（7—10 世纪）和亚瑟·M.萨克勒画廊（史密森学会亚洲艺术国家博物馆）所藏 19 世纪中亚绲织物。

敦煌纺织品的染料

敦煌石窟一般指莫高窟，位于中国西北部甘肃省，是丝绸之路上最重要的考古遗址之一。敦煌石窟有 500 多个石窟寺，寺中展现了莫高窟这一重要的文化、宗教和商业交流枢纽留下的遗产。从 4 世纪开始，这些洞窟一直被用作佛教寺庙，到 14 世纪基本废弃。因此，洞窟内的壁画和彩塑展现了近一千年的艺术成果及艺术史。戈壁沙漠边缘的干燥环境使洞穴中的艺术作品得到了特殊保护，这些艺术作品不仅包括彩色壁画和雕像，还包括有机材料。特别是"藏经洞"（第 17 窟）的藏品，彻底颠覆了东方文化的研究。11 世纪初，第 17 窟窟口遭封闭，窟内藏有从 6 世纪至 11 世纪的数千份文献资料（卷轴和手稿）、绢画和织品，这吸引了世界各地学者和考古学家的兴趣。其中包括马克·奥雷尔·斯坦因（Mark Aurel Stein）爵士，他从洞内获取了大量文物并于 20 世纪初将其运回英国。斯坦因得到的敦煌纺织品如今分别藏于大英博物馆、维多利亚和阿尔伯特博物馆以及大英图书馆。

人们已从技术、风格和图像角度对莫高窟出土的大部分纺织品和纺织品残片进行了准确分类和研究，展示了当时织造技术的多样性及其与不同地区、不同时期图案和样式的联系。然而，直到最近，为强化对丝绸之路沿线织品生产的了解，研究者才对其中 32 种纺织品进行了系统的染色分析。所分析的纺织品主要来自 7 世纪末至 10 世纪初（唐至五代十国时期），包括著名的《凉州瑞像图》（图 5-1）。该图是一幅大型 8 世纪中国刺绣（宽 167 cm，高 249 cm），保存较为完整，目前很少有类似的藏品保存下来。此次分析结果有助于重新理解古代亚洲染料的色谱。

图 5-1 《凉州瑞像图》, 8 世纪

167 cm×249 cm。© 大英博物馆托管会, 伦敦, 编号: MAS, 0.1129

蓝色

自然界中有多种蓝色染料，靛蓝是其中最重要的一种。虽然早在6000年前，世界各地就已经在使用靛蓝，但是靛蓝的染色工艺过程较为复杂。事实上，大量制靛植物的叶子都不是蓝色的。这是因为叶子中只存在靛蓝分子的前体，而且需要长时间的发酵，一些酶才能将这些最初的前体转化为靛蓝。但更为复杂的是，靛蓝不溶于水，需要添加灰碱液，调控温和的温度，把靛蓝还原成靛白，靛白能溶解于碱性溶液。纤维只能在这个阶段进行浸泡，当与空气中的氧接触后，就会奇迹般地显现出蓝色，从而形成靛蓝。这一阶段还会形成一些其他次要成分，但不同植物中提取的靛蓝化学成分十分相似，无法通过科学手段准确判断产生这种蓝色染料的确切植物。因此对于敦煌纺织品中出现的靛蓝，我们无法找到其实际来源。

靛蓝的名字来源于印度，古希腊和罗马时代称靛蓝为"indikon"或"indicum"，即印度蓝。靛蓝从木蓝中提取出，原产于印度，后出口至亚洲热带地区。然而，几个世纪以来，古埃及人、其他地中海文化和欧洲文化地区的人民也知道另一种制靛植物——菘蓝（*Isatis tinctoria*）。该植物一直常见于欧亚大陆的大部分地区，菘蓝的使用可追溯到新石器时代。此外，还有一种更加典型的东亚靛蓝来源于蓼蓝（*Persicaria tinctoria*或*Polygonum tinctorium*），蓼蓝原产于越南、中国南部和日本。板蓝 [*Strobilanthes cusia*（也称*Strobilanthes flaccidifolia*和*Baphicacanthus cusia*）] 也是一种制蓝植物，常见于东南亚、印度东北部、中国的南部和台湾地区。尽管亚洲地区也存在其他制靛植物（如倒吊笔属和牛奶菜属），但是上述四种植物是敦煌织品和丝绸之路沿线最有可能的靛蓝来源。通过调节靛蓝缸中的染料浓度和染浴次数，可调出从浅蓝到深蓝的不同色调，这些色调都可见于敦煌纺织品中（图5-2）。

因为靛蓝叶子易干燥、压缩、可以用各种形式运输（如制为饼状、粉末状等），所以尚不清楚染工对本地靛蓝和进口靛蓝的使用倾向，特别是考虑到从新鲜叶片开始进行染色的耗时度和复杂性。可以准确鉴别蓝色纺织品所用靛蓝来源的新技术将会成为进一步掀开丝路历史面纱的有力工具。

a   b   c

d

图5-2a　木蓝
©潘克拉特（Pancrat），CC BY-SA 3.0，维基共享，无改动。
图5-2b　菘蓝
©克日什托夫·齐亚内克（Krzysztof Ziarnek），肯雷兹（Kenraiz），CC BY-SA 4.0，维基共享，无改动。
图5-2c　蓼蓝
©乌多·施罗特（Udo Schröter），CC BY-SA 3.0，维基共享，无改动。
图5-2d　《凉州瑞像图》刺绣局部
展现了运用靛蓝获得的几种蓝色色调。大英博物馆藏，伦敦，编号：MAS，0.1129。©大英博物馆托管会

紫色

纺织品中的"紫色"能让人立即想起原产于腓尼基提尔城著名的骨螺紫。神秘的骨螺紫（从骨螺中提炼而成）的生产过程和昂贵的骨螺紫服饰使得骨螺紫染料闻名于古地中海世界。目前已知，自古代起，大西洋沿岸的欧洲部分地区以及前哥伦布时期中美洲和南美洲的沿海居民就已知悉从其他软体动物中也能提取紫色染料。印度、印度尼西亚和日本南部的热带海域也存在可制紫的骨螺。然而，尚无证据表明丝绸之路的主要区域使用了动物染料制成的紫色。这或许是因为缺乏考古证据，进一步的研究可能在未来带来令人兴奋的新发现。但可能还有另一个更简单的原因。事实上，中国、韩国、俄罗斯和日本的大部分地区均有种植可从根部提取紫色染料的紫草科植物紫草（*Lithospermum erythrorhizon*）。紫草根含有紫草素分子，所以可以从紫草中提炼出紫色色素。然而，紫草素不易溶于水，通常需要使用一些弱酸性添加剂提取色素。通过调整染色过程中使用的媒染剂和灰碱液的比例，可以调出从淡紫色到紫罗兰色等深浅不同的紫色。染色过程既复杂又耗时，因此用紫草染色的纺织品弥足珍贵。在敦煌发现的一些文献中，紫草被称为宝物。所以敦煌纺织品中大部分的紫色均为紫草染成也就不足为奇了。更令人惊讶的是，图5-3中的织品只使用

a

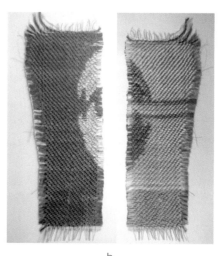

b

图 5-3a　紫草根
©乔安妮·戴尔（Joanne Dyer）

图 5-3b　大英博物馆馆藏织品残片（正反面）
8 cm×3.2 cm。紫色由紫草染成。大英博物馆藏，伦敦。©大英博物馆托管会

了紫草一种染料。而在其他织品中（包括刺绣《凉州瑞像图》在内的 10 多件纺织品），都发现了紫草与茜草、苏木和（或）紫胶染料等红色染料的混合使用。这可能说明仅使用紫草很难调出合适的紫色色度，也可能说明通过将昂贵的紫色染料与其他染料混合能降低成本。同样要强调的是，由紫草提炼的紫色会由于褪色或分解成为棕色——部分含有紫草成分的敦煌纺织品不再呈现紫色。其中一件敦煌纺织品（MAS.1130）的紫色是通过靛蓝和印度茜草混合而得的，这一发现有助于我们了解中亚、古罗马和埃及纺织品常用的别样染色技术。

红 色

世界各地的人们一直从多种本地植物中提取红色染料，与本章最相关的红色染料植物是茜草、苏木和红花。

从几种茜草科植物的根中提取的染料统称为茜草染料。西茜草（*Rubia tinctorum*）原产于中东和地中海东海岸，从古时候起，欧洲和亚洲均有种植，西茜草可能是最常见的红色染料来源。印度茜草源自西茜草，原产于印度，但亚洲大陆大部分地区也有生长。包括敦煌纺织品（图 5-4）在内的丝路织品能够清楚说明两类染色茜草的来源。茜草中含有多种羟基蒽醌衍生物，如茜素、羟基茜草素、伪羟基茜草素、茜草酸和甲基异茜草素。其他茜草科植物也可制造茜草染料，如野茜草和东南茜草，但这两种茜草仅分别在欧洲和日本得到广泛应用。

苏木（*Biancaea sappan*）的芯材可提炼出红色染料，苏木原产于印度、中国大部分地区和东南亚。从苏木提取出的染料可产生丰富的色彩变化，苏木在染色时，通过调节染浴的 pH 值，与不同的媒染剂作用可染出不同的红色——明亮的红色调、偏粉色调和偏紫色调等。巴西红木素和氧化巴西红木素是染色的主要分子。与茜草相比，苏木更容易褪色和变色。人们发现它一直用于染敦煌纺织品中的红色、橙色和紫色色调（与紫草结合使用）（图 5-5）。观察纺织品的正面和背面，可以观察到不同程度的褪色和变色。有证据表明，自中世纪以来，欧洲和日本就开始进口苏木。随着美洲的发现，巴西苏木（*Paubrasilia echinata*）被引入欧洲，这使得情况变得更加复杂，因为苏木和巴西苏木中提取出的红色染料成分相同。

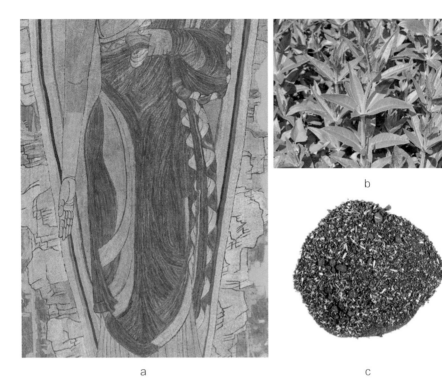

a

b

c

图 5-4a 刺绣《凉州瑞像图》（局部）
可见用茜草染色的红色束腰外衣，大英博物馆藏，伦敦，编号：MAS，0.1129。
图 5-4b 茜草
© 大卫·J.斯坦（David J. Stang），CC BY-SA 4.0，维基共享，无改动。
图 5-4c 茜草根
© 乔安妮·戴尔

上述染料的共同特点是：着色剂存在根、茎中，并以分子前体形式存在。红花（*Carthamus tinctorius*）花瓣直观地展示出它可以染出美丽而精致的颜色。红花染料提取出的粉色、橙色和浅红色色调被多种文明誉为：染工可调制的最好的最精美的颜色。野生红花原产于黎凡特，青铜时代由埃及人和迈锡尼人种植，古典时代由其他地中海地区的民族种植。公元前 2 世纪左右野生红花被引入中国西部，且很快传到日本，这也很好证明了早期丝绸之路的高效性。

红花是独特的染料来源，红色染料中红花素的提取也需要同样独特的工艺。事实上，红花的花瓣内含红花红色素和红花黄色素两种色素。红花中的黄色色素历来不受重视，所以首先通过大量漂洗将其去除。此时红色色素可在碱浴中提取，灰碱液是这一过程常用的碱液。但是着色分子只有在浴液呈弱酸性时才会附着在纤维上，因此需要使用一些酸性汁水（柠檬汁、李子汁、芒果汁、醋汁等）。因为几乎不可能完全去除黄色色素，所以提取出精确的色调非常困难。因此，不同色度的橙色和粉色色调可从红花中获取。但只有当工艺成熟时，方可提取出娇艳的玫瑰红。

敦煌纺织品中的部分粉色、橙色和红色区域均由红花染料染成，印证了这种染料在唐代已广为使用（图 5-5）。红花的红色素在光照下易褪色。一些如今看不出染色痕迹的织品在某些地方最初都使用了红花进行染色。

a   b

c

图 5-5a 苏木（Biancaea sappan）芯材
©乔安妮·戴尔
图 5-5b 红花（Carthamus tinctorius）
©杰克·詹森（Jac. Janssen），CC BY 2.0，维基共享，无改动。
图 5-5c 大英博物馆馆藏纺织品残片，编号：MAS.922
尺寸 12.5 cm×4.5 cm，红色花瓣由苏木染成，粉色花瓣尖由红花染成。©大英博物馆托管会

过去人们也从一些蚧总科昆虫中提取红色染料，蚧总科昆虫寄生在植物枝干、叶片上。在敦煌纺织品中检测到的唯一从植物上的昆虫分泌物中提取的红色色素是紫胶色素，紫胶色素可从几种棣棠花属植物中提取。最常见的是印度紫胶（紫胶蚧），而在印度和东南亚已知的就有 20 多种。敦煌纺织品中发现的紫胶色素一般用于制造粉色或与紫草混合成其他色。这表明茜草和苏木等红色染材可用来提炼更深的红色色调。这可能与紫胶色素提取难度大有关。事实上，昆虫会分泌一种树脂物质，然后将自己封藏。这种树脂是紫胶的前身，但该物质的水溶性成分含有紫胶色素分子，称为紫胶色酸，紫胶色酸很难与树脂完全分离。此外，紫胶色酸对 pH 值敏感，在弱碱性或酸性条件下颜色会发生显著变化。用于敦煌纺织品中的紫胶色素，为我们所知的希腊时代以来的一项重要贸易提供了更多信息。

胭脂虫和克玫兹胭脂虫是另外两种可产红的昆虫。多年来，它们一直被混淆，但现在我们提到的克玫兹胭脂虫指的是侵害地中海地区橡树的小型昆虫。尽管克玫兹胭脂虫主要分布于地中海地区，但是有证据表明，早在公元前 2 世纪，克玫兹胭脂虫就经由丝绸之路向东传播，公元 1—2 世纪传播至中亚和中国的新疆。

通用术语"胭脂虫"源于西班牙语cochinilla，西班牙征服者第一次见到胭脂虫时，用cochinilla来形容这种寄生在北美洲和南美洲仙人掌上的红色昆虫。美洲胭脂虫（*Dactylopius coccus*）在 16 世纪末就传至世界各地，且广受欢迎。而欧洲大陆有本土的胭脂虫种，大部分为蚧虫类属。最著名的是亚美尼亚胭脂虫和波兰胭脂虫（*Porphyrophora polonica*）。根据所提取染料化学成分的细微差异，可以运用科学方法区分美洲、亚美尼亚和波兰的胭脂虫。无论是美洲、亚美尼亚的胭脂虫，还是波兰胭脂虫，主要着色物质均是胭脂虫酸，这可直接区别于克玫兹胭脂虫，其主要着色剂为胭脂酮酸。虽然敦煌纺织品中没有发现胭脂虫的使用痕迹，但中亚和东亚很早就已开始利用胭脂虫。丝绸之路纺织品中使用的胭脂虫种类在研究中尚未确定，但是目前已知很多胭脂虫原产于中亚。

黄 色

黄色染料可从多种植物中提取。而在不同文明中，某些植物染料的使用更为频繁，这是因为这些植物可以提炼出更明亮或更持久的黄色。

所谓的小檗碱植物是亚洲常见的黄色染料植物。这些植物的内皮呈亮黄色，色素极易溶于水。小檗碱染丝不需使用媒染剂。提炼黄檗（*Phellodendron amurense*）所得染料的主要分子成分为小檗碱。黄檗广泛分布于中国北方和日本。川黄檗（*Phellodendron chinense*）生长于中国南方，与黄檗非常相似。敦煌纺织品中发现了大量小檗碱染料（图5-6）。敦煌织品（MAS.915）中也发现了小檗树（小檗属）等其他含有小檗碱型分子的染料成分，这些染料植物可与靛蓝混合获得深浅不同的绿色。这证实当时不只存在一种小檗碱类染料植物。藤黄连（*Fibraurea tinctoria*）和黄连（*Coptis chinensis*）等染料植物在当时也可获得，但关于二者的使用仍缺乏充足的科学证据。

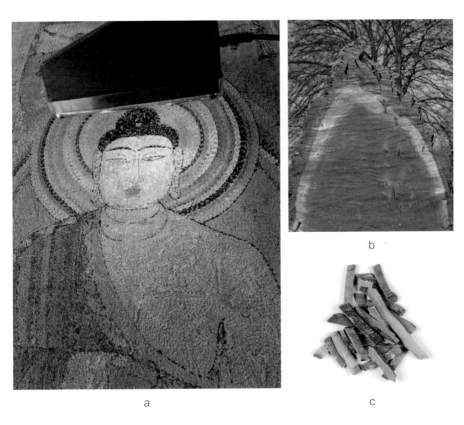

a

b

c

图5-6a 刺绣《凉州瑞像图》（细节）
该图展现了从川黄檗中提取的黄色染料的分布，川黄檗染料在紫外线下显明黄色，编号：MAS，0.1129。©大英博物馆托管会
图5-6b 黄柏木质部分
©鲍勃·古托夫斯基（Bob Gutowski），CC BY 2.0，维基共享，无改动。
图5-6c 用于提取染料的黄檗内皮
©乔安妮·戴尔

另一类黄色染料是类胡萝卜素。这类染料中最有名的当数藏红花。藏红花用于染色的部位是花瓣。大多数情况下藏红花作为香料使用，它作为染料使用的历史可以追溯到公元前 2000 年。藏红花原产于希腊和克里特岛，后传播至地中海和小亚细亚大部分地区。有证据表明，公元前 5 世纪印度曾使用藏红花，但直到 1 世纪末，才提到其作为染料的使用，当时藏红花已传至中亚，并被用作染料，随后传至中国。敦煌纺织品（MAS.922）含有藏红花成分，这也证明藏红花染料在 1 世纪末之前已经传至中国。

亚洲人常用栀子（*Gardenia jasminoides*）果实提取类胡萝卜素系染料。该染料可提炼出浓黄色，浓黄色在中国古代具有重要历史意义。《五色论》中曾提及浓黄色，这是皇室服饰的御用色彩。敦煌纺织品（MAS.929）中栀子成分的存在展示了这件织品残片的重要地位。

然而，自然界中最常见的黄色分子是类黄酮。槐树（*Sophora japonica*）开的小花蕾可以提取出黄色染料（图 5-7）。槐树原产于中国，很早就传播到日本，但这种染料的使用并不仅限于东亚，也远播至撒马尔罕。唐朝时期大量使用槐树提取染料，这种方法沿用了好几个世纪，至少到 19 世纪末。

黄栌（*Cotinus coggygria*）木材中提取出的类黄酮染料通常与欧洲的染色工艺有关。这种树原产于小亚细亚，并在汉朝前被引入中国。敦煌纺织品（MAS.890）中发现的类黄酮染料成分从科学角度证明了丝绸之路沿线存在黄栌。

a   b

图 5-7a 织品残片
7.3 cm×2.7 cm。黄色区域为槐树花蕾染色。编号：MAS.871。©大英博物馆托管会
图 5-7b 干燥的槐树花蕾，可用来提取染料
©乔安妮·戴尔

另一种重要的类黄酮染料是从翠雀属植物（黄花飞燕草）中提取的。它是中亚地区和中国西部地区最典型且最常见的黄色染料，被称为伊斯巴科（isparak），敦煌纺织品（MAS.872 和 MAS.873）中可以检测到该色素，说明这些纺织品很可能产自当地。

丝绸之路沿线考古遗址（包括敦煌）出土织品中检测到的几种类黄酮染料来源尚不确定。类黄酮染料含有的木樨草素是主要的黄酮类化合物。木樨草素是木樨草（*Reseda luteola*）中提炼染料的主要成分，几千年来，木樨草一直是欧洲、地中海和中东地区的常用染料。一些丝绸之路沿线纺织品中的木樨草素染料成分与木樨草成分非常吻合，所以科学家推测亚洲纺织品使用木樨草染色，这也印证了木樨草自西向东的贸易。尽管如此，由于时至今日尚未在中亚或东亚发现木樨草，因此无法证明木樨草已经传入中亚或东亚地区。这导致许多人质疑这一植物是否真的应用于纺织品染色。此外，在多数情况下，这些含木樨草素的染料成分与木樨草并不完全吻合。其他一些分子组成已经确定，明确了胡杨树（胡杨或刺云实）为塔里木盆地织品中本地类黄酮染料的主要来源。还需要进一步研究以确定考古纺织品中其他类黄酮染料的来源，包括葡萄（*Vitis vinifera*）、黄荆（*Vitex negundo*）和柽柳（*Tamarix spp*）。

未出现在敦煌织品中的其他重要的黄色染料植物也值得一提。特别是一些禾本科植物，如荩草（*Arthraxon hispidus*）和芒草（*miscanthus tinctorius*），它们是中国和日本使用的传统类黄酮染料。亚洲分布较多的染料植物是姜黄，姜黄也是一种香料。姜黄染料是从几种姜黄种植物［姜黄（*Curcuma longa*）可能是最常见的姜黄种植物］的根茎中提取的，着色分子主要色素成分是姜黄素。尽管姜黄染料感光性强，但自古以来，印度、东南亚和太平洋群岛都将其用作直接染料。然而，姜黄染料不太可能于公元 1000 年时在中亚和东亚地区得到广泛应用。

黄色染料与靛蓝混合可得到绿色色调。事实上，从自然界获取的少数绿色染料都不稳定。有时将铜基媒染剂与黄色染料混合可获得绿色色调，但目前科学分析表明，通过蓝色和黄色套染制取绿色是较为常见的做法。部分黄色染料能够较好地制取绿色色调，因此可以在含有黄线和绿线的织品中发现不同的黄色染料成分。

棕 色

深色可以从各种含单宁物质的植物中获得，单宁物质是多种化合物的总称，易与纤维结合，并使纤维呈现棕色。当单宁物质与铁媒染剂一起使用时，可制取黑色。不幸的是，与靛蓝的描述相似，当前的科学方法难以准确鉴定单宁物质的来源。然而，最常见的单宁来源在文献中均有记载，并沿用至今。人们熟知的单宁物质来源包括：栎属（*Quercus spp.*）五倍子、胡桃（*Juglans regia*）壳、石榴（*Punica granatum*）果皮、盐肤木（*Rhus chinensis*）和榄仁树属植物的果子[指李子（*Prunus*）、油柑子（*Phyllantus*）和诃子肉（*Terminalia*）]。它们已有数千年的使用历史（图5-8）。

图5-8a 织品

10.9 cm×6.2 cm，棕色区域为单宁染成。大英博物馆藏，伦敦，编号：MAS.911。©大英博物馆托管会

图5-8b 锯齿橡树（麻栎）的橡子，是单宁的常见来源

©查克·巴格隆（Chuck Bargeron），CC BY 3.0，维基共享，无改动。

图5-8c 核桃（胡桃壳），另一种常见的单宁来源

©伯林格·弗里德里希（Böhringer Friedrich），CC BY-SA 2.5，维基共享，无改动。

有时，人们不单独使用单宁物质制造深色，而将其作为植物媒染剂使用。纤维在染成黄色或红色前先用单宁处理，这可以增强红色、黄色染料对纤维的吸附亲和性。用这种方法也可以获得更深的色调。

亚洲染料

在过去的二十年里，人们从考古学角度和历史学角度对包括敦煌纺织品在内的丝绸之路纺织品进行了科学分析。这些结果，连同历史文献、民族植物学和考古证据提供的材料，更广泛地概述了丝绸之路沿线染色实践的演变。虽然人们还未能完全理解其演变，但下面的几个例子应该能让读者对这种演变有一个整体的了解。

早在公元前 5 世纪，游牧民族就在欧亚草原上建立了联系，巴泽雷克墓冢出土的丝织品就是最早最明显的例子。巴泽雷克墓冢位于中国、蒙古国和俄罗斯交界处的阿尔泰山偏远地区。墓冢的冰冻条件让纺织品的保存异常完好，墓冢中的纺织品包括羊毛、毛毡、丝绸和迄今为止发现的最古老的绒毛地毯。显而易见，地毯的设计与阿契美尼德肖像有关，而丝绸则与中国有关。一些纺织品的染料分析显示，这些纺织品使用了靛蓝、茜草（可能是西茜草）、克玫兹胭脂虫和胭脂虫。来自昆虫的红色染料进一步清楚地证明，帕兹里克人从遥远的地中海地区获得了一些纺织品。

位于蒙古国山区的诺彦乌拉匈奴墓地中发现的纺织品可追溯到 1 世纪，从这些纺织品也得出了类似的结论。即羊毛织物用茜草、伞形花耳草（*Oldenlandia umbellata*）和昆虫类染料（胭脂虫、克美兹胭脂虫和紫胶虫）染色。丝绸面料是用汉代（前 206—220 年）使用的中国传统染料染色的，例如靛蓝和印度茜草。匈奴对丝绸之路要道的控制使他们能够获得来自印度和地中海的羊毛纺织品，以及来自中国的丝绸面料，这再次强调了东西方之间染料、彩色纱线和织物的广泛交流。事实上，红色染料与同一时期在巴尔米拉的纺织品中发现的染料相似。

人们对来自塔里木盆地地区（中国新疆）的纺织品也进行了大量研究。所分析的最古老的纺织品可能来自吐鲁番的洋海考古遗址，其历史大约能追溯到公元前 1200 年。确定的是，上述纺织品使用了当地的茜草和靛蓝。来自且末县的一些羊毛纺织品（约公元前1000年）也证实了对茜草和靛蓝的使用，但人们还发现，胡杨的叶子也被用于制作黄色染料，这强调了在早期主要采用当地染料。

人们也对另一组来自和田附近山普拉墓地的羊毛制品（前3世纪—4世纪）进行了分析。对这些纺织品中红色染料的分析并不完整，但它们显示了茜草红和介壳虫的存在，这突显了多种红色染料来源的使用演变。对楼兰墓地一组羊毛标本（可能早于4世纪）的分析表明，这些标本的红色染料来源于茜草，黄色染料来源于胡杨，但其中有一种纺织品是用介壳虫的紫胶染色的。人们分析了来自和田与尼雅之间的喀拉墩绿洲（3—4世纪初）的一组羊毛纺织品碎片，也得到了类似的结果。

中国丝绸博物馆分析的营盘纺织品包括羊毛纺织品和丝绸。这些纺织品的年代并不确定，但它们可能早于4世纪。分析发现，大部分红色丝绸和羊毛样品是用西茜草染色的，而其中一个样品是用茜草染色的。用于羊毛纺织品的黄色染料可能来自沙漠胡杨，但黄色丝绸是用小檗碱染料染色的。据推测，在营盘发现的染料反映了自河西走廊开通后汉代到唐代（前206—907年）这1000多年间东西方实践和技术的融合。因此，丝绸之路沿线的商业变得更加便利，塔里木盆地也建立了前哨。在此期间，蚕桑业传入中亚，到5世纪，布哈拉的丝绸生产蓬勃发展。如果丝绸是在当地生产的，那么它也更有可能在当地染色。本地染料便宜，进口染料昂贵（但质量有时更好），因此平衡两者的用量变得愈发重要。

敦煌纺织品中存在各种染料，这非常好地体现了两者用量的平衡。在唐代（618—907年），随着粟特商人贸易路线的建立和海上贸易的发展，似乎人们可以从本地和外地获得大量染料。敦煌色彩代表了中国、印度、中亚和西亚的染色传统，反映了中国、希腊、伊斯兰和印度四种文化体系在此交汇。有趣的是，由于许多纺织品使用多种染料来获得一种颜色，涉及的染色技术也变得更加复杂。混合或套染相同颜色的染料（例如两种或三种不同的红色或黄色），以获得特定的色调，这是染色实践中经常出现的情况，但这也引发了有关纺织品本身使用的问题。事实上，大多数单色敦煌纺织品都是残片，可能用作较大拼布纺织品的一部分，例如横幅、檐篷或绘画边框。这些纺织品是否有可能在它们的"生命周期"中被重复使用？如果可以的话，它们是否可以被重新染色以复原或获得与原始纺织品略有不同的色调？这些科学难题亟待相关技术的出现来加以解决，但人们正在不断努力尝试识别染料，并绘制它们在纤维上的分布图，这可能要将它们与所应用的染色方法联系起来。

在此后的几个世纪里，尽管阿拉伯人的崛起使穿越中亚的交通被迫中断，但染色实践继续沿着丝绸之路不断发展，一直持续到 13 世纪，元朝时期恢复了横跨欧亚草原的贸易和交流。海上丝绸之路的进一步发展对丝绸之路上染色实践产生了一定影响（见第 11 章）。明清时期，中国也曾尝试规范染色方案和染色材料，当时染色配方非常精确，没有可进行实验探究的余地。尽管如此，人们依旧继续交流技术，彼此也相互影响。几种染料的受欢迎程度也有所变化。黄色染料，如欧洲木樨草（木樨草）和波斯浆果（鼠李科），变得越来越流行。美国胭脂虫最终几乎完全取代了所有其他类型的胭脂虫。确实，还有很多其他有趣的故事，无法在一本书的某一章中讲述。

但我们必须到 19 世纪才能遇到染色史上的下一个里程碑：合成染料的发明。我无意全盘介绍这个庞大的话题，但我想通过介绍一些世界上最具标志性的纺织品——中亚绛织物来讲述它的故事，而它也是丝绸之路的标志之一。

中亚绛织物染色

绛织物纺织品是全球最著名且认可度最高的面料之一。绛织物不仅在中亚得以发展，而且在东南亚以及中东和非洲、中南美洲、非洲的印度和日本的一些地区也有发展。绛织物（ikat）一词来源于马来西亚语"mengikat"，意思是"打结"，指的是一个非常复杂的生产过程，在这个过程中，通过用线将防染材料反复绑定、染色进行设计，达到只在暴露区域染色的目的。在织机上按序拉伸染色的经线后，小心地进行最后的编织。由于使用防染剂会不可避免地出现颜色渗出现象，而且织布机受压会引起线的轻微移动，因此这些纺织品的图案具有其标志性的"模糊"效果（图 5-9）。

尽管绛织物复杂的设计和精致的色彩表明它们经历了几个世纪的艰苦开发和生产的历史打磨，但在 18 世纪末和 19 世纪初之前，鲜少有证据能证明绛织物在中亚进行制造。据推测，制作绛织物的生产工艺在中亚已经存在了数千年，但该地区动荡的政治局势直接影响了纺织品的实际生产。由于制造难度

图 5-9 中亚女性长袍（musinak）
年代：1850—1875 年。132 cm×160 cm。吉多·戈德曼（Guido Goldman）赠，编号：S2004.96。©
美国亚瑟·M.萨克勒画廊，史密森学会，华盛顿特区

大，在困难时期，织工并没有优先考虑这些纺织品，因此只有在条件允许的情
况下才得以重新生产。

　　19 世纪的中亚绯织物在几个博物馆和收藏机构的收藏中都出现过，其中
吉多·戈德曼（Guido Goldman）藏品［部分藏于亚瑟·M.萨克勒画廊国家亚洲
艺术博物馆、史密森学会，部分藏于华盛顿哥伦比亚特区乔治敦大学纺织博物
馆］被公认为世界上最优秀、最全面的系列藏品之一。戈德曼是一位私人收藏
家，几十年来，他从艺术品经销商那里购买纺织品，然后再捐赠。这对博物馆
历史纺织藏品来说是非常普遍的情况，因此，不可避免地，有关确切出处和年
代的原始信息就会丢失。绯织物的年代通常是基于其风格来辨别的，即工艺越

复杂、颜色越丰富的产品年代越早。生产的复杂性和投入的劳动力是根据编织尺寸和沿经纱长度颜色变化的频率来衡量的。因此，更大、更多的图形设计与更简单的生产方法相对应，这与19世纪末日益恶化的经济形势以及缂织物生产中心从布哈拉、撒马尔罕和梅尔夫转移到费尔干纳山谷有关。

对这些古代纺织品中使用的染料加以鉴定，是了解纺织品历史年代和来源的重要途径，同时也是继续探索染色实践发展的有力手段。为此，人们最近分析了戈德曼收藏中的约30件缂织物。结果显示，在红色、粉色和紫色区域普遍使用了胭脂虫来染色。在大多数缂织物中都发现了美洲胭脂虫，然而，人们推测出在少数纺织品中还使用了当地的胭脂虫。有趣的是，人们发现紫胶染料和茜草都被用作获得这些红色的次要成分，纺织品中的深红色和深紫色多由单宁染色。这揭示了一种动态情况，在这种情况下，染色商正在利用他们所有有关材料的知识和不同颜色来源来调整颜色色调。然而，染色商也从其他商人那里购买染料，因此，要想确定这些混合物的实际生产阶段非常困难。

纺织品中的黄色（典型的中亚黄）多由翠雀属植物染成，但一些纺织品中还存在来自槐树花蕾的黄色染料与黄花飞燕草混合的颜色，产生了与红色相似的颜色；唯一的例外是丝绒质地的橙色经起绒中所用的染料（S2004.78）。这种黄色染料是从葡萄（*Vitis vinifera*）藤叶中提取的，至少传统上，在伊朗和土耳其都小规模地使用过。根据其设计可以确定纺织品为中亚作品，染料更有可能是从地中海或波斯地区进口的，而不是在中亚以外地区生产的。靛蓝是蓝色部分的主要来源，并套染在红色和黄色上，分别获得紫色和绿色。靛蓝可能是从中国进口到中亚的，但出于上述原因，我们无法通过科学分析得到证实。

非常有趣的是，在分析的缂织物品中发现了其中9种含有早期的合成染料。鉴于大多数合成染料的第一次分析都有很好的记录，因此这些数据都是有效的年代测定工具，它们的存在可用于确定纺织品的年代。1856年发现了第一种合成染料，当时威廉亨·珀金爵士（Sir William Perkin）意外合成了有色分子苯胺紫。苯胺紫发现之后，新的分子相应产出，这在某种程度上推动了工业革命的发展。到19世纪末，已有400多种染料获得专利。要是说合成染料完全取代了天然染料，这是不公平的，但它们确实代表了一场技术和美学革命，为染色商提供了一种廉价、简单、快速的方法，来产生彩虹般的色调。

许多合成染料数量呈指数级增长、不断采用复杂命名法以及制造商使用的秘密配方，要想精确识别分子，对科学家来说非常具有挑战性。然而，在绷织物品（图5-10）中发现了品红（1856年）、甲基紫（1861年）、孔雀石绿（1877年）和罗丹明B（1887年）（括号内为发明年份）。这一信息显著更新了最初由染料来确定的其中一些纺织品的年代，这些纺织品大多被认为年代较早并且仅使用天然染料染色。另外一些研究证实，从19世纪末至20世纪初，中亚和中国引入了同类型的合成染料，这表明丝绸之路加快了合成染料从西方传播到东方的速度。似乎绿色、紫色和蓝色合成染料是最先使用的染料之一，因为使用天然染料很难获得这些颜色，然而除了一些利用罗丹明和品红得到的粉色以外，红色和黄色染料似乎可以保持更长时间的自然状态。

然而，所分析的绷织物中没有哪一种是完全用合成染料染色的。人们把合成染料同天然染料相融合，调和出单一颜色，此举也提供了一种罕见的视角，

a   b   c

图5-10a　用合成染料部分染色的壁挂
可能是1892年之后布哈拉制造的丝绒（180.3 cm×116.8 cm）。吉多·戈德曼赠，S2007.30。©亚瑟·M.萨克勒画廊，史密森学会，华盛顿特区
图5-10b　用合成染料部分染色的壁挂
1888年以后制作的中亚平纹经面扎染（178 cm×110.9 cm）。吉多·戈德曼赠，S2004.82。©亚瑟·M.萨克勒画廊，史密森学会，华盛顿特区。
图5-10c　用合成染料部分染色的壁挂
1877年以后制作的中亚平纹经面扎染（234 cm×33 cm），吉多·戈德曼赠，S2004.89。©亚瑟·M.萨克勒画廊，史密森学会，华盛顿特区

使人们得以一窥 19 世纪末染工所经历的染色实验及过渡阶段。最开始，染工或意在淡化合成染料的鲜美艳丽：他们把天然染料同廉价的合成染料相混合，调和色系来模拟天然染料。众所周知，早期的合成染料耐光性能较差，因此，混合一定比例的天然染料便不易褪色。不论是使用何种工艺，都必须记住一点，即 19 世纪下半叶，缂织物的产量达到顶峰，并发展为一大行业，所涉职业人士来自各行各业，生产也分阶段进行。不过当时政治动荡，经济萧条，所以削减成本（通过找寻替代品）和简化设计一定是当时缂织物生产的动力。

小　结

纺织品的制造和染色密不可分已有数千年的历史，在此期间，织工和染工开发新技能，因地制宜，以适应新材料的引进，满足日常所需和市场要求，紧跟时尚潮流，发挥创造力。在染色实践的演变过程中，一些染料开始被交易并取代了当地染料，而其他天然染料一直沿用至今，即便后来出现了合成染料。当地染料既具备传统用途，又可作为商品，在欧亚大陆内外蓬勃兴盛。透过丝绸之路，传统用途及贸易流通之间的微妙平衡便可见一斑。

在分子层面对染料进行科学分析是一个相对较新的成就，也仍然是一个复杂的调查领域。最为重要的是，染料分析只是其中一个难题，必须结合编织结构分析，而后者的历史更为悠久。为了就纺织品的来源和年代得出可靠的结论，参考相关历史和艺术史至关重要。这一点在研究丝绸之路上的纺织品时更是重要，因为这些纺织品很可能是从其原产地长途跋涉至此的。

随着研究的不断深入，人们虽不断揭开丝路网络的复杂面纱，但问题仍然多于答案。人们正对丝绸之路沿线的染料进一步加以研究，就这一主题而言，在不久的将来，希望能够挖掘新亮点，启迪新见解。

参考文献

Cardon, Dominique. 2007. *Natural Dyes: Sources, Tradition, Technology and Science*. London: Archetype.

Dusenbury, Mary M. (ed.). 2015. *Color in Ancient and Medieval East Asia*. Lawrence, Kansas: Spencer

Museum of Art.

Fitz Gibbon, Kate and Andrew Hale. 1997. *Ikat: Silks of Central Asia, The Guido Goldman Collection.* London: Laurence King Publishing and Alan Marcuson.

Karpova, Elena et al. 2016. Xiongnu burial complex: A study of ancient textiles from the 22nd Noin-Ula barrow (Mongolia, first century AD). *Journal of Archaeological Science,* Vol. 70, pp. 15-22.

Liu, Jian et al. 2021. Profiling by HPLC-DAD-MSD reveals a 2500-year history of the use of natural dyes in Northwest China. *Dyes and Pigments*, Vol. 187, 109-143.

Liu, Jian et al. 2013. Characterization of dyes in ancient textiles from Yingpan, Xinjiang. *Journal of Archaeological Science*, Vol. 40, No. 12, pp. 4444-4449.

Tamburini, Diego et al. 2020. Exploring the transition from natural to synthetic dyes in the production of 19th-century Central Asian ikat textiles. *Heritage Science*, Vol. 8, No. 1, pp. 1-27.

Tamburini, Diego et al. 2019. An investigation of the dye palette in Chinese silk embroidery from Dunhuang (Tang dynasty). *Archaeological and Anthropological Sciences*, Vol. 11, pp. 1221-1239.

Tamburini, Diego. 2019. Investigating Asian colourants in Chinese textiles from Dunhuang (7th–10th century AD) by high performance liquid chromatography tandem mass spectrometry—Towards the creation of a mass spectra database. *Dyes and Pigments*, Vol. 163, pp. 454-474.

第 6 章

丝绸之路沿线的花楼机

克里斯托弗·白克利（Christopher Buckley）

　　丝绸之路沿线的贸易商品中，工艺复杂、多彩且带有提花设计的丝绸仅占其中的一小部分，但它们对国际风尚和设计产生了深远影响。本章将探索从前的织造技术，包括前现代时期（pre-modern era）最复杂的织物生产设备。内容包括各地区自主生产的精巧织机，以及信息交流情况，尤其是关于织物结构的交流，或许还有涉及提花系统方面的交流。

制作多彩织物有许多方法。一些最古老的技法，比如缂织和刺绣，就能借助最简单的设备呈现非凡之作，但与绘画一样，这样的纺织品每件都独一无二、无法复制。这给贸易商人带来了难题，他们更喜欢买卖质量和设计始终如一的布匹。这也是丝绸之路沿线贸易逐渐转型，倾向于交易用复杂织机生产的可重复织造的纺织品的原因之一。

从这些提花织机中脱颖而出的是花楼机，这类织机能够储存并精确地重复生产多彩的提花织物。正是由于这一项技术成就，在1796年彩色石印技术（chromolithography）发明之前，这类织机是唯一能精确重复生产全彩设计的设备。花楼机以数字化方式储存图案，使浮沉在经线上下方的纬线得以分别对应每个"像素"的色彩。对于艺术家和设计者而言，观察花楼机生产的丝绸是研究其他国家和地区装饰艺术的一种方式，这些织物深刻影响了丝绸之路沿线及其他地区的装饰风格（图6-1）。

a   b

图6-1a　18世纪中叶的西藏箱柜
摄于拉萨的一户人家。箱柜上大部分彩绘和描金图案受当地价格昂贵的来自中原的丝绸的影响。©克里斯托弗·白克利
图6-1b　在西藏发现的一件花楼机织造的特结锦
有精准重复的线条和团花纹，与前述箱柜的地纹图案相似。©克里斯托弗·白克利

对于研究者而言，问题在于很难找到有一两百年以上历史的织机实物，且除了中国，其他地方没有关于早期花楼机的图像资料。为了探究花楼机的发展历程，我们需考虑四个方面的碎片化证据：纺织品实物、历史记载、实验复原织造，以及花楼机在近代使用的实证。大部分学者致力于研究前两个课题，并进行了有价值的实验探索，精于手工织造的约翰·贝克尔（John Becker）便是其中的一位。虽然最后一种证据即幸存至今的花楼机，被认为是最重要的证据之一，但它们受到的关注却较少。

何谓花楼机

织物是在提升穿入综框或综线的经线中织入纬线而成的。虽然织造的复杂性令人讶异，但归根结底只有两个基本操作：提升经线和织入纬线。

织工可以用手工挑花的方法织造，如缂丝就常常这样操作，但大多数织造活动是通过线来拉升一组经线，这种线就称为综线（leash）。一组综线可以组成综片（heddle），它们通常被套在杆状物上以便被提起。用两个相互联结的综片有序地交替提拉经线，就可以织造平纹织物。使用更多的综片则可以织造更复杂的织物，如斜纹和缎纹织物。

通过织入额外的彩色经线或纬线，以及改变地部织造，就可将多彩的设计融入这些基础的织造活动中。正如一些织工至今仍在做的一样，这可以通过手工挑花来实现（图6-2）。手工挑花能生产精美的纺织品，但效率低下且过程乏味。但如果将想要织造的纹样的经线提升信息贮存于地综后方的纹综内，效率就会大幅提高（图6-3）。这种方法似乎是织造中国古代许多纺织品的基础提花系统，尤其是对于经锦系统的丝绸而言。纺织学者赵丰及其同事证实，从四川一座有2000年历史的汉墓出土的织机模型表明，当时已在使用安装有成套纹综的大型织机，每枚综片都可被单独有序地提升，以生产多彩的丝绸。这样的产品被销往丝绸之路沿线，是第一批"国际化"的纺织品（图6-4）。

纹综系统沿用至今，尤其在中国西南部、东南亚和西非织造传统面料的织工中仍被广泛使用。该系统能在经向上完美地重复图案，但也存在明显的局限性：每次织工想换图案，就得拆下所有纹综，再换上一套新的。若是设计更复杂一些，操作过程也会变得更烦琐。要解决这一问题，织工需要从根本上改变

图 6-2　印度尼西亚苏门答腊的一位织工
她以尖状竹质挑花棒挑花，随后织入金线纬线
以织造当地的织锦。这种方法无需特殊提花装
置，凭借记忆或图案小样就能织造复杂的纹样。
© 克里斯托弗·白克利

图 6-3　越南北部一位
泰族织工的织机
该织工正在织造裙布，
织物的纹样信息储存在
纹综上，由图右侧的钩
子钩住，依次有序提拉。
与花楼机不同，这类织
机只能织造一种纹样。
© 克里斯托弗·白克利

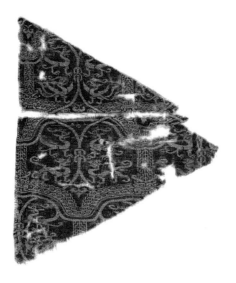

图 6-4　平纹经锦残片
织有两两相对的动物纹，该残片为敦煌佛寺佛
幡的一部分。这种丝绸的装饰风格是世界性
的，但织造技术为中国独有。残片宽 9.5 厘米。
大英博物馆藏，伦敦，编号：MAS.926。© 大
英博物馆托管会

操作方法，即将织机中的每根经线都连接到一条可以单独控制的综线上，而非制作纹综综片。这就是花楼机背后的基本原理。

定　义

花楼机有三大基本特征：

- 无论织造平纹、斜纹还是缎纹织物，都有一组构成织物地组织的地综；
- 有一个能使单根经线拉升的提花系统，或当纬向上有图案重复时以一组综束的方式拉升；
- 在织机上直接装造的提花程序的永久记录。

该定义不适用于一些与花楼机关系密切的织机，如陀螺垂拉经提花机（button loom，详见下文），但适用于一些先前不被认为是花楼机的织机，尤其是东南亚的织机。

全球多样性

全世界的花楼机主要在四个区域发现：中国西南部和东南亚、中国其他地区和日本、印度和中亚、欧洲北部和地中海南岸。这些区域的织机和提花系统之间有着根本性的差异，这也许说明这些地区的花楼机在很大程度上是自主发展而来的（但也不完全是）。接下来，我将依次说明这些区域的织机。

中国西南部和东南亚

该地区保留有世界上最多样的花楼机提花系统。这些织机将图案数码化并储存于可拆卸的提花系统中，都是实打实的花楼机，但人们会因其尺寸较小且来自乡村地区而忽视它们。这里有三种基础的提花系统：圆型、V型和垂直型（图6-5），彼此各有不同。在一些织机的操作中，织工用身体的张力将经线拉直，这是东南亚常见的古老方式。这类织机大多见于中国西南部壮侗语系（Tai-Kadai languages）的人家中，也有少数来自越南、老挝、泰国和缅甸。

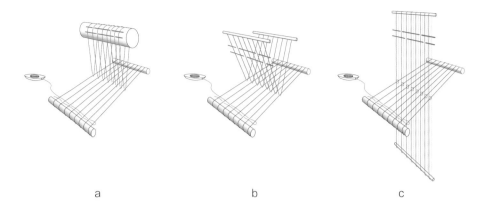

图 6-5 中国西南部和东南亚织工所用提花系统示意

绿线所示为纹综，下方连接的黑色线为经线，蓝色线为记录图案和经线提升顺序的花本。a为鼓状提花系统（竹笼机），见于中国西南部和越南北部。b为V型提花系统，见于越南和老挝边境沿线。c为垂直提花系统，见于中国、越南、老挝和泰国。©克里斯托弗·白克利

提花系统的基础是置于纹综中的纹杆或线绳，每根纹杆控制一个经线开口，之后会有一根或多根纹纬穿过该梭口。向前牵拉最前端的纹杆，使经线形成梭口，纹杆在使用后移动到纹综的互补梭口内，这样就能储存纹样信息，以便之后继续使用（图6-6、图6-7）。

图 6-6 越南北部一位泰族织工正在操作垂直型提花系统

图案信息记录在长长的垂直纹综和纹杆花本上，纹综穿过经线。织工从上方拉动一根纹杆，用它在经线上形成梭口，织入蚕丝纬线，然后移动纹杆，将其置入经线下方的对应开口中。当织工轮流用完所有纹杆，就会改变方向从反向依次使用，织出一个对称的图案。©克里斯托弗·白克利

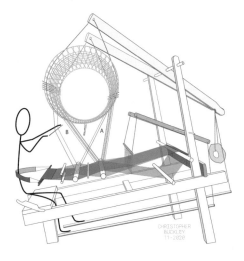

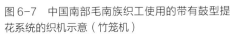

图6-7 中国南部毛南族织工使用的带有鼓型提花系统的织机示意（竹笼机）

蓝色线所示纹杆花本与绿色线所示的综线连接，环绕在竹质鼓状物上（竹笼）。织工从织机背面A位置拉下一根纹杆，来回拉动以分离综线，在打入纹纬之前拉开经线梭口，然后取出该纹杆并放入B位置，再将纹杆与竹笼前部的其他纹杆花本一起向上推。储存图案的竹笼与一组杠杆和踏板相连，使织工得以控制纹综的张力，并通过腰带和自身身躯拉紧经线。©克里斯托弗·白克利

图6-8 毛南族织工在与图7相似的织机上织造的床帏

经线为棉，纬线为丝。图上可见2.5个单位图案，对应2.5个图案循环。织工在不同的循环中使用不同色彩的纬线。©克里斯托弗·白克利

　　用完所有纹杆花本之后，织工可能会反向织造对称的图案。这些织机可以在经向上生产重复的提花图案，图案循环短至几厘米，而在一些垂直提花系统的织机上，图案循环可长达半米左右。这类织机没有可以在纬向上自动重复图案的提花系统，但织工常直接设计重复的图案。壮侗织工用他们的织机织造仪式用纺织品、筒裙和床帏，在平纹的棉或丝地组织上织入丝质纹纬（图6-8）。

中国其他地区和日本

　　中国其他地区和日本的花楼机最为著名，一方面得益于早期文本描述（图6-9），另一方面是因为这些地方的博物馆收藏有古旧织机。

图 6-9　花楼机木版画，出自 1530 年版《农书》

最初出版于 1313 年。虽然有些细节为想象的，但能确定这是一台小花楼机。拉花工身旁的花楼上可见多组纹综，这一特征在中国西南的成都留存的花楼机上依然可见。

中国西南部以外其他地区的花楼机以大型木质机架为构建基础，前部（最靠近织工的部分）保留了略微向上的倾斜角，这是许多中国古老织机的遗留特征之一。织工旁边有两组与踏板相连的地综综片，织工可控制其升降。连接到踏板上的一组综片被称为幛子，分为两种：一种用于沉降，一种用于提升。在简单织机中，通常只有一个综片来按需提沉经线。经线需穿过综片上的综眼。在花楼机上，沉降和提升的操作经常需要分开，因为经线是通过挂在织机后方的提花系统提升的，经线必须穿过地综，否则织工无法操作。这意味着经线必须从每一综片的综眼上方或下方穿过，而不是穿过综眼本身，这就导致了两种幛子的产生，分别为负责沉降和提升的幛子，沉降或提升取决于经线穿过的是综眼上方或下方。操作欧洲花楼机的织工遇到了相似问题，但是他们的解决办法略有不同，他们是通过将经线穿过综片上细长的综眼来解决的。印度、地中海地区和中亚花楼机有相似的地综综片组合方式，综片数量因所制纺织品的不

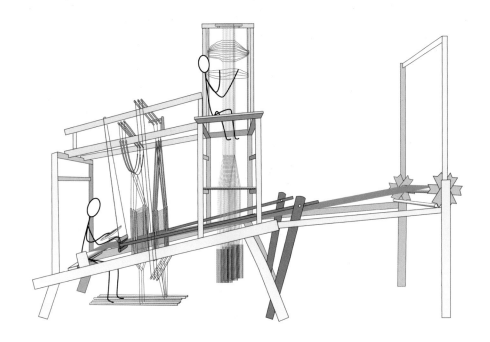

图6-10 小花楼机示意

坐在左侧的织工操作两套地综综片，包括负责沉降的幛子（离织工最近）和负责提升的幛子，前者与回力的弓棚相连，后者与杠杆相连，织工通过脚踏板来控制这两套幛子。拉花工坐在右侧花楼处，依次从花楼上拉动脚子线以带动衢线，提花结束后再放下。©克里斯托弗·白克利

同而改变。

　　中国西南部以外地区的花楼机的提花系统位于织机中央高耸的花楼（图6-10）。长长的线综综束从顶部向下延伸，穿过使图案循环的多把吊装置和衢盘，衢盘的作用是将衢线固定在它所控制的经线上方。衢线延伸向下并与经线相连，穿过经线且在末端系有配重的衢脚，因此在提拉之后还能复位。

　　提花系统有两种。小花楼机的线制花本直接置于综线的延伸部分，拉花工依次拉动花本的每根线（耳子线），使用后将之推于下方。虽然被称为"小"花楼机，但也可以织造和"大"花楼机几乎一样复杂的图案，原因就在于多组线制花本均能安装在织机上且依次使用（图6-11）。这个提花系统的原理与世界各地的其他花楼机类似。

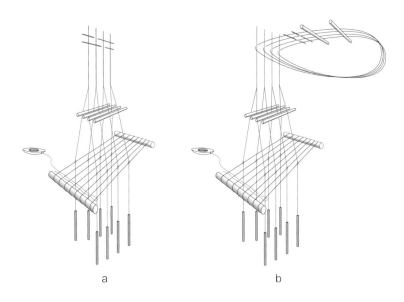

图 6-11a　中国小花楼机提花系统示意
图 6-11b　中国大花楼机提花系统示意
两类花楼机的经线都由绿色线表示的衢线提升，衢线与红色线表示的提花系统相连。蓝色线表示
的线制花本（耳子线）被储存在提花系统内，以记录经线提升的顺序。耳子线制作成绳扣状，以
免从提花系统上脱落。为了清晰示意，本图简化了衢盘和经线下方的衢脚排列情况等细节。©克
里斯托弗·白克利

大花楼机的提花系统有着不同的排列情况。其线制花本并非直接置于综束
上，而是安装在一个环形提花系统中，并通过这个挂在织机后方的系统与综
束相连。关键区别在于线制花本的使用方式：提拉线制花本以形成经线提花开
口，之后拉花工将用完的花本下拉到互补开口。操作原理与上文中提到的泰族
织机的竹笼机提花系统相似，而且在世界其他地方也没有发现此类操作。考虑
到它们的相似性，很难说是巧合。

印度和中亚国家

印度和中亚地区的织机异于远东和地中海地区的织机。目前还在使用的有
两种：主要用于织造地毯类织物的立织机和水平方向的地坑织机。地坑织机没
有机架，张力由嵌入地面的支架提供。这些织机上使用的提花系统为该地区独
有，并且围绕一组交综做提花设计，在印度北部被称为"paggia"（图 6-12）。
交综提花系统很常见，在印度南部到伊朗北部的织机上都有发现。最简单的
交综提花系统由一组悬挂在经线附近并与其形成直角的线绳构成，称为兹鲁

（*zilu*，图 6-13），是伊朗用于织造棉质衬垫的立织机。综线从线绳（相当于衢线）延伸，连接到经线上，每根图案相同的经线都由一根综线控制，只要拉动

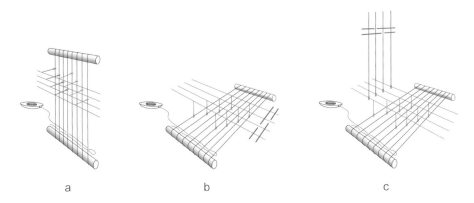

a   b   c

图 6-12a　伊朗梅博德的兹鲁织机系统
图 6-12b　印度南部的阿岱织机系统
图 6-12c　印度北部的贾拉或纳克夏织机系统
©克里斯托弗·白克利

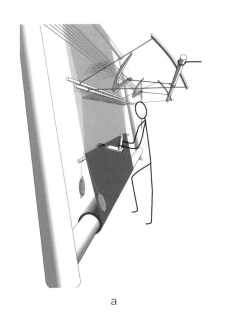

a

b

图 6-13a　伊朗兹鲁织机示意
大型立织机，用于织造称为兹鲁的棉质衬垫。以蓝色纬线在白色地上织出几何纹。织工通过选择拉动头顶上方绿色线所示的交综，再用两根大型木杠杆将其提起并固定位置。©克里斯托弗·白克利

图 6-13b　织工阿里·谢尔夫·扎得（Ali Shirf Zade）在伊朗梅博德的兹鲁织机上织入蓝色纹纬
在靠近照片顶部的位置可以看见控制经线的蓝色交综，灰色综线与白色棉质经线相连，照片右下方可见重型打纬器。©阿拉米图库（Alamy Stock Photo）、提娜·曼利（Tina Manley）

一根交综，织工就能挑起图案中某根特定的经线。与中国花楼机的综束一样，兹鲁织机的纹样会在纬向上重复。依照顺序拉动线绳，织工可以在兹鲁织机上提花。不过，由于没有图案循环，兹鲁织机算不上真正的花楼机，但大多数兹鲁织机的图案都很简单，织工能凭记忆织出几乎一样的图案循环。

在印度南部的地坑织机中也发现了交综提花系统的使用，该系统被称作阿岱（adai）系统。这些织机是真正的花楼机，纹样信息由绳扣状耳子线储存，线制花本与交综提花系统相连。这一系统主要用于织造丝绸纱丽上简单的图案循环。不同的图案可以在织机之间相互替换，但整个交综提花系统需要拆解并重新连接。伊朗纺织中心的地坑织机、印度北部和中部的织机曾使用更为复杂的交综提花系统（图 6-14、6-15）。在这些织机上，交综系统会与一组被称为纳克夏（naqsha）的纵向垂直的线绳相连。纳克夏系统也用线制花本储存每根经线的提升顺序。拉花工依次搜拉耳子线，并用一个木杠拉花，以便提起交

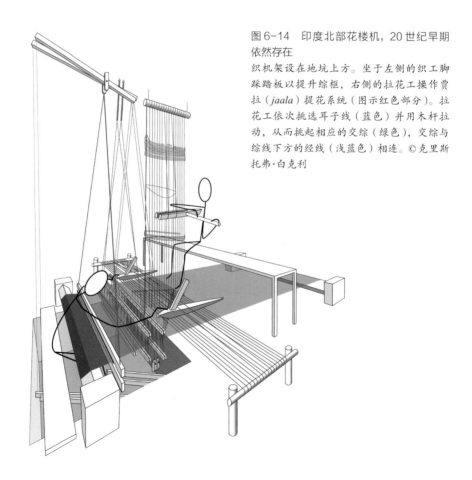

图 6-14 印度北部花楼机，20 世纪早期依然存在

织机架设在地坑上方。坐于左侧的织工脚踩踏板以提升综框，右侧的拉花工操作贯拉（jaala）提花系统（图示红色部分）。拉花工依次挑选耳子线（蓝色）并用木杆拉动，从而挑起相应的交综（绿色），交综与综线下方的经线（浅蓝色）相连。©克里斯托弗·白克利

图 6-15　印度皇家织锦工坊展示的花楼机，印度古吉拉特邦里德罗尔（Ridrol）
右侧的拉花工正在提花。现在，大多数手工织造使用人工操作的贾卡提花系统，整个织造环节可由一名织工独立完成。织机在其他方面保存了原状。©克里斯托弗·白克利

综。织工在交综下方钩入两个木钩，好让经线向上拉平，然后再织入纹纬。与中国织机相同，印度织机也用可以提沉的综框来织造地组织。比起需要重装整个交综系统的阿岱系统，纳克夏更易拆卸和重装，因此更为便捷，也更能适应复杂设计。

这些织机的线制花本与其他地区的纹杆花本功能相同，前者的优势在于紧凑简约、绳结占用的空间少。

在过去，伊朗和印度北部的织工会用这些花楼机织造复杂织物，如斜纹纬锦、特结锦、双层织物和天鹅绒。不久以前，印度织工还在用花楼机生产丝绸纱丽，以平纹为地，以纹纬织出图案循环，显花部以斜纹固结（图6-16）。从20世纪开始，这些织机逐渐被纳克夏系统取代，并与一种本地制作、使用纹版的贾卡控制系统相配合。尽管有了这些创新，织机总体仍旧不变，依然使用

图6-16 当代印度纱丽细节
采用瓦拉纳西城纺织设计师
赫芒·阿克拉瓦尔（Hemang
Agrawal）的传统设计，在配
有贾卡提花系统的地坑织机
上织造。这种织机生产的织
物与使用旧式提花系统织造
的织物无甚差别。©克里斯
托弗·白克利

传统的交综系统控制提花。

欧洲和地中海南岸

这一区域涵盖了欧洲和地中海南岸地区，后者包括北非的一些国家（如埃及）和叙利亚，最古老的纺织传统就是在这些地区找到的。此外，北欧地区似乎存在相对较晚的花楼机织造活动。在大约5世纪到12世纪，拜占庭帝国也织造精美的丝绸，其纺织中心位于首都君士坦丁堡。西班牙南部在阿拉伯统治时期，即从大约11世纪到夺回格拉纳达的1492年，是另一个重要的丝织中心。

北非海岸的织造中心也使用相关织机，在摩洛哥和埃及依然可见实物遗存。在这些织机中，摩洛哥花楼机最为重要，位于菲斯（Fez）的两个丝织工坊至今仍在使用（图6-17、图6-18）。这种织机的提花系统包括许多花楼机的纹综，纹综与衢线和脚子线（simple）相连。线制花本（耳子线）系结在拉花工面前垂直的部分（脚子线），拉动一根耳子线，就能拉下一组脚子线及其对

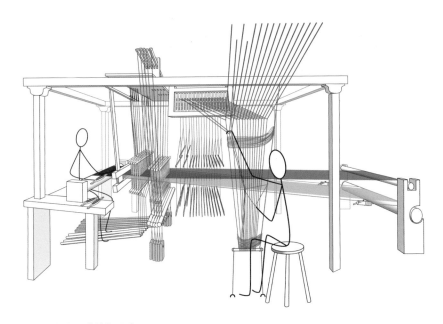

图 6-17　摩洛哥花楼机示意

坐在左侧的织工在织造本地的特结锦，踏板上连有两组地综综框，一组用于压下固结经（红线所示），一组用于提拉地经（棕色线所示）。拉花工正在提花，提花系统包括红线所示的脚子线和绿色所示的衢线，脚子线上绑有蓝线所示的耳子线，通过一根一根拉动耳子线提花。为了清晰展示，本图只绘制了少量纹综。一般来说，织机上装有约 300 个纹综，每个都与坠有细长木棍衢脚的衢线相连。©克里斯托弗·白克利

图 6-18　菲斯城阿贝德卡德尔·奥扎尼（Abdelkader Ouazzani）纺织工坊的摩洛哥花楼机

目前仅剩两家工坊仍在使用这种花楼机。©克里斯托弗·白克利

图 6-19　摩洛哥婚礼腰带细节

丝质，特结锦。纹样综合了传统伊斯兰图案和欧洲风格。严格地说，这是从中间截断的半截腰带，这种情况通常发生于两个人共同继承一条旧腰带的时候。©克里斯托弗·白克利

应的纹综。织工脚踩踏板，控制一系列地综综片，而最复杂的特结锦织造则有五个控制固结经下沉的综片，以及五个提升地经的综片。用这种织机织造的最特别的产品是特结锦婚礼腰带（图 6-19），这种织造方式在 20 世纪初停用。在地理和文化方面而言，这种织机可能最接近于西班牙在 1492 年之前使用的织机。

在埃及的阿赫姆（Akhmim）发现了更简易的同类织机。这些织机有一组相似但尺寸较小的刚性纹综，由杠杆和线绳控制，和拉花工操作的按钮或按键相连（图 6-20）。这种织机不能直接储存图案，因此不是真正的花楼机，但它与伊朗的兹鲁织机相似，可以有纬向的图案循环。威尼斯·兰姆（Venice Lamb）曾在她关于地中海地区的织机的著作中提到，叙利亚大马士革皇宫保留了一台与此相似的陀螺垂拉经提花机，这种织机可能一度流布较广。叙利亚的地理位置非常重要，它距离拜占庭曾经的丝织业中心君士坦丁堡较近，而君士坦丁堡与叙利亚的丝织业紧密相关。直到 20 世纪初，类似的陀螺垂拉经提花机依然为德国和瑞典的本地家庭工坊所使用。

我们对欧洲织机技术的历史了解有限，但我们知道 11 世纪前后西西里（Sicily）地区已经使用花楼机织造丝绸，故推测这些织机可能来自北非，13世纪开始，意大利北部也开始出现这样的织机。意大利北部的花楼机最终在 1606 年传入法国里昂。这些来到法国的织机（图 6-21）很多方面类似在菲斯工坊使用的花楼机，但似乎有意大利织工的改进。菲斯花楼机的提花系统由简

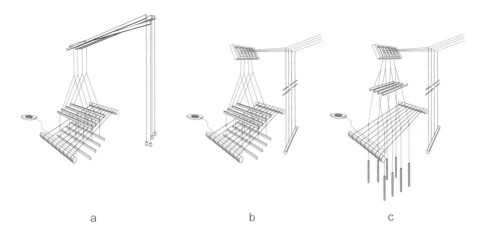

a   b   c

图 6-20a　埃及和叙利亚陀螺垂拉经提花机提花系统
图 6-20b　菲斯花楼机提花系统
图 6-20c　欧洲北部花楼机提花系统
1600 年之前由意大利织工设计，可能基于摩洛哥织机等更早期的织机原型而设计。为清晰展示，图中省略了部分细节。©克里斯托弗·白克利

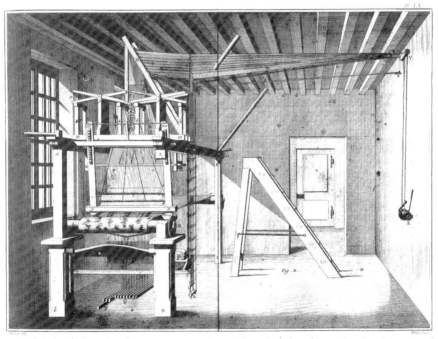

图 6-21　欧洲的花楼机
来自《狄德罗和达朗贝尔百科全书》（*The Encyclopedia of Diderot & d'Alembert*），约 1760 年。
供图：美国密歇根大学图书馆，安娜堡

单线绳和综线组成；地组织的综框也与菲斯花楼机结构相似，但增加了更先进的踏板系统以便回力。主要变化在于用衢盘、束综和衢脚替代了刚性的纹综，这个系统和中国的花楼机就很相似了。

纺织品与技术传播

虽然我们没有发现最早时期的织机，但从考古遗迹中出土的纺织品残片，以及教堂、寺庙的传世品可以告诉我们一些关于织机发展的信息。纺织品尤其可以告诉我们有关织造方式、织机幅宽，以及是否存在着控制纬向和经向图案循环的系统的信息。然而，纺织品本身却无法传递有关经线张力系统、织机是水平织机还是立织机的相关信息。

早期遗存显示了最初的纺织品织造存在多样性，此后逐渐趋同。从公元前5世纪起，在丝绸之路的最东端，中国织工开始利用长丝的性能，以长丝作为经线并以之显花。而在丝绸之路的另一端，古典时代晚期的地中海织工以较短的羊毛或亚麻为经，大多以纬线提花。这一地区的一些早期织物在纬向而非经向有图案循环，许多7世纪或8世纪的中亚丝绸也呈现出这一特征。两种不同的使用经线的方式逐渐形成，一种以经线组成织物主要结构，另一种用经线把装饰性的纬线固结到织物表面。这些结构使得织工得以生产出带有复杂纹样的耐用纺织品。

自7世纪开始，织物结构呈现出一次趋同。斜纹纬锦（图6-22）开始在丝绸之路沿线生产并交易的最为精美的丝绸中占据主导地位。这种织造技术使得纬线在被固结的同时，多彩的丝纬得以在最大程度浮在织物表面，从而呈现出华丽的效果。随着无捻丝线和桑蚕业从中国逐渐传至中亚和西方，这些地区的织工开始领略到长而结实的经线的魅力，从而让斜纹纬锦的生产变得更加容易。第二次趋同发生在特结锦出现之后的10世纪前后（图6-19）。特结锦改善了地纹与花纹之间的对比关系，但也增加了织造的复杂程度。从中国（图6-1）到摩洛哥的丝绸之路沿线最终均有了特结锦生产。

大约能肯定的是，织工们初次得到其他地区织造的斜纹纬锦和特结锦的小样时，就会做一些"逆向工程"，好在自己的织机上生产相似的产品。织工无须改变织机的基本结构，他们就这样保留了熟悉的经线装造。但织造新组织结

图6-22　织有公牛和狮子纹的斜纹纬锦（细节），栗特文化，7或8世纪（编号：2017.54.18）
这是一件中亚斜纹纬锦的代表作。残宽78厘米，织物原本可能宽至1米甚至更宽，图示部分宽约
20厘米。图案看上去在纬向上（假设在此残片上是水平的）有精确的循环，但图案的尺寸不同，
意味其由没有筘的织机生产。垂直方向上的循环相近，意味着织机缺乏花本储存系统，并非真正
的花楼机。这些图案可能由织工一边参考设计图案或旧有织物，一边手动挑花或以交综提花织成。
供图：美国耶鲁大学美术馆，纽黑文，公共领域图片

构的挑战刺激了织造技艺的发展，最突出的实例是从7世纪开始中国织工从织
造经显花到纬显花织物的转变。这让他们得以仿制中亚多彩的斜纹纬锦。这一
变化大约与中国开始出现真正的花楼机同步。

　　丝绸之路沿线的织工们当然会模仿对方的纺织品中的创意，但他们是否也
学习了对方的织造技术？这很难回答。根据赵丰的研究，有间接证据表明，中
原织工在偏远的西部地区（新疆）曾遇到中亚地区的织工，从他们那里学习了
纬显花织造和纬向图案循环的多把吊束综技术。另一个例证是意大利和法国花
楼机的织工在大约16世纪或更早时使用了衢盘和高高挂起的束综提花系统。
如前所述，这一系统与中国花楼机惊人地相似。这是自发产生的技术，还是直

接引进的？有趣的是那些明显并非直接技术引进的例证。现今在埃及和叙利亚发现的织机，与中亚发现的交综提花系统毫不相似，尽管这两国离伊朗较近，但德黑兰织工似乎并未从他们的地中海同行那里学到什么技术。这既与手工业者对基础技艺持保守主义态度有关，也和织造工坊生产珍贵的贸易丝绸的保密性有关。技术传播的例证似乎总是有意干涉的结果，比如莫卧儿征服者就曾把新型提花系统（贾拉或纳克夏系统）引入印度北部。

我们可以将有关丝绸之路沿线创意和技术的传播历史总结如下。各地区的织工都快速学习、模仿了纺织图案（参见第 11 章）；而且，尽管费时费力，纺织熟手们还是通过反向学习，掌握并复制了织物结构。但是，提花系统被模仿的程度有限，因此，直到今天，各地区之间的提花系统依然存在较大差异。包括经轴、卷轴和经线张力系统在内的织机基础结构则传播缓慢，如果它们真的也在传播的话。

致　谢

我要感谢埃里克·布多（Eric Boudot）在中国西南部和东南亚织机研究方面的合作；并感谢盖·谢瑞尔（Guy Scherrer）对中国花楼机的评论；感谢纳西姆·艾哈迈德（Naseem Ahmad）、阿齐祖尔·哈克（Azizul Haque）、赫芒·阿格拉瓦尔（Hemang Agrawal）、瓦拉纳西的拉胡尔·贾因（Rahul Jain of Varanasi）以及里德罗尔的帕雷什·帕特尔（Paresh Patel of Ridrol），他们展示了北印度的花楼机；感谢阿贝德卡德尔·奥扎尼（Abdelkader Ouazzani）允许我在他位于菲斯的工坊观察织机运作；感谢拉斯特乔伊·奥德卡尼·米尔赞穆罕默德（Rastjouy Ardakani Mirzamohammed）在中国杭州的"神机妙算——世界织机与织造艺术"会议期间展示兹鲁织机。参考文献中列举了本次调查研究所参考的书目。

参考文献

Becker, John. 2014 *Pattern and Loom: A Practical Study of the Development of Weaving Techniques in China, Western Asia and Europe*. Copenhagen, NIAS Press.

Boudot, Eric, and Christopher Buckley. 2015. *Roots of Asian Weaving*. Oxford, Oxbow Books.

Buckley, Christopher. 2018. Connecting Tai, Kam and Li Peoples through weaving techniques. *The Journal of the Siam Society*, Vol. 106, pp. 73–108.

Buckley, Christopher D. and Eric Boudot. 2017. The evolution of an ancient technology. *Royal Society Open Science 4*. No. 5, pp. 170–208.

Jain, Rahul. 1994. The Indian drawloom and its products. *Textile Museum Journal*, Vol. 32–33, pp. 50–81.

Kostner, Barbara. 2020. What flaws can tell: a case study on weaving faults in Late Roman and Early Medieval weft-faced compound fabrics from Egypt. In Maria Mossakowska-

Gaubert (ed.). *Egyptian Textiles and Their Production: 'Word' and 'Object'*. Lincoln, Nebraska, Zea Books.

Lamb, Venice. 2005. *Looms Past and Present: Around the Mediterranean and Elsewhere*. Hertingfordbury, Roxford Books.

Muthesius, Anna. 1991. Crossing traditional boundaries: grub to glamour in Byzantine silk weaving. *Byzantine and Modern Greek Studies*, Vol. 15, pp. 326–365.

Muthesius, Anna. 1989. From seed to samite: aspects of Byzantine silk production. *Textile History*, Vol. 20, No. 2, pp. 135–149.

Thompson, Jon, and Hero Granger-Taylor. 1995. The Persian zilu loom of Meybod. *Bulletin du CIETA*, Vol. 73, pp. 27–53.

Varadarajan, Lotika and Krishna Amin-Patel. 2008. *Of Fibre and Loom: the Indian Tradition*. Ahmedabad, National Institute of Design, and New Delhi, Manohar Publishers.

Vial, Gabriel. 1980. *Treize ceintures de femme marocaines du XVIe au XIXe siècle*. Riggisberg, Foundation Abegg-Berne. (In French.)

Wulff, Hans E. 1966. *The Traditional Crafts of Persia: Their Development, Technology and Influence on Eastern and Western Civilizations*. Cambridge, Mass., MIT Press.

Zhao, Feng. 2014. The development of pattern weaving technology through textile exchange along the Silk Road. In Marie-Louise Nosch, Feng Zhao and Lotika Varadarajan (eds). *Global Textile Encounters* (Ancient Textiles Series, Vol. 20). Oxford and Philadelphia, Oxbow Books, pp. 49–64.

Zhao, Feng. 2006. Weaving methods for Western-style samit from the Silk Road in Northwestern China. In Karel Otavsky, Regula Schorta, and A.D. Bivar (eds) *Central Asian Textiles and Their Contexts in the Early Middle Ages*, Riggisberg, Abegg-Stiftung, pp. 189–210

赵丰，桑德拉，白克利. 神机妙算——世界织机与织造艺术[M]. 杭州：浙江大学出版社，2019.

第 7 章

种错了桑树？白桑出现之前的植桑活动

彼得·寇斯（Peter Coles）

在英格兰南部西萨塞克斯郡一座 16 世纪、名为帕哈姆宅邸（Parham House）的大厅一角，悬挂着一幅名为《高贵女士》（*A Lady of Rank*）的肖像画，由老罗伯特·皮克（Robert Peake the Elder）于 1609 年绘制。人们曾以为这位画中人是伊丽莎白一世女王，但学者们现在认为这很可能是英格兰王后丹麦的安妮（Queen Anne of Denmark），她是英格兰国王詹姆斯一世的妻子。

1608 年 2 月拟定的一份女王衣柜清单［由新西兰历史学家杰玛·菲尔德（Jemma Field）誊抄］中的一个条目，似乎详细描述了画中女士所穿的礼服（图 7-1）：

> 一件白色棉质缎纹长袍，用丝线绣有叶子和小飞虫的图案，图案遍布全身，包括袖子和裙侧，裙子颜色粉红，衬里为白色，并且每个接缝处都饰有银色编带。

事实上，这些"小飞虫"指的是蚕蛾（*Bombyx mori*），而"叶子"是桑叶，是蚕蛾幼虫即"蚕"的唯一食物。蚕食桑叶的形象就这样出现在长裙上。

图 7-1 老罗伯特·皮克（1551—1619 年）绘《高贵女士》
据称所画的是英格兰王后丹麦的安妮，裙袖上绣有蚕、蚕蛾和桑叶。
© 阿拉米图库、The History Collection 网站

这件长裙在设计上以蚕和桑叶的图案为特征，引人注目。但与我们更为相关的意义是，法国国王亨利四世和詹姆斯一世是同时代人，亨利四世曾在生丝产业（桑蚕业）上大获成功，因此英格兰早年也试图养蚕产丝，以效仿这一成功案例，这件长裙便是这种尝试的视觉隐喻。

詹姆斯一世曾在英伦三岛开展蚕桑试验，虽历时不久，但在各地均有较为翔实的记载。简单地说，他从法国和低地国家进口数千棵桑树树苗，然后种植于伦敦周围的皇室宫殿里、英格兰南部，以及同意其开展试验的大地主的私人庄园里。2 世纪和 3 世纪，因黑桑（Morus nigra）果实多汁，罗马人把黑桑树引入英国地区。早在詹姆斯一世之前，黑桑树就是英格兰各园林及修道院果园中的唯一树木品种，但数量不多。白桑（Morus alba）是桑蚕业的首选品种。尽管白桑树在一两个 16 世纪的植物标本馆的文献中有所提及（或许是直接引自外国文献），但在詹姆斯一世掀起丝绸业浪潮之前，英格兰人对白桑一无所知。

詹姆斯一世的养蚕试验历时不长，其商业价值也可忽略不计，产出的生丝也不过只能制作几双手套和长袜。养蚕试验以失败告终，原因是多方面的，但主要原因是作为代表的地主缺乏持续动力。历经数年，桑树树苗才能长到每年都可收获桑叶的阶段。部分原因可能是，比起白桑，至少有些黑桑的生长速度相对缓慢，而且也更不容易增殖——丝绸史学家克劳迪奥·扎尼尔（Claudio Zanier）将这一现象称为意大利早期蚕业的"瓶颈期"。

早在17世纪初，英国的欧洲邻国（意大利、法国和西班牙）就已积累了数个世纪的专业桑蚕知识。但英国不同，首先，尽管詹姆斯一世委托他人翻译了亨利四世的顾问、农学家奥利维尔·德·塞雷斯（Olivier de Serres）编写的一本手册，但在桑蚕业方面，英国仍经验不足。其次，天气也是一大因素——蚕种孵化的时间必须同桑树抽芽的时间完全同步。然而，从14世纪一直到19世纪，英国都受到小冰河期的影响，冬季异常寒冷，开春很晚，夏季潮湿。1608年、1683年、1684年这三年，伦敦人甚至在封冻的泰晤士河上举办了冰雪游园会。

詹姆斯一世在英国的蚕桑事业可能没有产出多少蚕丝，但它确实留下了另一项遗产——散布在全国各地的数千棵桑树，其中一些幸存至今。然而，奇怪的是，尽管詹姆斯的代理人明确要求种植至少一年树龄的黑桑和白桑树苗，而且也的确种植了，但这些存活至今的都是黑桑。据作者所知，英国唯一幸存的超过100岁的白桑位于牛津大学植物园，其于18世纪末作为标本种植，与桑蚕业无关。

与之形成鲜明对比的是，桑蚕业被引入地中海、里海周围以及南北美洲国家之后繁荣发展，最后日渐衰退，而且在这些国家，白桑也不是本土植物。在这些地区虽仍能发现几棵古老的黑桑，但原产于中国和东亚的白桑占主导地位。有时，这些古老的去顶白桑如幽灵般一排排伫立在那儿，无人看管（图7-2）。但可能在14世纪晚期抑或15世纪早期之前，白桑在里海以西都实为罕见，甚至可以说是无人知晓。

常见的误解是，詹姆斯一世的官员订购并种植了"错误"的桑树品种，即人们更熟悉的黑桑。但更有可能的是，人们同时种植了黑白两种桑树，但只有黑桑得以存活。黑桑外形多节、古朴典雅，因此成为珍贵的园林树木。此外，黑桑的果实颜色深紫，而且多汁，一直为英格兰人所喜爱。黑桑甚无法储存，

图 7-2　意大利波谷（Po Valley）中去顶的桑树
©F. 梅森（F. Mason）

须趁新鲜食用，或以果酱和糖浆的形式储存。对于坐拥黑桑的精英贵族而言，炎炎夏日，宴会之上，奉上此果，尽显异国情调，展示高人一等的气势。更具反讽意味的是，（黑）桑树甚至成了"英国风格"的象征。甚至一首维多利亚时期的童谣也把桑树纳入其中，在 20 世纪 70 年代，一时尚奢侈品牌还借用了桑树之名（Mulberry）。

白桑葚相对来说平淡无味，奥利维尔·德·塞雷斯（Olivier de Serres）描述道："味道令人不快，甜度令人不适，除了丧失食欲的妇女、孩子和饱受饥荒折磨的穷人以外，其他人都觉得难以下咽。"至于桑叶，若不养蚕便毫无价值。

继詹姆斯一世的养蚕试验一百年后，英格兰再次试图引入桑蚕业，并证明了这一假说。1718 年，伍斯特城的约翰·阿普尔特里（John Appletree）开展了"生丝行动"（Raw Silk Undertaking）。在伦敦西南部的切尔西有一块 40 英亩的土地，在 16 世纪前，该地属于一位效力于亨利八世、命运多舛的大臣托马斯·莫尔爵士（Sir Thomas More）。在"生丝行动"中，阿普尔特里在这块土地上种植了共 2000 棵黑桑和白桑。该行动曾取得有限的成功，生产的缲制丝线用于为威尔士王妃——安斯巴赫的卡罗琳（Caroline of Ansbach）织造绸缎

图 7-3　伦敦切尔西的黑桑

"生丝行动"（1720—1723）中，人们种植了共计约 1000 棵白桑，但没有一棵幸存至今。©彼得·寇斯（Peter Coles）

服装，卡罗琳后来成为乔治二世国王之妻。但到 1724 年，该行动早已困难重重，阿普尔特里也已破产。桑园被售予他人，用于建房，大多桑树惨遭连根拔起的厄运。但有趣的是，在这块土地上兴建的一个花园中，如今仍可看见一些从前留下来的树木，而且这些桑树全部是黑桑（图 7-3）。

中国以外的桑蚕业

大约公元前 220 年之后，桑蚕业已从中国北部逐渐扩散，在接下来的 2500 年里一直受到保护。如果本地有野生桑叶，那么它们会被优先使用。当时在中国境内，桑蚕业已臻于成熟，农民挑选并育种的（白）桑树品种既适应当地区域的土壤，也合乎气候条件。更重要的是，这可确保到那时家蚕能茁壮成长，生产出数量和质量过关的蚕茧。

然而，不同于中国，其他国家当时对桑树的分类并不那么细致，这种情况大约持续到公元 1000 年。6 世纪中叶，桑蚕业第一次传至君士坦丁堡时，如我们所见,人们除对在当地发现的变种桑树(可能是黑桑)有所认识外,对于其他桑树品种的认识相当有限。事实上,有证据表明,现有记载较为混乱,尤其是将桑树与原产于中东的非桑树品种相混淆,譬如埃及榕(*Ficus sycamorus*),埃及榕属于桑科植物。

1000年后,欧洲对桑属植物的品种了解仍然有限。1599年,奥利维尔·德·塞雷斯(Olivier de Serres)撰写了《农业指南》(*Théatre de l'Agriculture*),其中有一章与桑蚕业有关。书中提到,桑树无非有两个"种类"——白桑和黑桑。然而,塞雷斯的确指出,虽然黑桑只有一个种类[早在1世纪,罗马自然学家老普林尼(Pling-the-Elder)就已发现],但白桑有三个不同品种,可根据果实的颜色(白色、黑色或红色)加以分辨。因此,"白桑"这一常见名(以及林奈式动植物分类法中的修饰词alba)属于用词不当,因为只有少数白桑树能结出白色果实。结出粉红色、深紫黑甚至是黑色桑葚的白桑树品种也较常见,外表大体同黑桑类似。

还有把桑树简单地分为两种的分类方式:白桑用于养蚕,黑桑作为果树。这种分类方式在一些历史文献中仍在使用,并延续了早期分类方法造成的迷惑。不幸的是,在中世纪早期之前,对于不同桑树品种的古植物学记载少之又少,即使有所记载,也局限于桑树种子和碳化树木。从早期文献来源中鉴别桑树品种也很困难,因为果实颜色、叶形、花卉和树皮等表面特征在桑属植物中非常多变。同一棵树同一枝上的叶子,其形状可能不太相似。在黑桑上的新生枝条尤其如此,它们的叶子可能裂纹极深,看起来跟白桑非常相似。

1753年,现代分类学先驱卡尔·林奈(Carl Linnæus)首次对桑属进行分类,区分出了7个不同的种类。其中,构桑(*Morus papyrifera*)被重新归为构树类,不再归为桑属。另一种是赤桑(*Morus rubra*),它在北美以外的地区从未被成功种植。第三种是鞑靼桑(*Morus tatarica*),鞑靼桑就是白桑的别称。国际植物名称索引共收录174种不同的桑属植物,但只有14种属于不同种(species),另外37个名称指亚种和栽培品种。桑蚕业专家霍永康称,一旦将黑桑和美洲品种(赤桑和朴桑)排除在外,那么其余品种仅来自4个亲本品种:鲁桑(*Morus multicaulis*)、白桑、南桑(*Morus bombycis*)和广东桑(*M. atropurpurea*)。以上四种都属于白桑。

近年来,植物遗传学家马达夫·尼泊尔(Madhav Nepal)和卡罗琳·弗格森（Carolyn Ferguson）、植物生物学家曾奇伟及其同事开展了基因测序，这应有助于消除此前的分类混乱。通过分析公认的桑树品种基因组中的特定基因序列，研究人员能够重建整个桑属植物的系统。曾奇伟及其同事对实验加以完善，而后得出结论，桑属只需分为 8 种。其中 4 种原产于亚洲：分别为白桑、黑桑、川桑（*M. notabilis*）和吉隆桑（*M. serrata*）。3 种原产于新大陆（美洲）：朴桑（*M. celtidifolia*）、红花木桑（*M. insignis*）和赤桑（*M. rubra*）。最后 1 种是原产于非洲的非洲桑（*M. mesozygia*）。在这些品种中，有几个分类群的名称为同义词，另一些则是栽培品种。曾伟奇表示，无一品种原产于欧洲。

迄今为止，具有单一共同祖先的最大支系包含 31 个分类群，均与白桑相关。大约 534 万年前，这一支系与包含黑桑、赤桑和朴桑的支系分离。6 世纪左右，桑蚕业传至拜占庭帝国和波斯帝国，造成了分类上的混乱。但红花木桑和朴桑分别原产于北美和南美，二者与此混乱无关，因此我们不对这两个品种过多赘述。

众所周知，几千年来，要想产出最好、最有光泽的蚕丝，需满足两大条件：第一，家蚕需以白桑叶为食；第二，在蚕蛾破茧而出之前让其窒息死亡。大约在同一时期，印度河流域的哈拉帕人（Harappan people）与中国北方居民开始生产蚕丝，但前者使用由其他野生蚕蛾（包括意大利大蚕蛾花大蚕蛾属）结成的茧制丝，这些蚕蛾以当地非桑树叶为食。在印度北部，这种养蚕法如今仍然存在，用于生产野生柞蚕丝和"蒙加（Muga）"丝。

生产这种野蚕丝时，人们不会让蚕蛾闷死在茧内，蚕蛾可以逃出茧，留下一个破碎或脆弱的茧。这些蚕丝纤维只有纺在一起时，才能制成足够结实、足够长的可以用来织造的丝线。野蚕丝自有其受人欢迎的品质，但人们通常认为，野蚕丝比"蚕丝"更重，透明度更低。故中国生产蚕丝真正的奥秘不仅在于将驯化家蚕与白桑相结合，还在于把成虫扼死茧中，然后将丝线煮沸、脱胶、缫丝。

围绕白桑发展起来的家蚕桑蚕业绝非偶然。野桑蚕（*Bombyx mandarina*）天然以白桑为食并与其共生，是家蚕（*B. mori*）的祖先。家蚕桑蚕业最早在黄河及长江沿岸兴起，这也绝非偶然，因为黄河及长江沿岸低地落叶林密布，这些区域曾经是白桑恣意生长的地方。然而，古人类考古学家艾琳·古德（Irene

Good）有证据表明，野生蚕和白桑在从西部的喜马拉雅山至中国北部的广大地区都有自然分布。这同印度北部早期桑蚕业的地理分布情况略有不同。

在中国，白桑已种植多年，如今在中国各地都难觅野生白桑的踪迹。但在周边国家，人们可寻找到与野生白桑自然生长地相关的线索。在日本一些低地山林中分布着白桑和与其关系密切的鸡桑（Morus bombycis）和阔叶桑（Morus latifolia），但它们生长得较为分散。原产于朝鲜半岛的小叶桑（Morus australis）也与白桑关系密切。然而，因黑桑不与其他桑树品种杂交，除了在一些植物园中有作为异国标本的黑桑以外，在东亚地区无法找到黑桑的身影。

据说在公元前 300 年，中国北部及东部的养蚕专业工匠迁徙至朝鲜半岛，他们只需使用专业知识和一些家蚕种，就能用当地桑叶养蚕、生产蚕丝。他们甚至有可能已经发现，野桑蚕与这些当地桑树群自然共生。但在桑蚕业中，人们认为野桑蚕不如家蚕。尽管家蚕会与野桑蚕杂交，但已驯化的家蚕具有以下优良特征：温顺、依赖人类干预等。这些特征使家蚕更为人们所青睐。同样，在数百年后，桑蚕业传播至日本群岛之际，当地应该也有合适的桑树（包括鸡桑和阔叶桑），但这些桑树仍是野生树种。

2—3 世纪，驯养家蚕的知识向西传播，沿着河西走廊传至于阗。在于阗，蚕种和桑树树种其实非常匮乏。如今流传着一个人们耳熟能详的故事：在 3 世纪，一位汉朝公主远嫁西域，同于阗王成亲。由于数百年来汉朝禁止输出桑蚕业，但于阗国王迫切地想得知生产蚕丝的秘诀，为满足国王的需求，公主把蚕种和桑树籽藏在头饰中，把桑蚕业带去西域。

这一故事记载于一幅绘制精美的木板绘画上（图 7-4）。英国考古学家马克·奥雷尔·斯坦因爵士出生于匈牙利，在 1907—1913 年，他在丹丹乌里克（Dandan-Uiliq）进行考古工作时得到了这幅木板绘画，该画现保存于大英博物馆。斯坦因在塔克拉玛干沙漠尼雅绿洲中拍摄了一组怪异的照片。照片中，矿化的桑树破沙而出，这一幕不禁勾起人们的遐想，或许这些桑树便是公主殿下偷带出的桑树种子孕育的后代。这组照片也与 19—20 世纪法国和意大利被遗弃的桑树的画面产生了共鸣。

据作者所知，人们尚未对尼雅桑树做遗传分析，也未确定其品种类别。除桑树遗迹外，我们还能看到干枯的杨树和杏树的身影。1914 年，俄罗斯养蚕

图 7-4　1931 年斯坦因在新疆塔克拉玛干沙漠尼雅绿洲中发现的桑园遗迹

博斯坦的桑树，尼雅大桥以南，1931 年 1 月 17 日。图源：大英图书馆国际敦煌学项目

专家乔治·索博列夫斯基（Gyorgy Sobolevsky）发表了一份关于喀什桑蚕业的报告，其中包括一张（白）桑树大道的照片，他写道："几乎绿洲中的每条道路上……在其他树木间都种满了桑树。"（p.6）白桑仍然生长在塔克拉玛干沙漠边缘莎车的绿洲中，那里也有杨树和杏树。

再往西就是位于塔吉克斯坦的西帕米尔高原。最近一项调查显示，在西帕米尔高原的偏远山庄，除本土的杏树和外来的苹果树外，还发现了 37 个桑树品种。作家、生物多样性研究员亚历山德拉·朱利亚尼（Alessandra Giuliani）及其同事称，桑葚占据某一社区居民饮食摄入的 70%，具体包括桑葚干、桑葚粉、桑椹糖浆和桑葚酒。对历史久远的桑蚕业，报告中只字未提。附录共列出 9 种桑树品种，8 种均为白桑，其果实可烘干。不同的那一种是外来而非本地的黑桑（波斯名：shahtut），我们将在下文讨论。

该山村与世隔绝，无养蚕迹象。白桑是村民的主要食物，这支持了其他说法，即白桑是地方性作物。植物科学家巴里·詹伯（Barrie Juniper）的推测如下："……白桑的分布如弧形，从中国中部向西穿过中亚大部分地区，最后到达土耳其东部。在这种情况下，这种亚冠树曾于间冰期从地中海蔓延到中亚，包围了整个白令海峡，并向下进入北美东部（阿巴拉契亚山脉），但它现在可能只是温带长廊林的一小部分。"

这种物种的延续性显然有利于桑蚕业传至西方，因为当时只缺少家蚕蚕种，以及养蚕的专业知识。2013 年，艾琳·古德英年早逝，在此之前，该问题是她的一大研究课题。

植物学家古尔娜拉·西帕耶娃（Gulnara Sitpayeva）及其同事发现，在塔克拉玛干沙漠北侧的西天山、吉尔吉斯阿拉套和卡拉套山的长廊林中，白桑单株同其他野生果树一起生长。与此同时，埃玛尔·詹扎列夫（Aymar Dzhangaliev）及其同事在位于哈萨克斯坦的河流冲积平原上的小树林中发现了小片白桑的残余品种。塔里木盆地的河流由冰川融水补给，这使塔克拉玛干形成绿洲，构成了一个穿越沙漠的网状结构。因此，有种说法认为，南部的昆仑山脉和西部的帕米尔高原也有类似的白桑群，这一说法有一定道理。所以，无论干枯的尼雅桑树从何而来，它很可能就是白桑。严格来说，当时走私白桑种子虽无很大必要，但更有可能的是，这样做是为了确保成功引进"有用"的桑树，而无须在山林中寻找野生桑树并在绿洲中扦插繁衍。

黑桑桑蚕业

在中国和东亚其他地区，选取养蚕的"正确"桑树品种从来都不是问题，因为所有本地分类群都属于白桑进化树种，并且大多数都可用来养蚕。白桑与其东亚近亲很容易杂交，自蚕业最初发展以来，植桑已有数千年历史，在此期间，人们积累了大量的专业知识，可以培育最适合该地温度、湿度和土壤变化的品种。其中，鲁桑是白桑湖桑的变种。有证据表明，鲁桑是最普遍的品种，因为它生长速度快，叶子面积大，在修剪后会产生大量的新芽。相反，黑桑除了作为外来物种标本外，从未在东亚种植过。黑桑也不是家蚕幼虫的天然共生植物，或许从未被当作东亚或南亚桑蚕业的白桑替代品。

18 世纪中叶，卡尔·林奈认为，黑桑原产于意大利南部，在那里已有 2000 多年的种植历史。正如克劳迪奥·扎尼尔（Claudio Zanier）最近提醒我们的那样，西欧的桑蚕业所植桑树基本以黑桑为主，直到 15 世纪初，白桑才进入意大利南部的卡拉布里亚（Calabria），不久后又传至托斯卡纳（Tuscany）和皮埃蒙特（Piedmont）。1050 年，人们种植了 2 万棵成熟的黑桑用于养蚕。历史学家安德烈·吉卢（André Guillou）引用了相关文献依据。农业历史学家保罗·斯皮纳（Paolo Spina）于1948年写道："有数百年历史的（黑桑）"仍在西西里岛埃特纳火山周围的地区生长，那里仍保持着白桑引入前的养蚕传统。

西班牙和法国的早期桑蚕业情况相似。考古植物学家玛丽–皮埃尔·如阿（Marie-Pierre Ruas）及其同事有依据表明，在公元前1世纪，罗马人将黑桑作为果树引入法国南部，并于4世纪开始在朗格多克（Languedoc）种植，同样也是为收获桑葚。有证据表明，可能用于养蚕的白桑的种植最早可追溯至15世纪早期的科西嘉岛。2世纪，罗马人把黑桑果脯或种子带至英格兰南部的不列颠尼亚。9—10世纪，在科尔多瓦哈里发时期，叙利亚的阿拉伯人将黑桑引入伊比利亚半岛的安达卢斯地区，显然这次引进是为了养蚕。这表明当时叙利亚已种植用于养蚕的黑桑。

有公证记录表明，早在1296年及整个14世纪，法国塞文（Cévennes）地区昂迪兹（Anduze）附近便已存在桑蚕业。蚕种和养蚕专业知识很可能来自意大利，而且这些蚕一定是使用当地种植的黑桑喂养的。这些黑桑的祖先可能是引进的罗马黑桑。人们不断扩大黑桑树的种植规模以获得桑葚，或重新从意大利引进，因当时该地区有意大利人。此外，13—14世纪的意大利桑蚕业仍然以黑桑为主。

1599年，尽管奥利维尔·德·塞雷斯写道，建议尽可能种植白桑用于养蚕，但如果成熟黑桑可用，他也鼓励农民用黑桑代替白桑。他解释说，黑桑养蚕产生的蚕丝质地更粗糙、更重，因此不适合用于最精细的织造。但他也建议，在蚕生命周期的不同时间段混合饲喂这两个品种的桑叶，以在不影响质量的前提下增加蚕丝强度。

为了织造最精美的丝绸，里昂织工仍会选用进口生丝作为材料，而对那些来自赛文山脉的山地丝不屑一顾。18世纪，里昂使用的法国蚕丝只有约20%，来自意大利、黎凡特和西西里岛的生丝分别占25%，只有5%来自西班牙。生活用丝可能源自黑桑饲养的桑蚕，国内市场为黑桑桑蚕业的目标市场。生活用丝的制造有时被丝绸学者低估了，这也有可能导致其低估了黑桑桑蚕的规模。

假设白桑在15世纪被突然引入意大利，正如克劳迪奥·扎尼尔所言，那么在亚得里亚海以东，也有一个不确定的蚕桑业的源头。常见说法是，6世纪中叶查士丁尼一世统治时期，作为养蚕重要条件的蚕种首先传至君士坦丁堡，即拜占庭帝国的首都。罗马历史学家普罗科皮乌斯（Procopius）曾讲述过一个故事：两个来自"塞琳达"的聂斯脱利教士用空心手杖走私蚕种。走私不是为了躲避中国的禁令，而是为逃避萨珊波斯帝国统治者的规定。萨珊波斯帝国垄断了外国蚕丝的进口，不想被他人抢夺生意。

聂斯脱利派沿着丝绸之路建立了一直延伸到元朝的修道院网络，因此无论是在和田，还是在离大本营较近的地方，聂斯脱利派教士都可接触到繁荣的桑蚕业和蚕种。走险峻的山路到和田耗时较久，往返约需 2 年时间，这不利于运输蚕种，因其很可能在途中孵化和死亡。

有人从字面上理解这个故事，认为该故事表明了蚕业是在查士丁尼一世统治时期传至君士坦丁堡的，或者说桑蚕业是在这一时期被引入拜占庭帝国的。研究中世纪蚕丝的学者安娜·穆特修斯（Anna Muthesius）对这一看法提出质疑，并引用了以下证据：6 世纪早期前，叙利亚已经有了桑蚕业。近年来，历史学家亚历山德拉·库詹帕（Alexandra Kujanpaa）认为，虽然情况可能如此，但其用蚕种不是家蚕，而是一种野生品种，不仅以桑叶为食，还可以食用其他当地树木的叶子。

据普罗科皮乌斯及拜占庭历史学家塞奥法尼斯（Theophanes）描述，这些教士引进的物品是蚕种，而非桑树种子，这或许意味着这一地区已存在桑树。穆特修斯质疑本地桑树品种是否适合养蚕，并提醒我们，养蚕本身就是一种农业工艺，需要将合适品种的接穗嫁接到砧木上，并且可能需等待 15 年，方可剪下叶子来喂养蚕（现代白桑的等待时间约为 3 年）。

如果拜占庭在 6 世纪时就已有桑树，那很有可能是黑桑，为了收获桑葚，该地一直种植该品种。然而，白桑的起源不详。在一些作者看来，其起源或许根本无法确定。人们一般认为，白桑起源于今天的伊朗北部和里海南部的海岸，这片广大的范围大致相当于萨珊波斯帝国覆盖的领土：西至亚美尼亚，东达巴克特里亚（Bactria），北至里海，南达波斯湾。

正如我们所见，在波斯，黑桑被称为沙图仟（shahtut）或国王桑（King Mulberry），因其黑色桑葚而闻名，与专门用于桑蚕业且果实为白色的白桑（波斯名：tut）不同。现在，沙图仟这一名字有时也会被巴基斯坦人用来描述黑桑及结黑桑葚的白桑和长果桑（*Morus laevigata*，又称 *Morus Macroura* 或喜马拉雅桑)。正如树木学家卡齐米日·布洛维奇(Kazimierz Browicz)所指出的,今天,伊朗使用"tut"和"shahtut"两个词来描述不同的果实,但也会存在一定混淆。准备描述桑科时,布洛维奇研究了来自阿富汗、土耳其和伊朗的植物标本集,并注意到分类方法并不一致。此前,他在几本出版的物种研究中也发现了这一现象。

产生该问题的一个常见原因是黑桑和一些白桑的叶形的多变性,即使在同一棵树的同一个分支上的叶形也会产生变异。然而,黑桑的叶茎短且通常隐藏在心形叶基内,而白桑的桑叶是长的,并且叶基通常呈楔形(图7-5)。

另一个引起混淆的原因是一些白桑树品种上结出了深紫色的果实,且果实有时也大而多汁。然而,根据其他特征很容易区分黑桑和白桑。黑桑桑葚(实际上属于迷你水果簇)的茎或花序非常短,如果不压碎它们,可能很难把茎挑出来,而白桑桑葚的茎秆很长。此外,黑桑的深色桑葚长度通常不超过2厘

图7-5 约翰·魏因曼(Johan Weinmann)1792年绘制的白桑(右上)和黑桑(左下)蚕以这两种桑叶为食。注意黑桑树的心形叶基和白桑桑葚的长茎(花梗)

米，而白桑的桑葚长度可达 3—4 厘米，而且更接近圆柱形。近来，笔者看到了来自伊朗的吉兰、乌兹别克斯坦和印度的所谓黑桑桑葚的图像，其显然是长茎、黑果的白桑的果实——与布洛维奇在文献中发现的关于这些地区的两个品种的情况相一致。俗称沙图仟的品种在当地通常为所有结大黑桑葚的桑树的总称。

虽然查阅了大量有关白桑的文献，但是，布洛维奇认为，这一品种实际上起源于希腊，而不是伊朗："那么可以得出结论，这一地区可能是黑桑的原产地。它从这里向外传播，西至欧洲南部，东至伊朗、阿富汗以及巴基斯坦，在被亚历山大大帝征服期间被引入。"毋庸置疑，自古以来，这些品种在希腊为人所知。实际上，伯罗奔尼撒半岛曾经被称为"Morea"，原因可能是它的形状像桑叶，或者更可能是因为这里曾生长了许多桑树。毕竟，皮奥夏地区的底比斯城是拜占庭桑蚕业和纺织业的一大中心。

由于白桑进化树种原产于喜马拉雅山、西帕米尔高原和印度北部，而黑桑则原产于里海南部、伊朗高原、叙利亚、希腊、意大利南部，最北至阿塞拜疆，6 世纪前后家蚕被引入时，人们便有机会使用黑桑或当地的白桑来喂养它们。事实上，历史学家安德烈·吉卢认为，10 世纪中叶亚美尼亚人使用"野生"桑树（黑桑）生产优质蚕丝。

桑蚕业被引入于阗后不久，也开始在中亚（尤其是粟特地区）发展。确实，在某些时候，撒马尔罕作为塔克拉玛干周围南北路线的枢纽，不仅是丝绸之路上丝绸与其他有形和无形商品交易的中心，还是桑蚕业的中心。假如这是真的，那又是在何时呢？桑蚕业向南向西传播，与从印度向北传播的其他养蚕技术相结合，正如扎尼尔所言，如同在 15 世纪的意大利所表现的那样，在养蚕方面，白桑相较于黑桑的优势必然很快显现出来。

如我们所见，自黑桑从白桑中分化出来后的 530 万年里，即使白桑进化树种中的不同品种很容易杂交，黑桑并不与其他品种异花授粉。这是否可以鉴别以黑桑桑叶为食的家蚕生产的蚕丝，从而填补早期蚕业全球化中缺失的一些环节？作为优质蚕丝的国际贸易的结果，一旦拜占庭和波斯的蚕丝质量和数量达到顶峰，那么当然会产生这样一种可能，来自黑桑桑蚕业的当地蚕丝被用于制作日常用的丝绸、刺绣和饰边，这些实物证据要么没有幸存下来，要么尚未广泛成为学术兴趣的焦点。

社会历史学家维克多·海恩（Victor Hehn）简明扼要地描述了黑桑如何从备受赞赏的果树转变到仅因其桑叶而受到重视的树木："第一批（黑桑）种植者只想要黑色桑葚，他们几乎没有想到有一天，其粗糙的叶子会通过一条小毛毛虫的种种变形，而成为柔软、闪闪发光的昂贵面料。"

海恩继续准确描述了白桑如何逐渐取代黑桑的场景："里海海岸的波斯各省，以及欧洲的意大利和法国，这些西方的产丝地现在都处于工业发达的地区，那里到处都是被砍伐和掠夺的白桑树。在偏远落后的地区，仍然可以发现这种来自古代的桑树在滋养着一种可用于纺织业的小虫，以便生产略显粗糙的丝线。"（Hehn，1891，p.293）。

从 19 世纪中叶开始，由于多种同时出现的原因，西方蚕业开始崩溃。这些原因包括 1845 年蚕微粒子病暴发，家蚕数量顿时减少，以及 1869 年苏伊士运河开通，导致日本和中国的蚕丝进入欧洲，开始削弱欧洲蚕丝的竞争力等。由于养蚕行业停滞不前，数十万棵桑树被连根挖出，或像几个世纪前的和田绿洲上的桑树一样，淹没于沙土。只剩下一些幸存的去顶树干散落在各地，失去了其最初的用途。

参考文献

Bowe, Stephen J. 2015. *Mulberry: The Material Culture of Mulberry Trees*. Liverpool: Liverpool University Press.

Browicz, Kazimierz. 2000. Where is the place of origin of *Morusnigra* (*Moraceae*)? *Fragmenta Floristica et Geobotanica*. Vol. 45, No.1-2, pp. 273-280.

Chobaut, H. 1940. Les origines de la sériculture française. *Memoires de l'Academie de Vaucluse*, Vol. V, pp. 119-131. (In French.)

Coles, Peter. 2019. *Mulberry*. London: Reaktion Books.

Dzhangaliev, Aymar D., T. N. Salova and P. M. Turekhanova. 2010. The wild fruit and nut plants of Kazakhstan. *Horticultural Reviews,* Vol. 29, pp. 305-371.

Field, Jemma. 2020. *Anna of Denmark: The Material and Visual Culture of the Stuart Courts, 1589–1619*. Manchester: Manchester University Press.

Geffe, Nicholas. 1607. *The Perfect Use of Silk-Worms and Their Benefit*. London: Felix Kyngston.

Giuliani, Alessandra, Frederik van Oudenhoven and Shoista Mubalieva. 2011. Agricultural Biodiversity in the Tajik Pamirs. *Mountain Research and Development*, Vol. 31, pp. 16-26.

Good, Irene. 2002. The Archaeology of Early Silk. In *Silk Roads, Other Roads: Proceedings of the 8th Biennial Symposium of the Textile Society of America*, September 26–28, Northampton: Massachusetts.

Hehn, Victor. 1891. *The Wanderings of Plants and Animals from Their First Home*. London: Swan Sonnenschein and Co.

Huo, Yongkang. 2002. Mulberry cultivation and utilization in China. In Manuel D. Sanchez (ed.). *Mulberry for Animal Production*. (FAO Animal Production and Health, Paper No. 147). Rome: UN-FAO.

Linnaeus, Carl. 1753. *Species Plantanum*. Stockholm: Laurentius Salvius.

Livarda, A. 2008. New temptations? Olive, cherry and mulberry in Roman and medieval Europe. In Sera Baker, Martin Allen, Sarah Middle and Kristopher Poole (eds.). *Food and Drink in Archaeology I*. Totnes: Prospect Books, pp. 73-83.

Marsh, Ben. 2020. *Unravelled Dreams, Silk and the Atlantic World 1500–1840*. New York: Cambridge University Press.

Nepal, Madhav P. and Carolyn J. Ferguson. 2012. Phylogenetics of Morus (Moraceae) inferred from iTS and *trnL-trnF* sequence data. *Systematic Botany*, Vol. 37, No. 2, pp. 442-450.

Peck, Linda L. 2005. *Consuming Splendor: Society and Culture in Seventeenth-Century England*. Cambridge: Cambridge University Press.

Zeng, Qiwei et al. 2015. Definition of eight mulberry species in the genus Morus by internal transcribed spacer-based phylogeny. *Plos one,* Vol. 10, No. 8. e0135411.

Ruas, Marie-Pierre et al. 2016. Histoire et utilisations des mûriers blanc et noir en France. Apports de l'archéobotanique, des texteset de l'iconographie. In Marie-Pierre Ruas. *Des Fruits d'ici et d'ailleurs,* Omniscience, pp. 213-322. Histoire des Savoirs, 978-2-916097-47-3. (In French.)

de Serres, Olivier de. 1599. *Le Théâtre d'agriculture et mesnage des champs*. Paris: Jamet Mettayer.

Sitpayeva, Gulnara Y., G. M. Kudabayeva, L. A. Dimeyeva, N. G. Gemejiyeva and P. V. Vesselova. 2020. Crop wild relatives of Kazakhstani Tien Shan: Flora, vegetation, resources. *Plant Diversity,* Vol. 42, No. 1, pp. 19-32.

Spina, Paolo. 1954. Il gelso nero (*Morus nigra L.*) in Sicilia. *Rivista di ortoflorofrutticoltura italiana,* Vol. 38, No. 9/10, pp. 328-337. (In Italian.)

Stein, Marc Aurel 1907. *Ancient Khotan: Detailed Report of Archaeological Explorations in Chinese Turkestan*. Oxford: Clarendon Press.

Zanier, Claudio. 2019. Silk cultivation in Italy: Medieval and early modern. *Journal of Medieval Worlds,* Vol. 1, No. 4, pp. 41-44.

第 8 章

丝绸之路沿线的缂织技术与文化交流

李·塔尔伯特（Lee Talbot）

　　缂织技术是在纺织品上织造纹样的最古老技法之一，但直到今天依旧被人们使用。缂织技术在东西半球分别独立发展，并在全球多种文化中被广泛使用。缂织技术沿丝绸之路传入中国，使得缂丝成为中国最珍贵的一种奢侈丝绸。在西亚、中亚、北非及美洲，最早的缂织物由毛、麻或棉织成，而在中国丝绸输入这些地区以后，许多地方的缂织传统开始有所改变。蚕丝和养蚕业的输入拓宽了缂织物的审美，提高了其社会美誉度，中国提花或印花丝绸的传播带来了新图案，也增加了缂织织造者所能使用的装饰素材。本章将以北美的博物馆藏品（以乔治·华盛顿大学博物馆和纺织博物馆为主）为例，揭示从公元前 10 世纪至今跨文化交流是如何积极拓展全球缂织艺术的。

图8-1 缂织技术细节，注意通经断纬
处的狭缝
© 中国丝绸博物馆，杭州

缂织是一种纬面平纹织造技术。通经断纬的技术特点表明，织工在图案处将纬线沿绷紧的经线进行了挖梭交织（图8-1）。一般来说，织工会将纬线打紧，紧到足以完全覆盖经线。缂织只需简单的织机，但同其他织造技术相比，它需要较高的设计精度，但织工也享有很高的自由度。缂织物较为纤巧，需花费大量时间制作，因此价格昂贵，在许多地方成为财富和地位的象征。时至今日，缂织物依然只能以纯手工织造。

中亚和中国的缂织

在东半球，缂织的历史大概可追溯至古代西亚地区。根据专攻青铜器和铁器时代文化的学者乔安娜·S.史密斯（Joanna S. Smith）的研究，在美索不达米亚发现的可追溯至公元前19世纪—前13世纪的楔形文字中曾提到 "*mardatum*"——一种由专业织工织造的多彩织物，有时带有图案。虽然这一地区的古老缂织物未能保存下来，但在考古遗迹中发现的楔形文字所记载的曾生产 "*mardatum*" 的地区，发现了一种重要的缂织工具：打纬器。埃及法老图特摩斯三世（Thutmose III）（前1481—前1425年）在对美索不达米亚的战争中俘获了许多工匠，在此之后的埃及墓葬中就发现了埃及本地织造的缂织物，这说明是美索不达米亚织工引入了缂织技术。

根据碳-14 年代测定法测定，图 8-2 所示的残片约制作于公元前 542 年—前 357 年，由此可知，在大约公元前 500 年，缂织技术就已经传入了中国西部。这件残片以羊毛缂织而成，图案呈横带状排列，为蓝色地上织大角鹿以及红白花卉几何图案。新疆塔里木盆地的山普拉墓地也出土了与其纹样相似的横带状鹿纹缂毛裙残片。这些墓葬中的发现表明，这些地区的居民之间存在大量的跨文化交流。大角鹿纹样的流行范围为从波斯阿契美尼德王朝统治区域一直到亚洲北部草原，而出土的丝绸文物则证明这一地区已经与中国的中原地区有了直接或间接的贸易。在此后的数个世纪，中亚的绿洲城市成为丝绸之路沿线的贸易和文化交流中心，而大约最迟在 3 世纪，养蚕业从中国传至中亚。

　　中国西部的织工在唐代（618—907 年）开始织造缂丝物。中国西部的几处考古遗址，包括甘肃敦煌石窟、新疆阿斯塔那墓群和青海都兰墓地，都发现了唐代缂丝残片。图 3 的缂丝残片织造于 13 世纪的中国新疆，设计精细，丝线光亮、平整，很好地展现了缂织的审美意味。这件残片的图案为蓝色的虎、金色的水鸟，以及多彩的花卉和叶片，图案显示了当时中国、粟特和其他西部

图 8-2　大角鹿及花卉几何纹缂毛裙残片，中国新疆

放射性碳定年法测定年代为约公元前 542—前 357 年。羊毛；缂织、斜纹织、编带，35.6 cm×64.1 cm。科特森纺织品痕迹研究藏品，编号：T-2715。©美国乔治·华盛顿大学博物馆和纺织博物馆，华盛顿特区

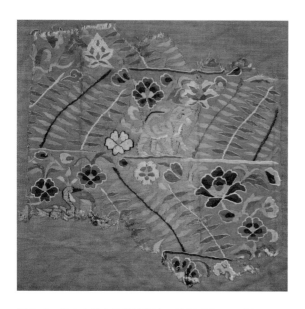

图 8-3 花卉走兽水禽缂丝残片，中国新疆，13 世纪
蚕丝；缂织，26.7 cm×26.7 cm。科特森纺织品痕迹研究藏品，
编号：T-1474。©美国乔治·华盛顿大学博物馆和纺织博物馆，
华盛顿特区

地区之间活跃的跨文化交流。这一时期的缂丝经常织有色彩多样、大小不一的花卉纹。例如图 8-3 所示的残片，上下层横带内填入方向相异的蕨状叶片，与新疆盐湖墓出土的缂丝残片图案的设计风格极为相似。这种横向条带式分割画面的设计可能源自中亚的传统，适用于装饰服装下摆、衣领和袖口，用以呈现鲜明的对比效果。

虽然传播的时间线尚不明晰，但缂织技术是从西向东传入中国的，并在中国出现了缂丝。北宋时期（960—1127 年）成书并于 1133 年出版的庄绰的《鸡肋编》记载了河北定州的缂丝生产。在这本书中，庄绰对缂丝工艺在图案设计上的灵活性颇为赞赏，也强调了缂织一件完整的作品所花费的大量时间。缂丝极为昂贵，这一时期的缂丝大多为小件织物，包括书画包首、册页和小件私人物品，比如囊。除了定州，北宋的首都开封也有缂丝工坊。图 8-4 的残片展示了北宋时期最常见的缂丝图案，即鸟穿花式设计，构图与同一时期的中国西东部织物相似。此类设计在之前的中原很少出现，这意味着西部的回鹘在缂

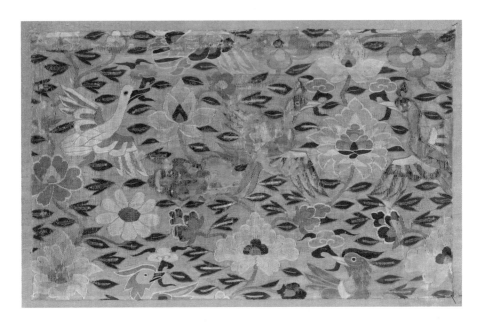

图 8-4　花鸟缂丝残片，中国，11—12 世纪

蚕丝；缂织，21.5 cm×34.5 cm。美国纺织博物馆藏，编号：51.61，乔治·休伊特·迈尔斯（George Hewitt Myers）于 1949 年购入。©美国纺织博物馆，华盛顿特区

丝技术和设计的东传上或许发挥了一定作用。但与回鹘织物相比，北宋缂丝的特征是花鸟的大小相对一致，图案在构图上也更加平衡。鸟衔灵芝和纸背金线均为典型的中原特点。然而，中原的缂丝有许多狭缝，在图案色区的边缘，纬线沿单根经线穿绕，这使得织物的结构变得更为脆弱（见图 8-1），不过一些缂丝精品在色区之间的狭缝使用了搭梭技巧以加固结构。

　　此后中原的设计者改变了这种偏向静态的设计，南宋时期（1127—1279年）出现了更为曲折灵活的设计。图 5 所示的缂丝残片可能由杭州的南宋皇家缂丝作坊织造，其中百花攒龙式的构图设计，在宋代以前的中原还未发现，很有可能源于中国西部地区传统。龙的鹿角、焰状鬃毛和上翘的鼻子也类似于中国西部地区的龙，但身体的曲线更为蜿蜒，更具中原龙的造型特点。与图 2 的中国西部地区残片和图 3 的北宋残片相比，这件残片的工艺更精巧，经线密度更大，纬线打纬也更紧。

　　在辽代（907—1125 年），缂丝极为贵重，且与宋朝相比，似乎辽国缂丝

图 8-5　花卉龙纹缂丝天盖，中国，南宋（1127－1279 年）
12 世纪后期（中心缂丝部分），明朝（边缘部分）。缂丝部分：蚕丝，
金线；缂织。边缘部分：蚕丝，金线；特结锦。87 cm×84.5 cm。美国
克利夫兰艺术博物馆藏，克利夫兰，约翰·L.塞弗伦斯基金会，1995
年入藏。公共领域图片

的使用更广。辽国支持下生产的缂丝非常精细，纬密可达 200 根/厘米。从技
术和审美上来看，辽代缂丝与唐时期回鹘生产的缂丝有很高的相似性，这也许
意味着织工来自回鹘。辽上京有回鹘人聚居区，同时已知辽的丝绸工坊雇有一
些外国织工。极为昂贵的缂丝供皇室和勋贵用于制作服装、饰物和生活用品。
据史料记载，辽代统治者送给宋代皇帝的生日贺礼中就包括织有鸭雁纹的缂
丝袍和饰物，以缂丝作为官方礼物意味着它被认为是辽国特产。《辽史》记载，
辽代统治者打猎时穿着的"国服"同样饰有鸭雁纹。辽式袍服通常只系上衣，
因此腰间需要系束革带或织带。革带上常常系挂各种什物饰件和囊。如图 8-6
所示，囊以抽绳束口，缂海波纹地上对鸟纹，这可能为辽代上层阶级使用的钱
包或香囊。

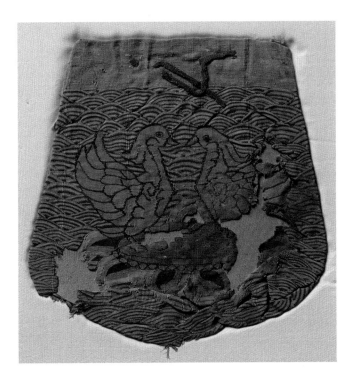

图 8-6　缂丝对鸟囊，中国，辽代（907—1125 年）
蚕丝；缂织，15 cm×18 cm。科特森纺织品痕迹研究藏品，编号：
T-0833。©美国乔治·华盛顿大学博物馆和纺织博物馆，华盛顿特区

　　元代（1206—1368 年）国际交流的范围随着蒙古帝国向东欧的扩张进一步扩大。政治上的集中促进了不同民族之间的贸易和文化交流。丝绸生产蓬勃发展，元朝政府得以从中抽取中国历史上最高额的丝税。蒙古征服者对包括织工在内的技术工匠手下留情，各地的织工被迁置并为元朝各地的官署服务。有时中亚的织工来到中国，有时中国织工被送去中亚，由于国际贸易扩张，帝国各地生产的丝绸在欧亚大陆广泛交易。如图 7 所示，五条尾羽的凤凰穿梭于牡丹花间的鸟穿花式设计在缂丝上依然流行。凤鸟的身体部分以金线缂成，金线是以动物皮为衬的皮金线。虽然以金线织入丝织品的做法在元代之前已经出现，但这一时期更为流行。蒙古人曾为游牧民，他们将织入贵金属的精美丝绸视作便于携带的财富。成书于 12—13 世纪的熊梦祥所著的《析津志辑佚》记载，"扇面用刻丝作诸般花样，人物、故事、花木、翎毛、山水、界画，极其

图8-7 凤穿牡丹缂丝残片，中
国，元代（1206—1368年）
蚕丝；缂织，15 cm×18 cm。科特
森纺织品痕迹研究编号：T-0833。
©美国乔治·华盛顿大学博物馆和
纺织博物馆，华盛顿特区

工致，妙绝古今。若退晕、淡染如生成，比诸画者反不及矣"。图8-7的残片
宽度为33.9厘米，包括了一侧幅边的宽度，很可能恰为织机宽度的一半。

西亚和东南亚的缂织

在很早以前，中国丝绸就传入了今伊朗地区。自从汉代丝路贸易正式开展
起，伊朗就在国际丝绸交流中扮演了重要角色。虽然目前有关伊朗最初的养
蚕业缺乏实物遗存，但及至6世纪，伊朗地区已经开始生产丝绸。伊朗地区
生产的丝绸在隋唐时期的中国属于奢侈品，一些装饰图案还进入了中国纹样

的系谱。在元代蒙古人的统治下，伊朗和中国相互连通，一些中国工匠进入伊朗并将大量中国装饰图案带入伊朗艺术。图 8-8 所示的是一件华丽的基里姆（Kilim）丝毯，图案包括龙、凤和有火焰纹的麒麟，这些明显来自中国的装饰图案在几百年后的伊朗依旧沿用。然而，纹样的意涵却随着文化背景的改变而产生了变化。在中国，龙凤象征着权威，它们的配对象征男女或帝后。但在伊朗，这些纹样被改造以符合中东地区古老的动物相搏图像。这件丝毯使用两种搭梭技法，可能是为阿巴斯一世（1571—1629 年）宫廷内的某人织造而成。

在亚洲，丝织和缂织技术在城区的商业中心和宫廷作坊之外的广大地区也流传甚广。数百年来，位于菲律宾和婆罗洲之间的苏禄群岛一直是海上贸易路线的枢纽。产自中国、印度或印度尼西亚爪哇的纺织品是途经和输入这一地区最常见的商品。受到这些纺织品的启发，菲律宾西南部最大的穆斯林族群之一——陶撒格人（Tausug）使用外来材料、技术和形式，创造了他们特有的纺织品。陶撒格人大多居住于霍洛岛，一般来说，岛上的精美织物大多在帕兰附近织造。虽然这一地区传统上并无养蚕业，但技艺熟练的陶撒格织工通过以贸易途径获得的丝线缂织了在当地文化中具有重要意义的织物。图 8-9 所示的头

图 8-8　基里姆丝毯，伊朗，1580—1620 年
蚕丝，金属线；缂织，229 cm×130 cm。1926 年由乔治·休伊特·迈尔斯购入，美国纺织博物馆藏，华盛顿特区，编号：R33.28.1。公共领域图片

图 8-9　头巾，菲律宾，苏禄群岛，约 1920 年蚕丝；缂织，71.12 cm×83.82 cm。托马斯·阿姆斯夫人（Ms. Thomas Arms）捐赠，美国纺织博物馆藏，华盛顿特区，编号：1973.7.10。公共领域图片

巾可以悬至两肩或缠绕在礼仪用匕首的刀柄上，这种头巾是在简单的腰机上精心织造的，使用了两种搭梭技法。传统上，陶撒格男性在特殊场合佩戴这种头巾，以作为声望、权力和财富的象征。这种头巾的折叠方式多种多样，每种方式均可显露出多彩纹样的不同部分。

地中海地区和欧洲的缂织

正如之前提到的，古埃及织工在埃及第十八王朝（前 1549/1550—前 1292 年）就已有缂织技术。从 3 世纪到 12 世纪，缂织与信仰基督教的埃及科普特人有着紧密联系。科普特缂织物通常由麻经和毛纬织成，但有一些精品，如图 8-10 和图 8-11 中的团窠状缂织物，也会织入丝纬。自汉代起，来自中国的蚕丝便传至古地中海地区，但直到 6 世纪前后拜占庭帝国才开始有养蚕业。图 8-10 和图 8-11 中的团花状缂织物可追溯至 5 世纪，因此其中的蚕丝很可能是中国的输入品。这一时期流行在胸前和衣缘饰有缂织物的 T 形长袍（Tunic）上的装饰图案往往带有希腊、罗马古典设计风格。图 10 的团窠式缂织物在通经断纬处留有狭缝，经线有时两根一组，有时三根一组，中心部分织人物头部形象，周围环绕八枚叶片，四周为紫色地上织入四个人物

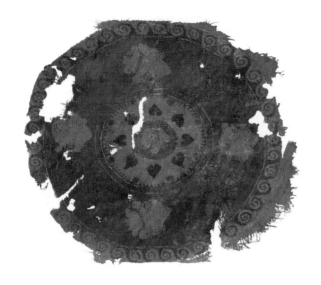

图 8-10 团窠式缂织物，
埃及，5 世纪

亚麻、蚕丝、缂织，12 cm ×
11 cm。1936 年由乔治·休
伊特·迈尔斯购入。美国纺
织博物馆藏，华盛顿特区，
编号：71.59。公共领域图片

图 8-11 缂织物残片，埃
及，5 世纪

亚麻、蚕丝、缂织，14 cm ×
16 cm。1953 年由乔治·休伊
特·迈尔斯购入。美国纺织
博物馆藏，华盛顿特区，编
号：71.131。公共领域图片

头部形象，环绕以水波纹边饰。图 8-11 所示的团窠织入一个侧四分之三视角
的人物，身背篓子，手中倒提着一只鸭，这种乐于表现人物形象的风气一直
延续到欧洲的中世纪。

在欧洲，来自 8 世纪的文献记载了教堂和修道院藏有织入人物形象的缂织物，但这些早期织物未能留存下来。欧洲的风景缂织生产出现在 13—17 世纪，也就是在中世纪、文艺复兴和巴洛克时期达到高峰。欧洲缂织物的经纬线大多为羊毛，但一些高质量的产品也用丝纬，在那段时期，欧洲不仅从中国进口丝，也从近东地区进口，同时意大利、西班牙和法国也会生产一定数量的丝。根据文献记载，含丝的缂织物比纯羊毛的同类产品贵四倍左右，因此成为极其昂贵又能代表社会地位的奢侈品。图 8-12 所示的缂织毯由法国博韦工厂（the Beauvais manufactory）以羊毛和丝织造，展示了 17—18 世纪的中国风趣味，是对中国和其他亚洲图案的奇异解读。这件缂织毯属于"中国皇帝的故事"系列中的一件，其图像的来源包括印刷品，主要取自约翰尼斯·纽霍夫（Johannes Nieuhof，1618—1672 年）于 1665 年出版的带有插图的中国游记。中国风图像的时尚风潮在 1684 年随着耶稣会士自中国返回又一次在法国发展至顶峰。这件缂织毯的设计很少有真正与中国有关的部分，但在当时的欧洲人看来却唤起了他们对异国情调的想象。

图 8-12 "中国皇帝的故事"（*The Story of the Emperor of China*）系列中的《皇帝观礼》（*The Audience of the Emperor*）

约 1685—1690 年由法国博韦工厂设计，1685—1740 年织造。羊毛、蚕丝；缂织，313.7 cm×465.5 cm。J. 伊斯雷·布莱尔夫人（Ms. J. Insley Blair）1948 年捐赠。美国大都会艺术博物馆藏，纽约，编号：48.71。公共领域图片

美洲的缂织

在西半球，缂织技术似乎出现于公元前 1000 年左右的安第斯地区。美国纺织博物馆藏有一件来自查文文化（Chavin culture）的早期织物残片（图8-13），这种文化兴盛于约公元前 900—前 200 年的安第斯北部高地。这件残片由棉线织造，图案包括可能为鸟尾的羽毛纹，羽毛纹色彩为粉色和白色，以浅棕色线描边，地色深棕，米白色地上还织有一枚兽爪纹。查文文化没有文字记载，因此难以确认这件残片的用途和图案的意涵。安第斯织工发展出了高超的缂织技艺，名贵的缂织物可以用来制作 T 形长袍、披风和腰衣。

印加帝国（1438—1533 年）的织造大师生产了世界上最精良的缂织物之一。在被西班牙征服之后，印加织工继续织造高质量织物，但他们引入了新的材料、图案和构图形式，以吸引新的客户。西班牙船只在西班牙殖民地和其他国家间来回穿梭，运输包括丝在内的原材料，以及书籍、印刷品、陶瓷和提花或印花纺织品等可以作为设计资源的商品。1565 年，西班牙人开通了一年一

图 8-13　缂织物残片，秘鲁，查文文化（前 900—前 200 年）

织有兽爪和鸟尾图案的平纹棉织物，33 cm×41.5 cm。匿名人士捐赠。美国纺织博物馆藏，华盛顿特区，编号：1991.41.15。公共领域图片

次从菲律宾至墨西哥的航线，并于此后的两百五十年里一直使用这条航线。这些被称为"马尼拉大帆船"的货船装载上来自中国的大宗商品，尤其是丝绸和瓷器之后，一路向东航行。

纺织博物馆收藏有两件17世纪的缂织物，由中国产的丝和当地的骆驼毛交织而成，融合了中国、欧洲和当地的图案。一幅保存完好的壁挂在其中心位置的图像展示了一则关于鹈鹕的基督教寓言，据说鹈鹕爱护她的孩子，因而啄破前胸以血饲喂（图8-14）。其他图案则受到了中国的影响，包括由孔雀和带有火焰纹的獬豸环绕的牡丹纹。一件相似的残片织有中国式的花鸟纹、南美洲的鹦鹉以及西班牙纹章风格的狮子纹（图8-15）。獬豸纹一类的中国式图案可能源自明代的补子，1644年明朝覆亡之后，很多这类补子被"马尼拉大帆船"运往美洲。

图8-14　桌布或壁挂，秘鲁，南部高地，17世纪下半叶

棉、骆驼毛、丝；搭梭缂织，177 cm×166 cm。1951年由乔治·休伊特·迈尔斯购入。美国纺织博物馆藏，华盛顿特区，编号：91.504。公共领域图片

图 8-15　缂织残片，秘鲁南部高地，17 世纪末
棉、骆驼毛、蚕丝；缂织，168 cm×54.5 cm。乔治·休伊特·迈尔斯于 1941 年购入。美国纺织博物馆藏，华盛顿特区，编号：91.405a。公共领域图片

当代世界的缂织

20 世纪下半叶，古老的缂织技艺发生了极大变革，很大程度上可以归因于在瑞士洛桑举办的一系列国际缂织艺术双年展[The Lausanne International Tapestry Biennials (1962–1995)]。洛桑国际缂织艺术双年展为国际缂织艺术家提供了汇聚一堂、交流技艺以及做出新尝试的平台。几千年来一直是二维表现方式的艺术形式得以向三维空间转型，艺术家们开始探索使用新材料和新技术的可能性。在瑞士举办了三十多年后，这一极具影响力的展览于 2018 年来到中国，被称为"从洛桑到北京"国际纤维艺术双年展（"From Lausanne to Beijing International Fiber Art Biennale"）。该展览由清华大学主办，来自 45 个国家的艺术家参与其中。展览落地北京，使得中国与世界其他各国通过缂织加强了文化与艺术上的交流。

乔恩·埃里克·里斯（Jon Eric Riis）是最早尝试此类新式缂织工艺的美国探索者之一，他通过加入能令当下观众产生共鸣的新形式、新材料、新信息，将缂织艺术推向全新的方向。图 8-16 的作品名为《神使之手》（Hands of the Oracle），由蚕丝、金属线和珍珠织成。这件作品的灵感来自一尊菲律宾圣像，这尊圣露西像手持装有自己双眼的托盘。这件作品展示的是一双从肉体凡胎中解脱的神使（古时候神与人的中介）之手，手上的"全视之眼"象征着居高临下的上帝时刻注视着观众。

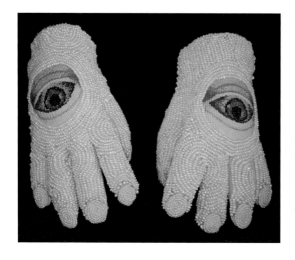

图 8-16 《神使之手》，1999 年，
乔恩·埃里克·里斯
蚕丝，金属线，珍珠；缂织，26 cm×
13 cm。出自杰罗姆和蒂娜·卡普兰
藏品。美国纺织博物馆，华盛顿特
区。编号：2016.14.1a-b。©乔恩·埃
里克·里斯（Jon Eric Riis）

　　缂织是一种跨越了时间与空间，且被人们广泛使用的艺术形式。作为中国
对人类文明最重要贡献之一的蚕丝，一旦与缂织技术相结合，就在技术和审美
上改变了后者的面貌，而全球贸易、旅行、对外征服和外交推动了装饰图案在
世界范围内的传播，从而丰富了设计素材。缂织因而为探究丝绸之路沿途的文
化与艺术交流提供了一个迷人的视角。

参考文献

Allsen, Thomas T. 1997. *Commodity and Exchange in the Mongol Empire: A Cultural History of Islamic Textiles*. Cambridge: Cambridge University Press.

Cammann, Schuyler. 1964. Chinese influence in colonial Peruvian tapestries. *Textile Museum Journal,* Vol. 1, No. 3, pp. 21-34.

Kuhn, Dieter (ed.). 2012. *Chinese Silks*. New Haven: Yale University Press.

Smith, Joanna S. 2013. Tapestries in the Bronze and Early Iron ages of the ancient Near East. In Marie-Louise Nosch, Henriette Koefoed and Eva Andersson Strand (eds.). *Textile Production and Consumption in the Ancient Near East: Archaeology, Epigraphy, Iconography*. Oxford: Oxbox Books, pp. 161-188.

Standen, Edith. A. 1976. The story of the Emperor of China: A Beauvais tapestry series. *Metropolitan Museum Journal,* Vol. 11, pp. 103-117.

Walker, Daniel S. 2006. A Safavid silk kilim. *Hali: Carpet, Textile and Islamic Art.* pp. 87-89.

Wardwell, Anne E. and James C. Y. Watt. 1997. *When Silk Was Gold: Central Asian and Chinese Textiles.* New York: The Metropolitan Museum of Art.

Zhao, Feng. 2020. *Chinese Silk and the Silk Road.* Beijing: Royal Collins Publishing House.

第三部分

丝绸之路沿线织物纹样、设计和图案交流

第 9 章

厄尔布鲁士雪峰上的金凤凰
——北高加索地区中世纪外来动物纹样丝绸

兹韦兹达娜·道蒂（Zvezdana Dode）

存在于人们脑海中的动物符号和形象，可以自由地漫游于它们现实生活中的祖先的真实栖息地以外的地方。这些动物形象和它们的主人游走四方，由于一路上没有人是一成不变的，所以这些想象中的动物形象也发生了许多变化。古代纺织品为我们打开了探索这个奇妙世界的窗口，在纺织品上，人们可以看到玉兔在月宫捣"长生不老药"、珀伽索斯（Pegasus，翼马）来到东方与邪恶力量战斗，以及金色的凤凰在高加索雪峰翱翔。

织工们穿经打纬，将这些场景织成精美纹样，创造出许多写实与想象的形象。在这个世界，各种熟悉或稀奇的植物繁茂生长，真实的动物在那些它们曾做过人类祖先的图腾的地方生活，与神话中的动物比邻而居。当时文化背景下的各种文献资料记录了它们在那个世界观中的位置。精湛的纺织品和文献记录都是个人劳动的结晶，反映了艺术家所处时代的文化和历史。在远离丝绸生产中心的北高加索中世纪古遗址群，人们发现了带有各种动物纹样的丝绸，它们是世界纺织史的宝贵资源，对了解拜占庭、波斯、中国，以及中亚国家的传统，对发展技术与艺术等方面起到了重要作用。

从这些外来纺织品中，人们得以了解中世纪北高加索人的文化，虽然他们本身并没有留下相关文字资料。饰有各种兽类及鸟类的名贵丝绸无疑具有极高的物质价值和社会意义，同时也成为当地人艺术创造的灵感来源。中世纪之后，丝绸上真实或想象的动物的图案融入了当地人的文化之中，并在北高加索实用艺术品和装饰艺术品中得以留存。然而，图像随着时空变化会逐渐失真，甚至会失去原始内涵，但也会被赋予新的意义。我们必须假设，生活在厄尔布鲁山脚下的人们对丝绸上动物纹的看法，与在东方和西方的纺织中心织造丝绸的人们不同。在高加索山区，大象、狮子、孔雀都属于奇珍异兽，塞穆鲁（senmurv）、格力芬（griffin）、龙和凤都是想象出来的动物。但是，动物纹丝绸在北高加索居民的文化中的真正地位只能通过历史背景资料来了解，古代文献与图像成了可靠的事实性证据。接下来，就让我们沿着丝绸之路的种种路线，与纺织品上的珍禽异兽相会。

通往高加索的危险之路

清晨的第一缕阳光升起，各路商队从唐朝京师长安城的城门出发，去往天南地北。成群结队的骆驼驮着华丽的丝绸、精美的瓷器、芬芳的香辛料、稀有的熏香、珍贵的玉石和绢纸，向西去往拜占庭的君士坦丁堡，向东去往朝鲜和日本的海港。

商队跨越茫茫沙漠、河流和千山万壑，从中国行至地中海沿岸，期间朝圣者、艺术家和旅行者不断加入其中。他们有时遇到缺水的难题、遭盗的风险，有时只能被迫露宿在外。并不是每个人都能安然到达旅途的终点。一些商人在沿路集镇把货物卖掉之后就返回。还有一些人卖掉从中国买入的货物以后，还会再补上波斯、中亚的毛织物和棉织物，然后继续前行。带着货物加入商队的本地商贾，也会买下一些进口货物。离产地越远，商品价格就越高。6世纪中叶，君士坦丁堡的波斯丝绸价格堪比黄金。出生于凯撒利亚的拜占庭历史学家普罗科皮斯（Procopius）曾记载过彼得·瓦西纳（Peter Varsina）这个人，此人毫不掩饰地以"不少于6个金币的价格出售重1盎司的任何颜色的丝绸"。当时，1枚拜占庭金币诺米斯玛（nomisma）含有4.5克黄金，6枚诺米斯玛重27克，实际上相当于1拜占庭盎司（27.3克）。由此可见，当时丝绸与黄金是等价的。

当然，对商人来说，即使路上危险重重，甚至还可能失去生命，他们也不会放弃对利润的追求。一个悲剧故事证明了北高加索丝绸之路的存在：莫谢瓦亚·巴尔卡（Moschevaya Balka）墓地出土了本应属于一位远道而来但中途不幸遇难的佛教僧人的佛经残片和丝绸。旅行者们常在北高加索的厄尔布鲁士山脚下驻足休息，这座山的背后就是通往黑海海岸和拜占庭的道路。当地山民控制着山上的路，旅人们用织物、香辛料、玻璃、铜器来换取住宿、食物和健壮的驮畜。北高加索的山民由此获得了大量产自高水平丝织中心的珍贵织物，并以此换取黄金。

这些丝织品色彩多样，光彩夺目，图案精美。动物纹织物上五花八门的鸟兽图案尤其受到外国客人的喜爱。即使有些图案看起来古怪或充满幻想，他们也并不会觉得难以接受。在欧洲，基督教大教堂的内部常会饰以此类华丽的丝绸（图9-1）。德国科隆的教堂宝藏中就藏有整片整片的拜占庭纬锦，其中，圣库尼伯特（St. Kunibert）教堂的纬锦上织有巴赫拉姆五世（Bahram Gur）狩猎的场景，圣塞味利（St. Severin）教堂收藏的波斯丝绸上面饰有雉鸡纹。北高加索地区的墓葬遗址仅出土了此类织物的一些残片，上面饰有鸭、孔雀、狮子、大角羊、翼马、野猪和格力芬形象（图9-2）。高加索的山民把多彩的丝绸缝缀在长袖、衣领、袖口和下摆，以此来装饰自己的亚麻服饰，并在衣片缝缀圆形和方形的丝绸。

图 9-1 科隆圣塞味利教堂内的孔雀纹锦
©约亨·沙尔-赖克特（Jochen Schaal-
Reichert）

图 9-2 莫谢瓦亚·巴尔卡墓地雉鸡纹纺织品残片
编号：N Kz. 6618。©俄罗斯艾尔米塔什博物馆，圣
彼得堡。照片©俄罗斯艾尔米塔什博物馆。摄影：
弗拉基米尔·特雷本宁（Vladimir Terebenin）

象征权力的动物纹样

　　然而，只有当权者才能全身穿丝绸。莫谢瓦亚·巴尔卡墓地出土了一件著名的以纬锦制成的金绿色男性长袍（kaftan），上面饰有狗头鸟身的异兽，该兽一般称为塞穆鲁（simurgh），该纹样体现出了这件衣服与权力之间的联系。不止北高加索，中东地区也只有王室和贵族才能穿有动物纹样的服饰。

　　伊朗西北部的塔克伊·布斯坦（Tak-i Bustan）岩石浮雕上的波斯君主"得胜王"库思老二世（590—628 年在位），以及阿夫拉西亚布宫殿（6—7 世纪）西壁壁画上的一位使节，都身着饰有塞穆鲁图案的长袍。这幅壁画上的三位使节的服饰展示了波斯织物上的多种动物纹样（图 9-3），除了塞穆鲁，还出现了大角山羊、雉鸡、野猪、翼马等图案。其中一位使节手捧翼狮纹锦，这是准备送给撒马尔罕君主的贡礼。在当时的纺织品上得以保留的野兽纹样，与王朝的神话传说密切相关，它们是萨珊王族形象的代表，象征着较高的社会地位，饰有此类纹样的服饰彰显了其所有者政治权利的合法性。这些含义是为文化传统的

图9-3　7世纪大使厅西壁壁画上身着动物纹服饰的石国使节，中间
一位手捧翼狮纹锦

东北亚基金会摄影师上传。图片来源：http://contents.nahf.or.kr/
goguryeo/afrosib/english.html。PD-Art：通过 Upload Wizard 上传的公共
领域（7世纪）二维非创意性照片

承载者们所知的。动物形象的意义虽然发生了改变，但仍然保留了基本的原则。

塞穆鲁

　　塞穆鲁是神话中的动物形象，结合了飞禽与走兽的特征，常用于波斯装饰与实用艺术。在纺织品上，塞穆鲁的形象是一种骇人的有翼生物：犬首、孔雀尾、野猪獠牙（图9-4）。但在古代文献中，塞穆鲁和善可亲、沾溉万物、救世济民，人们视其为仁慈的守护神，象征着幸福快乐。与萨珊钱币上的塞穆鲁形象相似的另一神兽与"farn（神的荣光）"相关，这个词在琐罗亚斯德教中象征着与火相关的神力，它能赐予波斯统治者智慧、好运以及克敌制胜的能力。萨珊王朝时期，装饰在国王（shah）长袍上的塞穆鲁象征着王室权力，它还出现在了其他工艺品上。伊朗世界之外，塞穆鲁脱离了波斯丝绸，融入拜占庭亚美尼亚和格鲁吉亚基督教教堂的建筑风格当中，它的双重隐喻与基督教世界所描绘的人间与天堂相呼应。

图 9-4　带有塞穆鲁纹样的贵族锦袍残片

出土于莫谢瓦亚·巴尔卡墓地。©俄罗斯艾尔米塔什博物馆，圣彼得堡。编号：Kz-6584。照片©俄罗斯艾尔米塔什博物馆。摄影：弗拉基米尔·特雷本宁

大角山羊

在波斯传统中，大角山羊象征着国王的"荣光（farr）"，即王权神授，将王权合法化（图 9-5）。阿尔达希尔一世（Ardashir）是萨珊王朝的缔造者，相传，自当众把一只"巨大而壮硕的公羊"放在马鞍上之后，他便开启了王朝统治。在萨珊艺术中，大角山羊的形象代表了王朝的荣耀。

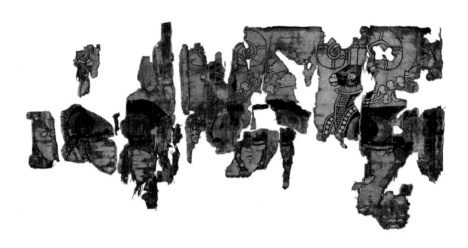

图 9-5　出土于安提诺埃遗址的羊纹丝绸袖子残片，7 世纪初

编号：MT 26812.10.©法国里昂织物博物馆，皮埃尔·维耶（Pierre Verrier）

图9-6　唐联珠翼马纹锦
©中国丝绸博物馆，杭州

翼 马

　　波斯丝绸上的另一标志性图案是翼马（图9-6），该纹样与伊朗颇具传奇色彩的国王凯·科斯罗（Kay Khosrov）有关。这位国王摧毁了在查查斯塔湖（Lake Chaychasta）边为伪神崇拜修建的庙宇，并在原址上建造了阿杜尔·古什纳斯（Adur Gushnasp）圣火祭坛。他将圣火置于战马背上，毁掉了提婆神庙。萨珊织物上的翼马图案极有可能是延续了希腊神话中珀伽索斯的形象，但在波斯人眼中，翼马是他们的传奇国王战胜邪恶的象征。

野猪头

　　波斯纺织品上也常以野猪头作装饰。野猪头代表了无所不能的雅利安（Aryan）神，他带领众人抵御外敌，平定动乱，消除疾病（图9-7）。野猪面相凶恶、牙齿锋利、难以接近且行动敏捷。波斯的韦特朗（Vertrang）是野猪的十大化身之一，他是"战争与胜利之神，美丽、强大、迅猛、无与伦比，是这个世界的保卫者与守护者"。

图9-7　野猪头纹锦
萨珊式丝织物残片，出土自阿斯塔纳墓地。图源：日本情报学研究所（数字丝绸之路项目）东洋文库数字典籍。©日本东洋文库

与动物有关的头衔——"群山之王"

波斯的野兽形象在北高加索地区的文化和政治领域发挥了特殊作用。带有野兽纹样的服饰就相当于"封地凭证"，得到此类服饰的波斯军事领袖往往会被派去戍守北高加索地区的东部，守卫波斯北部边疆，抵御游牧民族的侵扰。962年，波斯历史学家哈姆扎·伊斯法罕尼（Hamza Isfahani）在波斯王朝统治史中记载，库思老一世（Shah Khosrov Anushirvan，501–579）在赐予将领权力和财产的同时，还会赏赐其一件有特定动物纹样的"群山之王"丝袍，并授予将领相应头衔：驼王、狮王、象王、光明骑士王。此类长袍上饰有各种各样的动物，象征着将领对领地的自治管理。"群山之王"丝袍是军事将领的私有财产，代代相传。

北高加索地区统治者的头衔通过衣服上的动物图案得以延续流传，并成为特定封地的名字。通过萨珊动物纹样，"群山之王"的头衔下又多了一些动物形象，它们可以用来装饰狼王（Jurdzhanshah）、虎王（Babranshah）、熊王（Hirsanshah）或野猪王（Varazanshah）的服饰。

残破的美

动物纹锦在北高加索西部地区也有留存，该地区的统治者是拜占庭的盟友

图 9-8　狮纹锦残片
出土于莫谢瓦亚·巴尔卡墓地。©俄罗斯科学考古研究所，莫斯科

（图 9-8）。据拜占庭帝国 6 世纪的官员和历史学家梅南窦护国公（Menander the Protector）记载，569 年，这一地区的统治者萨罗西（Sarosy）接待了从突厥汗国（Türkic Khaghanate）返回的拜占庭大使。在粟特人马尼亚克（Maniakh）的带领下，突厥人与拜占庭大使泽马尔库（Zemarkh）一道，要将突厥大汗狄扎布尔（Dizabul）的礼物——大量丝绸，送给君士坦丁堡皇帝。但是，在这趟旅程即将结束的时候，为圆满完成使命，这些使臣不得不拿出一些丝绸，献给萨罗西。据梅南窦记载，因为拜占庭人更喜欢使用丝绸，所以突厥人计划前往君士坦丁堡与拜占庭人建立良好关系，以便进行丝绸贸易。波斯人企图破坏拜占庭与突厥的联盟，遂设下埋伏。萨罗修斯（Sarosius）将此事告知了这些外交使臣，并指出了一条到黑海沿岸相对安全的路，他们沿着此条路线乘船来到了特拉布宗（Trebizond）。然而，马尼亚克及其同伴"越过高加索山来到拜占庭"之前，略施小计，让十名运输工携部分珍贵丝绸沿设伏的路前行，用以迷惑波斯人，让波斯人以为他们才是队伍的主力。

关于这十人最后的命运、那些珍贵丝绸的去向，以及拜占庭给了萨罗西多少好处，并没有被记载下来。但毫无疑问，萨罗西得到了自己的那份丝绸，并将其中一部分发给了下属人群。因此，在高加索的这一地区，带有王室动物纹

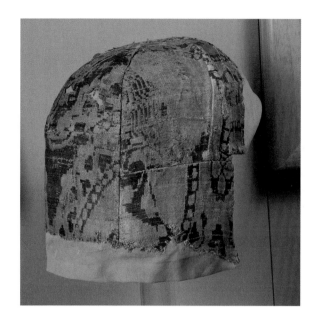

图 9-9 带有塞穆鲁图案的丝绸头饰残片

莫谢瓦亚·巴尔卡墓地出土，俄罗斯艾尔米塔什博物馆，圣彼得堡。编号：Kz. 6739。照片©俄罗斯艾尔米塔什博物馆。摄影：弗拉基米尔·特雷本宁

样的纺织品不再是统治者的专属。除了统治者的长袍，一个女孩的帽子上也发现了塞穆鲁图案（图9-9）。

普通百姓所穿的粗布衣服会缝上鸟兽纹样的丝绸裁片。在长裙胸部的口袋以及长袍的丝绸残片上都发现了雉鸡纹；头饰楔形部分和缝制的环形条带上出现了孔雀纹；袖子的袖口部分出现了象纹（图9-10）；外袍下摆缘边有格力芬纹；丝质小袋上有聚狮纹。其他织物上还可见野猪、大角羊和翼马纹。令人惊讶的是，这些残片上几乎没有完整的图像。雉鸡纹的头部和爪子缺失，只有从另一只鸟身上借用的尾部；象纹只剩下头和部分象鼻；狮子纹反而多了两只眼睛；格力芬缺失头和背部。北高加索山口附近的居民似乎故意破坏了图像的完整性，想要融合丝绸上的动物形象。出现这种情况的原因有可能是当地人对不熟悉的动物不感兴趣，也可能是他们审美水平有限。但实际上，这样的想法是错误的。首领所穿的长袍上有完整的塞穆鲁纹样（图9-11），这说明此类服饰价值极高，而女孩帽子上的塞穆鲁则证实了织物在该地区的分布方式。

首领收到的布料足以做一件完整的衣服，之后，他会将剩下的布料分成小块发给部落成员，这样的分配能够提高他在臣民中的威望。普通人能获得的小

a

b

图9-10a 象纹锦残片

阿贝格基金会藏，CH-3132，里吉斯贝格，编号：Inv.Nr. 2641。©阿贝格基金会。摄影：克里斯托弗·冯·维拉格

图9-10b 象纹锦残片

出土自莫谢瓦亚·巴尔卡墓地。©俄罗斯联邦卡拉恰伊-切尔克斯博物馆，切尔克斯克，编号：9107/286

片纺织品较少，多收集一些之后，才能有效使用这些碎片。人们常常将不同颜色、不同图案的织物碎片拼接在衣服上。然而，像帽子或手包这样的小物件则是用同一种织物的小碎片缝制而成。这些碎片大小不一、形状迥异，人们可能

图 9-11　塞穆鲁纹长袍复原
莫谢瓦亚·巴尔卡墓地出土。绘
图：Z.道蒂（Z. Dode）和艺术
家 O.拉戈迪纳（O. Lagodina）
©Z·道蒂

会认为这些碎片是裁剪一大块布后留下的废料，实际上并非如此，当地人不会浪费任何织物。

这样就产生了一个问题：缝制的时候，为什么要将先前的大片丝绸裁剪成不规则的小片呢？实际上，其意图与做法完全相反，是为了将同一织物的碎片组合到一件物品中去。为了做到这一点，部落成员之间就要用自己所拥有的织物碎片与他人所需的碎片来进行交换，有时能明显感受到为了重新构建完整图案的刻意性。例如，人们会在一块没有鸟爪的面料上拼上一块有鸟爪的面料。一块孔雀纹锦的主人比较幸运，他设法将碎片完美地拼接在一起，构图上几乎看不到瑕疵（图 9-12）。即使不能复原原来的图案，根据图像的逻辑，已有的碎片也能拼合得八九不离十。虽然多出了两只眼睛，但前文所述聚狮纹小袋背面的碎片依然呈现出狮头形态。相较于用各色零碎面料装饰的服饰，用同一种织物碎片拼合成的完整服饰更能提高穿用者的威望。由此看来，人们渴望色彩

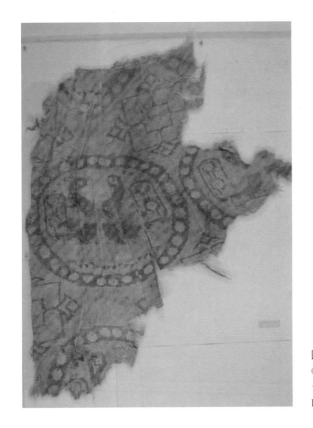

图 9-12　孔雀纹锦残片
©俄罗斯克拉斯诺达尔历史与考古博物馆，克拉斯诺达尔，编号：KM 5241/26

和装饰的和谐统一，这表明中世纪北高加索人审美水平很高，他们并非对陌生的动物不感兴趣。在这一地区，穿色彩过于丰富的衣着等同于品位低下，当地谚语"蠢人才喜欢五颜六色的拼接"足以证明这一点。

工艺品上的动物纹样

纺织品上的奇珍异兽形象（图 9-13）会在不改变其神话内涵的前提下，以新的形式出现在当地工艺品上：木箱外壁上刻着鸟身狗头的动物，皮革钱包上用银线绣着狮身鸟头的动物（图 9-14），此即为北高加索艺术大师眼中的"塞穆鲁"和"格力芬"。工匠们在鞍袱上装饰了站在"生命树"上的美丽孔雀；另一个年轻女孩的葬仪用布则是用金线绣有狐狸和鹰的红色丝质纬锦。

当地的刺绣技艺虽然还不完善，但在很多地方可见将金线与丝线绣在纺织

图 9-13　格力芬纹锦
出土于符拉迪克奥克兹阿拉吉
尔区（Dzivgis）墓葬。©俄罗
斯联邦北奥塞梯-阿兰共和国
国家博物馆，弗拉季高加索

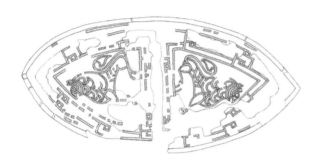

图 9-14　银丝绣格力芬纹皮革
钱包（线稿）
出土于北奥塞梯兹梅伊斯卡亚
（Zmeyskaya）附近村庄，俄罗
斯国家历史博物馆藏，莫斯科。
14号地下墓穴，编号：96299。
绘图©Z.道蒂，绘自玛迪娜·希
特耶娃（Madina Khiteeva）拍摄
的照片。

底料上的针法，这展现了北高加索传统的金线刺绣工艺。绣工会在保留猛禽原
始特征的情况下，将其头部转向不同的方向，并让身体相接触。同一件绣品上
的两只禽鸟样式均有不同：一只体型稍大，一只头有羽冠，羽翼图案也不尽相
同。与大型工艺中心的工匠不同，当地工匠倾向于使用无意识的表达方式，而
前者则在视觉效果和技术规范等方面有着严格的限制。将狐狸图案绣在女孩的
垫衬物上并非出于巧合，狐狸在北高加索民间传说中占有特殊地位，它是女性
的陪伴者和守护神。即使在中世纪早期，狐狸仍然是一种受人尊敬的动物，人
们甚至会在特定的地点举行仪式来埋葬它们。

元朝丝绸上的奇珍异兽

说回开篇提到的那位贴身物品在莫谢瓦亚·巴尔卡墓地被发现的佛教僧人。他是否抵达了高加索山，途中有没有遭遇盗匪，行囊细软是否被劫掠一空，我们不得而知，但当时的商人都很担心自己会在路上遇到抢劫掳掠。令人惊奇的是，13—14世纪的蒙古人仍接连不断地在这一贸易路线购买商品。"从日出之地到日落之处"，他们征服了整片大地，成为丝绸的主要客源，还对纺织品的设计风格产生了影响。对于游牧民族来说，草原以外的丝绸别有风味，同时还可以用来彰显社会地位和名誉声望，因而价值不菲。成吉思汗（1162—1227年）下令保护这条贸易路线，并规定了交易条件，以此确保商人能够安全自由地出入蒙古国。由此，这条横跨亚欧大陆的贸易路线得以复兴，丝绸仍是这条路上的主要商品。

中国的中原地区、中亚以及波斯的各主要纺织中心都会迎合蒙古人的审美趣味，尽管生产的纺织品品类繁多，但唯有用金织物才能反映蒙古人的风格。蒙古人偏爱黄金，那些以黄金装饰的华丽服饰能满足其心理需求。织金锦象征着成吉思汗的"黄金家族"，同时彰显了这位伟大帝王的个人魅力。因此，用金丝绸不仅在价值上与黄金相当，而且在蒙古人的价值体系中也极为重要。

元朝的丝绸装饰图案囊括了世界各地的艺术形象，在很多方面，它综合了中亚、伊朗和中国的传统丝织品的特色。中国丝绸上常见波斯艺术中的图案，同样，伊朗织匠也借鉴了中亚和中国纺织品上的主题纹样。不过，波斯工匠从未忘记将神话中的动物形象融入其中，中国工匠则是将动物人格化，赋予其人的品质：孔雀卓尔不群、猎鹰残酷无情、大雁优游自适、仙鹤高贵威严。

野 兔

即使是同一动物形象，其内涵也因文化而异。比如，在元代，野兔是丝绸上相当常见的设计元素。中国织工将野兔与神话中月宫里的月兔联系起来，后者用钵捣碎灵芝，用来熬制长生不老药。在波斯工匠眼中，自古以来野兔就是好运"farn"的象征，这在伊朗传统文化中很好理解，但异国人却无法产生共鸣。波斯大流士王得知在交战前斯基泰人曾突然追逐一只疾跑的野兔后，竟放弃了与其战斗。希腊历史学家希罗多德（前484—约前425年）对此颇感惊讶。希罗多德认为，在大流士眼里，斯基泰人此举是对波斯人的蔑视，因此才撤出军队。但希罗多德并不理解伊朗大流士王对此事的看法：斯基泰人"抓住了"他们的运气，对于大流士而言，战败结局显而易见。蒙古人将野兔与狩猎联系在一起，对游牧民族而言，狩猎不仅是娱乐，也是一种军事演习。狩猎纹丝绸在蒙古宫廷盛极一时。

金 龙

总体而言，元朝纺织品上的动物图案出自真实或幻想的动物世界。蒙古人偏爱与盛开的金牡丹、金菊花交织在一起的金格力芬、金狮、金龙和金凤凰纹样。

中世纪的西方人看到战无不胜的蒙古人就不寒而栗，但与此同时，他们也为华美的织金织物着迷。对于欧洲人来说，织金织物是一种极受欢迎的礼物，也是抢手的战利品。1380 年，在库利科沃战场上，俄罗斯人击溃马迈可汗（Khan Mamai）的军队后，从蒙古人那里夺取了大量纺织品，因此士兵的妻子也能穿上昂贵的织金提花丝绸制成的服饰。为建立外交关系，蒙古可汗给外国使节赠送了许多珍贵织物。由于元朝纺织品能在市场上自由流通，欧洲各国的高级官员和天主教会的高级神职人员都穿着织有金龙、凤凰，以及其他东方奇珍异兽纹样的丝绸长袍。祭披上的异教生物形象并不会使基督徒牧师烦扰，西里西亚–亚美尼亚大主教约翰的长袍上就装饰了一条三爪蒙古金龙。

在其他动物形象中，蒙古人格外崇敬从中原地区引入的龙（图 9-15）。龙是中国宇宙观中最古老的形象，与麒麟、凤凰和玄武并称四大神兽。中国人将龙视为能掌控雨水的水神，春入云，秋行雨。

据宋代（960—1279 年）龙的"八似"论所述，龙是哺乳类、禽类和两栖类动物的综合体，其头似驼、耳似牛、角似鹿、项似蛇、鳞似鱼、掌似虎、爪似鹰，那双灵动的双眸使其更显神秘。中国宇宙起源神话中有时会对神龙外形做详细描述，并将其形象展现在丝绸上：蛇身，有翼或无翼，角的数量不同（一角为蛟龙，二角为虬龙，无角为螭龙）。传说中，龙各有不同，不仅外形不同，天性和角色也不尽相同。

因此，中国丝绸上之所以会出现各式各样龙的形象，并不是因为艺术设计风格多样，而是由于其在神话传说中形象各异。中国艺术中，龙总是与"火

图 9-15 织金龙纹丝绸

出土于斯塔夫罗波尔地区的德朱赫塔（Dzhukhta）墓地。©俄罗斯北高加索古代史与考古研究所，斯塔夫罗波尔

珠"联系在一起，"火珠"代表了凝聚生命能量的球形光源。龙和火珠象征着雨和闪电，代表了华夏子孙生生不息。皇帝维持国家秩序，维护国家利益，确保国泰民安，臣民们将天子的举止言谈与龙那种能决定人间生命元素的力量紧密联系在一起。因此，能够维持生命力的龙象征了中国的皇权。

龙与上天之间的紧密联系深深吸引着蒙古人，对他们来说，"君权天授"是可汗权力合法性的唯一基础。基于此，蒙古人将龙作为国家的象征，并将其用在可汗宫殿、建筑装饰上面，成为御用象征物，出现在可汗宝座、织物、带板和贵金属制作的碗上。

凤 凰

蒙古人也接受了神鸟凤凰（图 9-16）。论等级，凤凰位居龙后。凤凰的形象于战国时期（前 448—前 221 年）进入中国艺术的世界，象征和平与繁荣，它掌控着天界，代表了光与热。12 世纪，南宋周去非从与他同时期的艺术作品中汲取信息，像形容真实存在的鸟类一样描写凤凰："头特大""其顶之冠常盛水""五色成章"，比孔雀更完美、更漂亮。在中国传统文化中，凤凰既有

图9-16 凤凰纹织金锦
出土于斯塔夫罗波尔地区的德朱赫塔
墓地。©俄罗斯北高加索古代史与考
古研究所，斯塔夫罗波尔

男性（阳）特征又有女性（阴）特征。作为神鸟，凤凰象征着权力和美德，而它自身所代表的光与火又彰显了"阳"的积极力量。在宋代，凤凰代表男性，也代表较高的军事地位。旋襕衫专供地方军事将领穿着，衣身上就有祥云绕凤的图案。长久以来，凤凰也象征着"阴"。不少道家传说都言道，女子若梦见凤凰，便会生下杰出的孩儿。

在宋元时期的艺术作品中，凤凰常常匿起双爪，于高空翱翔，它那长长的、锯齿状的尾羽微微弯曲，冠毛如簇花隆起，颈羽层层，让人想起周去非所说的"滴沥"。中亚和波斯的工艺师几乎不加更改，直接采用了中国人赋予凤凰的形象。

丝绸与石雕

纺织品是艺术交流与借鉴的重要来源，其装饰图案易于转移到木制、金属制以及石制手工艺品的表面上。北高加索地区达吉斯坦共和国库巴奇村

（Kubachi）的石雕，就是上述工艺转换的鲜活印记，令人印象深刻。库巴奇石雕与纺织品装饰风格统一、图案一致，这意味着库巴奇人的文化并非在与世隔绝的环境中发展起来的，而是顺着世界历史的洪流应运而出的。

猫科野兽

库巴奇石雕上，有一种无鬃毛的肉食性猫科野兽的形象，它并非源自当地民间传说或装饰艺术品中的形象，但要比其他任何动物出现的频率都高。猎豹、花豹、狮子、格力芬和鹰是那个时代最受欢迎的图案。它们象征着勇敢、荣誉、责任、忠诚等骑士品质，反映出了贵族阶层崇尚的风气——征战、决斗、狩猎、比武。由此可知，掠食性动物形象与北高加索的尚武精神相一致，所以很容易从丝织品上传播到库巴奇建筑美学领域。

库巴奇房屋门楣上方的掠食性动物石雕与游牧贵族天鹅绒头饰上刺绣的图案（图 9-17）可以验证对上述动物图案的描述。工匠们所用材料与技艺不同，但在动物造型和花卉装饰的细节处理上有明显相似的风格。元代丝绸上还有猫科野兽的面部特写，从纺织品样本中借鉴而来的猫科野兽图案永远定格在了达吉斯坦艺术中。20 世纪的艺术家沿袭了中世纪石雕上的猫科野兽图案，并

a   b

图 9-17a　北高加索达吉斯坦地区库巴奇房屋门楣上方的猫科野兽石雕

图 9-17b　带有猫科野兽纹样的天鹅绒头饰残片

银线贴布绣。出土自斯塔夫罗波尔地区的德朱赫塔墓地。©俄罗斯北高加索古代史与考古研究所，斯塔夫罗波尔

图 9-18 R·阿利哈诺夫（R. Alikhanov），《舞动的野兽》，1969 年

银质雕刻，直径 23 cm，编号：KP-2676，SER-686。©以 P. S. 加姆扎托娃（P. S. Gamzatova）命名的达吉斯坦艺术博物馆，马哈奇卡拉

图 9-19 白铜木雕

M.卡兹马戈莫多夫（M. Gazimagomedov），装饰性镶板，1969 年，18 cm×17.7 cm。编号：KP-3406，D-119。©以 P. S. 加姆扎托娃命名的达吉斯坦艺术博物馆，马哈奇卡拉

将其刻绘在了银版画与白铜木雕上（图 9-18 和图 9-19）。在很长一段时间里，中世纪纺织品都是达吉斯坦工匠的灵感来源。20 世纪上半叶，研究人员来到人迹罕至的达吉斯坦，并在库巴金斯"民间艺术博物馆"看到了 13 世纪的华美织物。

小　结

　　丝绸上的动物形象十分多样。它们从不同的文化传统中来，跨越了时空的限制，融入纺织品并发挥了特殊作用。一些图案的内涵与本土文化接近，易于理解，很容易就被接纳；还有一些难以理解，或失去了原始意义，或无法与当地文化相融，或需要重新思考其内涵。中世纪欧洲贵族徽章上的掠食性动物形象象征着权力和勇气，它们的源头可以追溯至波斯纺织品上的东方皇室动物纹样。对北高加索民族来说，纺织品上的动物形象已经成为装饰应用艺术的灵感来源。北高加索中世纪遗迹发现的丝绸残片就如同帛书中的内容，揭示了当地部落的社会政治结构、贸易文化联系、审美偏好和艺术借鉴。通过丝绸渗入北高加索文化的动物形象及其内涵反映了该地区在世界历史上的地位。

参考文献

Bertels, A. E. 1997. *Hudozhestvennyj obraz v iskusstve Irana IX-XV vekov (Slovo, izobrazhenie)*. Russian Academy of Science (In Russian.)

Bivar, A. D. H. 2006. Sasanian iconography on textiles and seal. *Central Asian Textiles and Their Contexts in the Early Middle Ages*, pp. 9-21.

Dode, Zvezdana. 2010. Kubachi reliefs: A fresh look at ancient stones. *Materials for the Study of Historical and Cultural Heritage of the Northern Caucasus*, Vol. X. Moscow. (In Russian.)

Dode, Zvezdana. 2014. Textile in art: The influence of textile patterns on ornaments in the architecture of medieval Zirikhgeran. *Global Textile Encounters,* pp. 127-140.

Ierusalimskaja, Anna A. 2012. *Moshtcevaya Balka an Unusual Archaeological Site at the North Caucasus Silk Road*. St. Petersburg: The State Hermitage Publishers.

Rak, I. V. 1998. *Mify Drevnego i rannesrednevekovogo Irana (zoroastrizm)*. St. Petersburg: Neva–Letnij Sad. (In Russian.)

Terent'ev-Katanskij, A. P. 2004. *Illyustracii k kitajskomu bestiariyu*. Sankt-Petersburg. (In Russian.)

Trever, K.V. 1937. *Senmurv-Paskudzh Sobaka-Ptica*. Leningrad: Gosudarstvennyj Ermitaž. (In Russian.)

第 10 章

联珠纹——图像的地域性差异

沈莲玉（Yeonok Sim）

不同的宗教以及文化背景下，会形成不同的装饰性图案，在跨文化交流中，这些图案也会得到传播和推广。在丝绸之路沿线流传的纹样中，联珠纹最引人注目。其图案由两层圆圈组成，外圈填充一组连续的圆珠，主题纹样则置于内圈的团窠。联珠纹的起源地可追溯到西亚，尤其是萨珊王朝。联珠纹沿着丝绸之路传遍了欧亚大陆，甚至还到了更远的地方，极大地影响了从 6—9 世纪的纺织制造。从 10 世纪后，联珠纹解体重构，演变出了一系列团花纹。

联珠纹在构图时排列成条带状。多数情况下，上排和下排的缝隙很小，相邻的两圆之间有一个十字宾花。中国纺织史学家赵丰对联珠纹的主题纹样进行了如下阐述："在文化迁移的过程中，鸟纹、兽纹、人物纹逐渐融入其中。这些主题图案或单独出现，或相对呈现，有时候还会有人与动物相结合的画面，精美绝伦。边缘的设计也是一时一式，且因文化而异。"

波斯、粟特等联珠纹发源地很少出土带此类纹样的丝绸文物，而在乌兹别克斯坦、塔吉克斯坦以及其他丝绸之路沿线地区的陵墓壁画的人物服饰上却常见此类纹样。

本章所提到的联珠纹发现地，最西端在埃及的安底诺伊（Antinoë）和高加索东北部的莫谢瓦亚·巴尔卡墓地。中国新疆维吾尔自治区的吐鲁番出土的此类丝绸文物数量最多，其次是位于甘肃敦煌的莫高窟、青海西部的热水和都兰。从 1959 年起，新疆文物考古研究所在阿斯塔纳先后发掘了约 300 座古墓，出土了 100 多件 6—9 世纪的联珠纹丝绸。山西太原的徐显秀墓（约 571 年）的壁画绘有最早的联珠纹服饰形象。

日本是丝绸之路在东方的终点。奈良县的正仓院和法隆寺内完好地保存着 8 世纪的联珠纹丝绸。大阪叡福寺里藏有韩国新罗王朝时期（前 57—935 年）的佛幡，存放佛幡的盒子上面有墨书"从新罗国献上之幡"。刺绣佛幡的团窠内绣有龙首（或兽面，见图 10-1）。朝鲜三国时代的砖瓦上也有类似的图案。新罗首都庆州出土的石雕上，可见 8 世纪的联珠纹（图 10-2）。团窠内的主题

图 10-1　绣有兽面的联珠纹佛幡
7 世纪末至 8 世纪初。日本大阪叡福寺藏。
绘图©沈莲玉

图 10-2　联珠纹石雕

306.5 cm×79.5 cm×40 cm，约 7—9 世纪。韩国国立庆州博物馆藏，庆州。照片©沈莲玉

纹样有生命树、对孔雀等典型的波斯图案。上述种种皆可证明，联珠纹由西向东流传到了朝鲜半岛和日本。

　　本章通过对 6—9 世纪的墓室壁画、绘画、雕刻和残存丝绸实物的分析，探究了丝绸之路沿线国家服饰上的联珠纹，旨在找出在历史上的北高加索、粟特、中国西部和东部，以及日本等地联珠纹的区域性特征。

北高加索

　　黑海沿岸的北高加索地区是丝绸之路沿线的重要站点，这一地区发现的 8—9 世纪的莫谢瓦亚·巴尔卡墓地极负盛名。1900—1901 年，俄罗斯考古学家尼古拉·伊万诺维奇·维谢洛夫斯基（Nikolai Ivanovich Veselovsky）及其团队首先发现了该墓地，从此处出土的 1000 多件文物因而被收藏在了圣彼得堡的艾尔米塔什博物馆（the Hermitage Museum）、尼兹尼·阿希茨基考古博物馆（the Nizhne-Arhyzsky Archaeological Museum）和卡拉恰伊–切尔克斯共和国历史文化与自然博物馆（the State Karachay-Cherkess Historical-Cultural and Natural Museum）。这一地区发现的纬锦有两种联珠纹主题纹样，第一种是对野猪头纹，第二种是塞穆鲁纹。

　　莫谢瓦亚·巴尔卡墓地出土的几件长袍（kaftan）缘边部分饰有联珠对野猪头纹，衣身裁片普遍是亚麻布料，但领口、袖口、侧边开衩及下摆等缘边饰有联珠纹丝绸，后者以深棕色为地，图案区域为浅黄色。图 10-3 是一件用联珠

a

b

图10-3a 长袍
图10-3b 长袍（细节）
约7—9世纪。莫谢瓦亚·巴尔卡墓地出土。俄罗斯艾尔米塔什博物馆藏，圣彼得堡。照片©沈莲玉

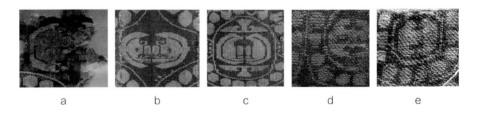

a   b   c   d   e

图10-4 对野猪头纹演变过程
图a与图e出自俄罗斯艾尔米塔什博物馆藏品，图b、图c和图d出自卡拉恰伊-切尔克斯共和国历史文化与自然博物馆藏品。照片©沈莲玉

纹丝绸装饰缘边的亚麻长袍。同样出土于北高加索的另一件长袍现收藏在大都会艺术博物馆，可与这件亚麻长袍对照参看。除了服饰，包袋上也出现了联珠对野猪头纹。有些学者也将对野猪头纹看作是对斧纹。通过分析图10-4，可以看出对野猪头纹逐渐程式化。联珠纹起源于波斯和粟特，对外传播后，经过

b   c

图 10-5a　长袍
图 10-5b　团窠内为塞穆鲁的联珠纹
图 10-5c　纹样复原
约 7 世纪，莫谢瓦亚·巴尔卡墓地出土。俄罗斯艾尔米塔什博
物馆藏，圣彼得堡。照片与绘图©沈莲玉

发展演变，与本土纺织文化相融。联珠对野猪头纹仅存于北高加索，是该地区的特有元素。

　　莫谢瓦亚·巴尔卡墓地出土的另一种联珠纹则包含了塞穆鲁形象（图 10-5）。这件长袍的面料为丝质的纬锦，织物地色蓝绿，纹样部分黄绿色。联珠纹团窠较大，整件长袍自上而下有七行团窠。联珠纹二二正排，有十字形的植物纹宾花，每两个联珠环相连的部分加入一个小联珠环。主窠内织有一只面朝右侧的塞穆鲁，这是一种由鸟兽形象组合成的神兽，头似狗、翼似鹰，尾部与孔雀相仿。塞穆鲁纹样多见于波斯金属器物和雕塑之上，但很少见于纺织品，也未在经过中国的路线上发现。

　　位于伦敦的维多利亚和阿尔伯特博物馆收藏有一件与莫谢瓦亚·巴尔卡墓地出土的丝绸（图 10-5）非常相似的塞穆鲁纹丝绸，其团窠连接处加有小联珠环包围的新月纹。纽约的库珀–休伊特·史密森尼设计博物馆（Cooper-Hewitt Smithsonian Design Museum）也收藏有一件可追溯至 11—12 世纪的塞穆鲁纹纬锦残片。

粟　特

粟特人据说有波斯血统。粟特是古代波斯帝国的一部分，位于今天的乌兹别克斯坦和塔吉克斯坦，是丝绸之路的要道。令人叹为观止的粟特壁画展现了该地区的文化，举世闻名的粟特壁画遗址有阿夫拉西阿卜（Afrasiyab）宫殿遗址（靠近今乌兹别克斯坦的撒马尔罕）、粟特君王拂呼缦（Varxuman）（665—690 年）在撒马尔罕的宫殿、乌兹别克斯坦布哈拉附近的瓦拉赫沙宫殿以及塔吉克斯坦的片吉肯特遗址。

阿夫拉西阿卜宫殿遗址的壁画有着丰富的细节。在阿夫拉西阿卜宫殿遗址的南墙，描绘了一群前往撒马尔罕的使节。从使节的服饰以及马匹、大象和骆驼鞍袱的图案可以发现，联珠纹在这一地区很受欢迎。团窠中的主题纹样十分丰富，主要有野猪头、衔绶孔雀、珀伽索斯、大象和有翼狮等。图 10-6 为阿夫拉西阿卜宫殿西墙上所绘的最后一位使节。他身穿联珠纹服饰，联珠环内为颈饰联珠环的衔绶孔雀，团窠之间的空间填以三叶草纹，在粟特遗址的壁画上，贵族常常手持这种三叶草。

这种孔雀图案可与塔吉克斯坦片吉肯特（Panjakent）地区壁画上的服装图案相对照。此外，中国新疆的阿斯塔纳、哈拉和卓，以及青海的都兰都曾发现

a

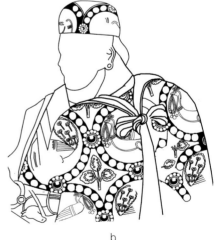

b

图 10-6a　阿夫拉西阿卜宫殿（Afrasiyab）壁画上的大使
图 10-6b　联珠孔雀纹服饰复原
648—651 年。乌兹别克斯坦阿夫拉西阿卜博物馆藏，撒马尔罕。照片和绘图©沈莲玉

图 10-7　纹样线稿
648—651 年。乌兹别克斯坦阿夫拉西阿卜博物馆藏，撒马尔罕。照片和绘图©沈莲玉

过联珠衔绶孔雀纹丝绸残片。这些孔雀常常相对而立，鸟喙衔（或不衔）抽象化的手镯。

　　西墙上展示的是拂呼缦接待外国使节的场景。图中有一支长长的队伍，其中有在大批突厥人护送下，从唐朝时的中国、中亚的恰加尼扬（Chaghaniyan）和当时的赭时（Chach）、朝鲜高句丽远道而来的使团。特别的是，西墙最左边的三位恰加尼扬使节的衣服上描绘了不同的联珠纹设计（图 10-7）。右侧使节袍服上是联珠塞穆鲁纹，但环绕主题纹样的不是联珠环，而是 S 形对波曲线，长袍的下摆缘边饰有颈部饰飘带的大角羊。中间的使节长袍上饰有衔着珠串的鸟，他手捧献物，献物上覆盖有联珠狮纹织物。左边使节所穿的是联珠野猪头纹长袍，纹样呈现出程式化倾向，野猪头的门牙、尖齿、鼻子、舌头以及微笑的眼睛都令人印象深刻。野猪头的朝向在上下行之间左右变化。长袍下摆和侧方缘边饰有团窠翼马纹。众所周知，野猪头纹样源于萨珊王朝，象征琐罗亚斯德教（Zoroastrian）的守护战神乌鲁斯拉格纳（Verethragna）。丝绸之路沿线的石雕、纺织品和刺绣等都可见联珠野猪头纹。

图 10-8a　阿夫拉西阿卜宫壁画中的恰加尼使节
图 10-8b　联珠纹线稿
约 7—8 世纪。俄罗斯艾尔米塔什博物馆藏，圣彼得堡。照片和绘图 ©沈莲玉

塔吉克斯坦片吉肯特壁画

　　片吉肯特壁画遗址是塔吉克斯坦最重要的古代粟特时期壁画之一。壁画上的人物身着长袍，衣领和衣边大多饰有联珠纹，主题图案是程式化的花鸟纹。图 10-8 是其中一幅壁画，描绘了身着联珠纹服饰的粟特与宴者。他们的衣领、袖口和下摆处采用粟特传统联珠纹纹样面料，衣身裁片使用大窠面料，外窠饰联珠，窠内主要纹样为花、鸟。最左边人物的领口和衣缘处是程式化的联珠衔绶鸟纹，鸟喙衔着一条珠串。据研究，阿夫拉西阿卜宫殿、克孜尔石窟和敦煌莫高窟第 158 窟壁画上的服饰上也有一些类似的纹样。此外，青海都兰也发现了许多衔绶鸟纹丝绸残片。根据敦煌藏经洞文献，这样的丝绸被称作"五色鸟锦"，字面意思应该是"多彩的鸟纹锦"。

　　图 10-9 所示的侍女服饰上展现出三种不同类型的联珠纹，其中外衣主体部分的联珠团窠内是一只口衔串珠的孔雀，衣缘联珠窠内的植物纹被认为是忍冬。外衣内搭配的红色服装上有三层大联珠环，联珠的构图和粟特与宴者衣身

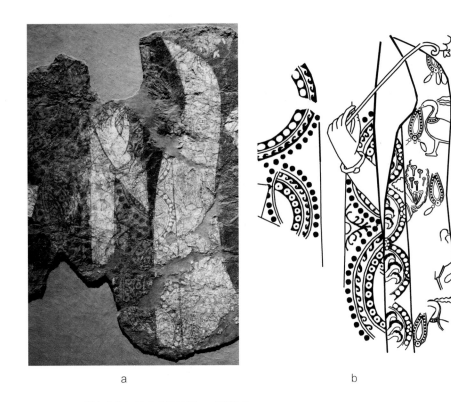

图 10-9a　塔吉克斯坦片吉肯特遗址 16 号壁画
图 10-9b　纹样线稿
8 世纪上半叶，艾尔米塔什博物馆藏，圣彼得堡。照片与绘图©沈莲玉

面料（图 10-8）上的相似。8 世纪的东亚绫织物上也发现了双层或多层联珠环，因此，此类联珠纹被认为是从粟特流传到东亚，后又从东亚传回到粟特的。

克孜尔（Kizil）石窟和敦煌石窟中的壁画

　　龟兹（库车）是历史上丝路北道中心的一个佛教古国，在绿洲诸国里规模较大。克孜尔石窟位于库车以西的木扎尔特河北岸，是一个佛教石窟寺。由石窟寺的建筑样式、壁画主题及表现风格可以推测，克孜尔石窟大约开凿于 3 世纪，9 世纪左右停建。在第 8 窟和第 199 窟中，供养人所穿长袍的衣身和缘边处有联珠纹。相比于面料的地色，联珠纹样的色彩十分鲜明。西方学者将绘有供养人的第 8 窟命名为"十六佩剑者窟"，还有学者认为壁画上的供养人是吐火罗（Tocharian）王室成员（图 10-10）。遗憾的是，联珠窠内的主题纹样已无法辨识。

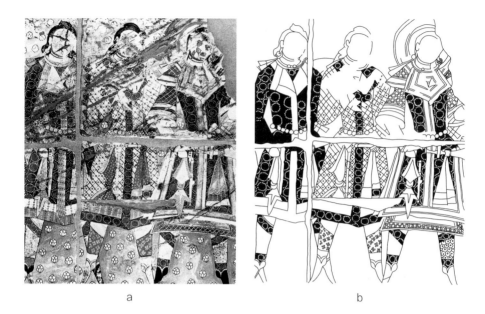

图 10-10a　中国新疆阿克苏库车克孜尔石窟第 8 窟的一组供养人
图 10-10b　纹样线稿

7—8 世纪。亚洲艺术博物馆藏，福冈。图片来源：《中国新疆壁画》第一卷，2009：22。绘图©沈莲玉

　　莫高窟位于中国甘肃省敦煌市，敦煌地处沙漠绿洲，是丝路上的宗教和文化枢纽之一。莫高窟第 420 窟西壁龛内造一尊主佛、二胁侍菩萨相对而立，胁侍菩萨裙上饰有联珠纹，团窠内有两类主题纹样，其一是翼马纹，其二是展现骑士与猎豹相斗的狩猎纹（图 10-11）。

　　丝绸之路沿线出土的文物中，翼马图案十分常见。埃及安底诺伊遗址曾出土过颈部环有绶带的翼马纹丝绸残片。可追溯至唐朝（618—907 年）的丝绸残片上既有程式化的单独翼马纹，也有成对的翼马纹。

　　团窠内的另一纹样是狩猎纹，联珠窠内，骑士骑翼马转身射箭，猎豹或扑向翼马，或紧追不舍，身着翻领长袍的骑士被认为是粟特人。瓦拉赫沙宫殿壁画上也有类似的狩猎场景，画面中的人物骑在象背上，与一只猎豹对峙。狩猎图像在 7—8 世纪时广受欢迎，正仓院和法隆寺的藏品上有很多这样的图案，展示了骑士与狮子或猎豹对抗的画面。

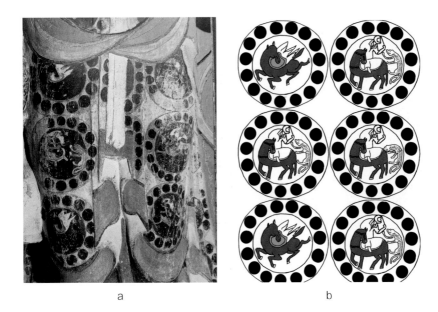

          a   b

图 10-11a　联珠翼马纹和联珠狩猎纹
图 10-11b　纹样线稿
甘肃敦煌莫高窟第 420 窟，隋朝（581—618 年）。图片来源：《敦煌石窟》第 4 卷，
2001：79。绘图©沈莲玉

步辇图中的吐蕃使节

　　《步辇图》由画家阎立本（约 601—673 年）绘，现藏于故宫博物院，描绘的是唐太宗接见吐蕃使者禄东赞时的场景。641 年，吐蕃王松赞干布派遣禄东赞出使唐朝，向文成公主求亲。吐蕃是兴盛于 7—9 世纪的强大王国，其领土范围一度扩张到了东亚、中亚及南亚的部分地区。直到 14 世纪，吐蕃在史料中都有记载。在《步辇图》上，禄东赞身穿联珠立鸟纹袍（图 10-12），团窠中鸟的头部朝向左侧。

　　而在拉萨布达拉宫内的 11 世纪吐蕃王鎏金铜像的翻领上以及鎏金佛像的袖口处都发现了联珠立鸟纹，且与禄东赞锦袍上的图案极为相似。这些绘画和雕像都体现出了中原地区与西部地区之间的文化交流。

a   b

图 10-12a　《步辇图》局部
图 10-12b　纹样线稿
唐代（618—907 年），故宫博物
院藏，北京。图片©故宫博物
院。绘图©沈莲玉

徐显秀墓壁画

　　徐显秀（502—571 年）是北齐（550—577 年）重臣。其墓葬位于山西太原，尽管之前曾遭盗挖，仍出土了 530 多件文物，尤其是墓室壁画保存得十分完好。徐显秀妻子和她三个侍女的服饰及鞍袱上都可见联珠纹。徐夫人袖口上是典型的中国化了的联珠纹，与粟特联珠纹明显不同。其圆珠相对较小，联珠窠内的图案是一朵俯视的莲花，联珠窠间的空间饰以忍冬。徐氏夫妇坐于榻上，侍女侍立于前，着红地黄色联珠纹长裙，披窄袖外衣。左侧侍女裙上的联珠纹图案相对较大，窠内是一株忍冬和两朵向外相对绽放的莲花，联珠环还饰有涡纹。右侧侍女也穿着红地黄色联珠纹长裙，主题纹样很难辨认，但依稀可见三种成对的动物：鸟、凤凰和马。

　　东壁展现的是出行图，侍女手捧各种物件，身着白地红色菩萨联珠纹长裙（图 10-13），上衣袖口与下裙边缘图案一致。西壁鞍袱上的联珠纹与侍女裙上的图案如出一辙。迄今为止，还没有在丝绸上发现过菩萨联珠纹，但在建筑

a   b

图 10-13a　中国山西省
太原市徐贤秀墓壁画中，
一名身着菩萨联珠纹长裙
的侍女
图 10-13b　纹样线稿
6世纪。图片来源：《北
齐徐显秀墓》，2005：38。
绘图©沈莲玉

构件中有所发现：马尔克·奥莱尔·斯坦因爵士在新疆舒尔楚克（明屋）的一块
6—7 世纪的灰泥浮雕饰板上发现了这种图案。北齐时期，粟特人的迁徙与商
贸活动达到了顶峰，一系列城邦随之发展。萨珊联珠纹一度在粟特地区流行起
来，并很快在中国的纺织品和建筑中得到应用。萨珊联珠纹在亚洲地区广泛传
播，同时又融入了具有本土特色的图案，如莲花、菩萨像等，这表明佛教已经
充分融入了这一地区的生活。

正仓院

　　日本正仓院、法隆寺和东京国立博物馆收藏了大量联珠纹纺织品。特别是
正仓院里有很多保存完好的服饰文物，大歌绿绫袍就是其中一件，上面还有墨
书写明"东大寺大歌袍，天平胜宝四年四月九日"，可知是东大寺大佛开眼会
上所用。图 10-14a 是双层联珠对龙纹，双龙相对盘绕着由圆珠连成的柱状物，
柱下有莲花，大歌绿绫袍的面料为平纹地显四枚斜纹花。

a   b

图 10-14a　正仓院大歌绿绫袍

8 世纪。© 正仓院南仓，编号：118

图 10-14b　8 世纪末至 9 世纪联珠纹菱织物

美国大都会艺术博物馆收藏，纽约。绘图 © 沈莲玉

　　丝绸之路沿线发现了大量此类纺织品，其中一件出土于吐鲁番，背面墨书写明它在 771 年产于四川双流。正仓院收藏的另一件锦缎也可与之对照，其在龙首下方织有汉字"吉"。大都会艺术博物馆收藏的绫织物中也有类似的图案，但龙首缺失（图 10-14b）。

小　结

　　本章通过调查从近东至远东丝绸之路沿线的联珠纹丝绸，阐明了该纹样的传播区域十分广阔。联珠纹尽管都有着相同的团窠外廓，但在主题纹样、宾花和联珠外窠上却反映了纺织传统、审美习惯和信仰体系等地域性的特殊要素。东亚联珠纹窠内主题纹样包括龙、兽面、莲花、菩萨像、汉字等。有趣的是，东亚生产的大量联珠纹锦又出口到了中亚地区。联珠纹是探寻丝绸之路文化交流的重要载体。

致　谢

本章最初以韩语写就，衷心感谢金敏吉（Minjee Kim）博士的英文翻译。

参考文献

Ham, Mira. 2017. A study of Xu Xianxiu tomb in the Northern Qi period. Master's thesis, Sookmyung Women's University.

Kim, Hongnam. 2017. An analysis of the early Unified Silla bas-relief of pearl roundel, tree of life, peacocks, and lion from the Gyeongju National Museum, Korea. *The Silk Road,* Vol. 15, pp. 116-133.

Knauer, Elfriede R. 2001. A man's caftan and leggings from the North Caucasus of the eighth to tenth century: A genealogical study. *Metropolitan Museum Journal*, Vol. 36, pp. 125-154.

Ogata, Atsuhiko. 2003. *Shōsōin no aya*. Tokyo: Shibundō. (In Japanese.)

Ōnuma, Sunao, Jinshi Fan, Ken Okada and Yongzeng Liu. 2001. *Tonkō sekkutsu*. Tokyo: Bunka Gakuen Bunka Shuppankyoku. (In Japanese.)

Sim, Yeonok. 2006. *2,000 Years of Korean Textile Design*. Seoul, I.S.A.T Publications. (In Korean.) Xie, Jisheng and Zhu Shuchun. 2018. Remarks on 'Bù Niǎn Tú' scroll. *Palace Museum Journal*, Vol.198, No. 4, pp. 30-54.

谢继胜，朱姝纯，2018. 关于《步辇图》研究的几个问题 [J]. 故宫博物院院刊 (4)：30-54.

赵丰，1999. 织绣珍品 [M]. 香港：艺纱堂/服饰出版社.

赵丰，2005. 中国丝绸通史 [M]. 苏州：苏州大学出版社.

周龙勤，2009. 中国新疆壁画艺术 [M]. 乌鲁木齐：新疆美术摄影出版社.

第 11 章

海上丝绸之路与东南亚的纺织品贸易流通（8—15 世纪）

桑德拉·萨尔佐诺（Sandra Sardjono）

纺织品材质特殊，通过纺织品研究历史的难度很大。近期的考古发掘工作和沉船调查研究很大程度上提高了我们对海上贸易路线的认知，但大部分考古发现都不包括纺织品。纺织品是有机材料，容易腐坏，特别是在气候温暖潮湿的低纬度地区不会留下任何实物痕迹。因此，相比于陆上丝绸之路的纺织品，我们对海上贸易中的纺织品知之甚少。

但也有例外，在一些特殊条件下，海上贸易中的纺织品也能够保存下来。第一种情况是，纺织品由无机材料制成；第二种情况是，在纺织品的埋藏环境中，邻近的金属有盐类化合物溢出而使其发生矿化。印度尼西亚和泰国发现的几种可追溯至公元元年前后的石棉布，就属于前一种情况（Cameron，2015）。这些石棉布由石棉纤维平纹织成，在早期文献中有重要地位，中国作者称之为"火浣布"。火浣布作为一种从罗马东部进口而来的商品，常会被载入公元元年后早期的中国史书。最初，火浣布经由陆路从西域来到中原，到了 5 世纪，也开始通过海上航线运输，负责运送的船只极有可能停泊在爪哇、苏门答腊岛和马来半岛的港口。实际上，东南亚出土的石棉布或许原本就是准备运往中国的。泰国中部的班东塔碧遗址（Ban Don Ta Phet，前 390—前 360 年）也出土了处于不同矿化阶段的织物残片。经鉴定，这些残片含有棉花、大麻、马尼拉麻，或许还有蚕丝纤维。纺织专家和考古学家朱迪思·卡梅隆（Judith Cameron，2010）的结论是，这些织物残片并非泰国本土的产品。

Cameron（2014）还列举了另一个有关纺织贸易或技术转移至东南亚地区的早期证据：越南北部东夏村（前 500—公元 100 年）东山遗址的一座饱水墓葬内出土了一件大型裹尸布，为苎麻纤维平纹织物，与中国南方以及黄河平原的纺织文化有密切关系。越南河南省安沛（Yen Bac）的其他东山遗址也发现了重要的纺织品，其中一件是纱罗织物制成的裹尸布，可能是丝绸。

或许，最令人惊诧的还是南苏门答腊省、苏拉威西岛、巴厘岛和小巽他群岛等印度尼西亚偏远地区保存了许多早期印度织品。这些外来的布料都是世代流传的传家之宝，其所有权象征着家族威望。随着时间的推移，这些纺织品被赋予了神圣的意义，必须出现在一些仪式上。碳-14 测年法推算出印度尼西亚现存的印度纺织品最早可追溯至 13—14 世纪。许多纺织品保存于苏拉威西岛，尤其是中部高地的托拉查（Toraja）地区。这些早期织物产于印度古吉拉特邦，由平纹棉布制成，工匠们借助木版印花，使用防染剂和媒染剂，手工将棉布染成鲜明的红色和蓝色（图 11-1）。根据卡伦伯格的研究（Kahlenberg，2003），有见证人描述这些家传织物被放置在木箱或篮子里，悬挂于托拉查贵族祖屋的炉子上方。这样的做法与当地的传统观念有关，即托拉查人将屋顶之上的巨大空间视为祖先灵魂的栖身之处。

图 11-1　花叶纹织物，印度古吉拉特邦
发现于印度尼西亚苏拉威西，14—15 世纪。棉质，用防染剂和红、蓝媒染剂以木版印花方式制作。
美国大都会艺术博物馆藏，纽约，编号：2005.407

　　除了上述特例，东南亚地区普遍缺乏近代以前的纺织品实例。为了验明这一时期通过海上贸易传入东南亚的纺织品类型，我们须将目光投向在东南亚大陆和岛屿上有幸得以保存的石头和金属，因为大量纺织品的样式和图案被刻在了上面。至于大陆地区，吉莉安·格林（Gillian Green，2007）和伊曼纽尔·吉勇（Emmanuel Guillon，2004）曾指出，柬埔寨和缅甸寺庙中发现的一些图案可以形象地表明进口到东南亚的纺织品种类。本章对他们的研究工作进行补充，并将重点放在东南亚岛国，尤其是 8—15 世纪爪哇和苏门答腊岛的印度教–佛教王国中丰富的物质文化。印度尼西亚寺庙浮雕和雕像上的图案，可与柬埔寨和缅甸的雕像、浮雕以及陆上丝绸之路中的纺织品上的纹样相对照。比较后发现，东南亚地区的出口纺织品具有一些共同特征，以及陆上与海上丝路之间的联系。在印度尼西亚，海上丝绸之路又被称作香辛料之路，正说明东南亚群岛是香料的重要产区。

各种各样的团窠纹

　　塞乌寺（Candi Sewu）是一座位于中爪哇省的 8 世纪佛教寺庙，其外墙浮雕的图案与丝绸之路上的纺织品（图 11-2）纹样极为相似。长久以来，学者们都对此饶有兴趣。塞乌寺外墙浮雕的每个面板上有 24 个团窠，排成 8 行，团窠内刻有花卉、鹿或者狮子图案，团窠之间的空隙处填以四瓣花。浮雕的整体样式、团窠的排列方式，以及面板的尺寸大小（约 285 cm×110 cm）不禁让人想起了保存在欧洲教堂宝库的一组 9 世纪的大型挂饰（图 11-3）。桑德拉

a

b

图 11-2a　带有圆形图案的浮雕
中爪哇省塞乌寺，8 世纪。©桑德拉·萨尔佐诺
图 11-2b　浮雕细节
©桑德拉·萨尔佐诺

图 11-3　斜纹纬锦的数字重建
比利时圣兰伯特大教堂宝库藏，列日。©桑德
拉·萨尔左诺。原件图源：Mackie（2015），第 62
页，图 2.24

（2017）认为，塞乌寺浮雕因将动物和花卉这两种图案结合在一起而独具特色，并且浮雕的每种样式都能对应上已知的不同纺织品类型。

塞乌寺浮雕上的第一种图案是团窠狮子纹和团窠鹿纹，外窠用类似珍珠的小圆做点缀。联珠动物图案起源于前伊斯兰时期的波斯帝国——萨珊王朝（224—651 年）。饰有此类图案的珍贵丝绸由宫廷贵族和富裕阶层保有，在萨珊王朝覆灭后的几个世纪里，丝绸之路沿线各纺织中心仍然生产这样的丝绸（图 11-4）。联珠纹织物对粟特尤为重要。粟特是中亚地区一个松散的部落联盟，其风俗传统深受萨珊王朝的影响。粟特人是联珠纹纺织品的大主顾，且大部分此类纺织品都是用斜纹纬锦技术织造的丝绸。到了 7 世纪末，中国的纺织作坊也开始仿效中亚，生产联珠纹纺织品。

塞乌寺团窠浮雕上的第二种图案是瓣窠纹。该图案源于中国 8 世纪的宝花纹，在约 8 世纪中叶的盛唐时最为流行（图 11-5）。团窠的中心是俯视角的莲花，四周为侧视角的小花。团窠间的空隙填以向四面伸展的叶子或花卉纹。宝花纹织物主要供给中国市场。日本正仓院收藏有一些宝花纹织物，在日本，宝

图 11-4　联珠对鸭纹儿童外套，可能出自粟特（今乌兹别克斯坦）

8—9 世纪。丝质，斜纹纬锦。美国克利夫兰艺术博物馆藏，克利夫兰市，购自 J. H. 韦德基金会，编号：1996.2.1。知识共享

图 11-5　宝花纹织物

8 世纪末—9 世纪初，中国唐代（618—907 年）。丝质，斜纹纬锦。美国芝加
哥艺术学院藏，芝加哥，编号：1998.3。公共领域图片

花纹被称为 "karahana"，意为 "唐花"。塞乌寺浮雕上的瓣窠外窠形似一朵莲
花。莲花、鹿、狮子是三种传统佛教象征，因而适合寺庙的装饰语境。从塞乌
寺浮雕的组合图案可以看出，爪哇艺术家熟悉中国和中亚地区各种形式的联珠
纹以及唐代的宝花纹。由此看来，饰有此类纹样的纺织品很可能是塞乌寺浮雕
的灵感来源。

中爪哇省的另一座 8 世纪佛寺曼都寺（Candi Mendu）内，可见变体联珠
团花，即上述宝花纹的前身。该图案雕刻于寺内大佛的中间底座上（图 11-6），
团窠内饰一朵绽放的大莲花，外饰三层圆环：外圈和内圈都是实线，中间夹着
一圈椭圆圆珠，即联珠环。婆罗浮屠寺（Candi Borobudur）同样位于中爪哇省，
是一座著名的 8 世纪佛塔。塔内几组叙事浮雕上，也可见用于装饰主要雕像底
座的团花纹。此外，中爪哇省 8—9 世纪寺庙的建筑装饰上也可见此类图案。

8 世纪，团窠纹首次出现在爪哇的佛寺内，与此同时，丝绸之路沿线许多
佛教场所的绘画、雕塑以及陆上丝绸之路沿线出土的纺织品残片上也都出现了
此类图案。坦森·森（Tansen Sen，2003）认为，2000 多年来，佛教一直都是

图 11-6　8 世纪中期爪哇省曼都寺内饰有团花图案的佛像底座
©桑德拉·萨尔佐诺

促进贸易发展的主要动力。贵重物品流通的关键因素在于以下两点：一是佛教仪式需要使用精心制作的法器，二是佛教认为，人们可以通过供奉供品积功累德。从 4 世纪到唐代末年（10 世纪初），粟特商人都是陆上丝绸之路的商栈管理者，他们掌控陆上丝路货物运输的同时，也参与到海上丝路中来。粟特人之间的往来信件证实了他们曾在中国新疆、印度西部和东南亚地区活动。因此，极有可能是粟特商人将中国和中亚的纺织品带入了爪哇。

　　直到 13 世纪，爪哇依然流行在石质和金属上表现纺织品的团窠纹。有一幅有趣的图像或许能证明印度出口纺织品的存在。这一图像位于中爪哇省的建于 9 世纪的普兰巴南（Loro Jongrang）寺庙群，属于湿婆寺（Candi Siwa）叙事浮雕《罗摩衍那》（Ramayana）的一部分。在其中一个场景中，神女双膝跪地，她包裹着裙布，裙布后部张开。裙布上的图案是紧密排列的团窠，织物边缘处排列有小三角形（图 11-7）。古爪哇语以 "tumpal" 表示边缘，现在这个词最常见的含义是印度尼西亚各种艺术品上用作装饰的细长三角形。东南亚的纺织品缘边，以及印度向印度尼西亚出口的布料缘边，常会设计一排排这样的大三角形。但最重要的还是，中国的纺织品上并没有此类装饰纹样。图 11-8 是采

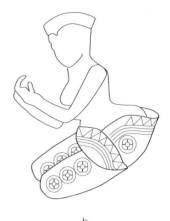

图 11-7a　饰有团窠花卉纹的跪地神女
图 11-7b　纹样线稿
中爪哇普兰巴南湿婆神庙，9 世纪。©桑德拉·萨尔佐诺

图 11-8　帕托拉
丝质，经纬扎染绨织
物，19 世纪。©克里
斯托弗·白克利

用经纬扎染工艺织造的印度伊卡丝绸帕托拉（patola），帕托拉产自古吉拉特邦，后出口到印度尼西亚。这种布料在印尼极为尊贵，常被视作圣物。

在 13 世纪的东爪哇，一些石雕神像的服饰上出现了一种新式的有多层外窠的团窠。在这些雕像中，新柯沙里陵寺（Candi Singosari）的般若菩萨像最为著名，其裙布上的图案（图 11-9）与上述帕托拉丝绸的图案相似，也与后来爪哇人复制的一种多瓣花卉纹（jelamparang）相似。圣彼得堡艾尔米塔什博

图 11-9　般若菩萨裙布，东爪
哇新柯沙里神庙，1300 年
印度尼西亚国家博物馆藏，雅加
达，编号：1403/XI 1587
©桑德拉·萨尔佐诺

图 11-10　文殊菩萨裙布
东爪哇省，13 世纪。©俄罗斯艾尔米塔什博物馆，圣彼得堡。摄影©康斯坦丁·辛尼亚夫斯基
（Konstanin Sinyavsky）

物馆里的文殊菩萨像（图 11-10）鲜为人知，但该雕像上也饰有团窠纹，圆形的中心是涡卷叶纹或象纹、鹿状纹和摩羯纹等动物纹样，这些动物的背部或尾部与卷曲的树叶和云朵融为一体，以填充背景。

　　拉达克（Ladakh）在历史上曾是中国西藏西部的一部分，此处的阿基寺三层大殿（Sumtsek Temple of Alchi）天花彩画上的纺织纹样图案，可以和文殊菩萨裙布上的图案对照。图 11-11 是该彩画的一部分，团窠内各有一只凤凰或似鹿的动物。团窠的外窠形状、动物形态以及用来填充背景的叶片或云朵都与文殊菩萨裙布上的图案如出一辙。据罗杰·戈培尔（Roger Goepper, 1995）所述，三层大殿壁画绘于 13 世纪，画上体现出了多样的纺织工艺，其中包括防染染色、刺绣和织锦，这些技术在当时的克什米尔及其周边地区已投入使用。戈培尔还解释道，如果纺织品的横向色带能够体现出纬线的色彩变化，就说明

图 11-11　拉达克阿基寺三层大殿天花彩画，
13 世纪
供图：©亚罗斯拉夫·蓬卡尔（Jaroslav Poncar）

其为织物而非染色布料。文殊菩萨裙布上的图案促使人们开始猜测雕刻家意图表现的纺织技术（如果有的话），但他们也没能得到确切的答案。与塞乌寺浮雕一样，文殊菩萨裙布上的图案结合了许多元素，这些元素都属于跨越多种媒介的共享性装饰语言。这一时期描绘的动物都有着相似的动态，建筑装饰上也普遍出现了叶片或云朵。然而，通过与三层大殿的天花彩画对比，我们可以发现文殊菩萨裙布的图案可能直接或间接地参考了 13 世纪流通于爪哇地区的纺织品设计。

圆点与圆圈

在出土的古代爪哇纺织品中，点簇与圆圈的组合最为常见。我们发现，这种图案常见于 9—12 世纪的小型金属雕像上（图 11-12）。这些简单的几何图形之所以风靡一时，主要有以下两个原因。一方面，它易于装饰在金属表面。雕像本身是用失蜡法铸成，但往往在最后一道工序上才会雕刻圆点和圆圈图案，而这一步只需一个圆形錾刻工具和一把锤子就能实现。另一方面，爪哇艺术家十分了解纺织品防染印花工艺，因而该图案得以频繁出现。历史上，古吉拉特邦的防染印花面料最负盛名，上文曾提到，该地区与印度尼西亚有着密切的贸易联系。印度现存最早的纺织品中，就有采用防染工艺制成的棉质平纹蓝印花织物。在挖掘埃及古城贝勒尼基（Berenike）一处古希腊、古罗马时期的填埋区时，人们发现了许多纺织品残片，其中一片上面就带有白色点簇图案。这些残片的历史可以追溯到4—5世纪，据信出自古吉拉特邦（Wild and Wild，2018）。而印度本土并没有保存如此古老的纺织品实物。然而，一些10—11世纪的印度雕像刻画了相似的图案，以簇状点和圆模仿花卉纹。埃及出土的一些年代稍晚的古吉拉特邦防染棉质织品残片上也饰有圆点（Barnes，1997）。此外，我们在陆上丝绸之路沿线发现的许多现存棉质、丝质纺织品残片上，都带有此类图案。壁画和雕塑也会画上有白色点簇图案的纺织品，这表明防染工艺在丝绸之路沿线极为流行。图11-13是阿斯塔纳墓群出土的可追溯至499—640年或更早的木俑，其裙子上的图案就是一个例证。

图11-12　中爪哇青铜观世音菩萨像，9世纪
美国克利夫兰艺术博物馆藏，克利夫兰，编号：1989.354

图11-13　高昌王国（499—640年）
木制彩绘男俑，阿斯塔纳出土
大英博物馆藏，伦敦，编号：1928，1022.102。©大英博物馆托管会

散点式花卉纹

　　古代爪哇的纺织品图案中，花卉纹所占的比例也很大。多数情况下，花瓣呈锥形或圆形，瓣数在4到8不等。一般的花卉形状不可能与特定类型的纺织品产生联系，但有些花卉图案具有的特征可以使研究者对该织物与已知的同时期纺织品进行合理比较。第一个例子是湿婆寺内湿婆神像下部装饰的图案。湿婆寺位于中爪哇，是建于9世纪的普兰巴南（Prambanan）寺庙群中最大的建筑。大于真人的湿婆神像立于殿内，身着华丽织物并佩戴珍贵珠宝，他长长的裙布上就饰有散点式花卉纹。盛开的花朵位于中心，周围是四片呈三角形的小叶片（图11-14）。图案的整体形状是四瓣花，类似于在陆上丝绸之路沿线发现的织品纹样，且与中国夹缬丝绸（图11-15）图案尤其相像。爪哇雕像上的另外两种特殊的花卉图案似乎也与丝路织物有关，一种花瓣交错排列，笔触纤细（图11-16、图11-17），另一种花瓣则呈钩状（图11-18、图11-19）。

图11-14　饰有花卉图案的湿婆裙布
9世纪。中爪哇普兰巴南寺庙群的湿婆神庙。©桑德拉·萨尔佐诺

图 11-15 夹缬花卉纹绢数字修复

8世纪，出土于敦煌莫高窟第17窟。借自斯坦因纺织品藏品，编号：544。英国维多利亚和阿尔伯特博物馆藏，伦敦。借自印度政府和印度考古调查局。©桑德拉·萨尔佐诺

图 11-16 中爪哇塔拉（Tara）青铜像

8—9世纪。数字文件名：07d104586。照片©美国密歇根大学董事会艺术史系视觉资源馆藏，密歇根

图 11-17 绛纱地柿蒂纹蜡缬

新疆吐鲁番阿斯塔纳出土。原图©赵丰，2005：231.绘图©桑德拉·萨尔佐诺

图 11-18　中爪哇毗湿奴（Vishnu）
像

9 世纪下半叶。鎏金银像，高 18.8
cm。©印度尼西亚国家博物馆藏，
雅加达，编号：486

图 11-19　团花纹灰缬平纹绢

©中国丝绸博物馆，杭州，编号：1117

a

b

图 11-20a　东爪哇新柯沙里寺庙内的摩诃迦
罗像

图 11-20b　裙布图案细节

13 世纪晚期。荷兰国立世界文化博物馆藏，莱
顿，编号：1403-1623。©桑德拉·萨尔佐诺

球路纹

13 世纪末，爪哇雕像的织物形象上不再出现团窠纹。与此同时，一种新的图案逐渐开始流行。新的图案依旧是基于圆形的几何排列，不过这次是球路纹。这种图案最早出现在信诃沙里王国（Singhasari，1222—1292 年）时期的传世石雕上。印度尼西亚东爪哇省的新柯沙里寺（Candi Singosari）约建于1292 年，是一座印度教–佛教寺庙，寺庙中的摩诃迦罗（Mahakala）和南迪斯瓦拉（Nandisvara）两座护法神像（图 11-20、图 11-21）就有球路纹的典型例证。这些精美绝伦的雕像装饰着图案各异的裙布，摩诃迦罗神像上的球路纹巨大且醒目，圆的中心是一朵小花，四周环绕着新月和叶片，重叠的区域形成了一个尖尖的梭形，也可以说是叶片形，沿中轴画出的线使其形状更加明显。

图 11-21　东爪哇新柯沙里寺中的南迪斯瓦拉雕像

13 世纪晚期。荷兰国立世界文化博物馆藏，莱顿，编号：1403-1624。©桑德拉·萨尔佐诺

从视觉效果来看，这个图案并不像是重叠的圆圈，反而可以看作是并列的圆圈或一组组四片的"叶片"。摩诃迦罗腰带上的装饰也是球路纹，但有些小的变化。南迪斯瓦拉神像的裙布上则出现了另一种十分罕见的球路纹变体，圆与圆重叠后形成了两个不同的中心，二者虽然差异很小，但又不同：一种以较小的菱形为中心，图案呈阶梯状排列的菱形；另一种是以小圆圈为中心，整体图案呈四瓣花的形状。中心的变化使得整体构图产生出一种动态。

作为纺织品纹样，球路纹不仅出现于印度尼西亚，在柬埔寨和缅甸也被发现。柬埔寨12—13世纪建造的吴哥窟、圣剑寺和巴戎寺等庙宇内，就出现了此类图案，它们被用来装饰石仿木结构的门、窗框以及窗棂（图11-22）。皮埃尔·皮夏尔（Pierre Pichard）在其开创性作品《蒲甘城遗迹名录》[*Inventory of Monuments at Pagan (1995)*]中写道，缅甸蒲甘城12世纪佛教寺庙的天花彩画上绘有与球路纹相似的图案（图11-23）。吉莉安·格林（Gillian Green，2007）

a　　　　　　　　　　　　　　　　　　b

图11-22a　柬埔寨暹粒（Siem Reap）巴戎寺的球路纹浮雕，12世纪末或13世纪初
图11-22b　球路纹浮雕细节
©桑德拉·萨尔佐诺

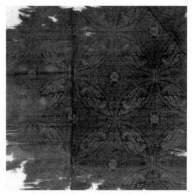

图 11-23　球路纹天花彩画
出土自缅甸蒲甘 1375 号遗址，13 世纪。图片来源：
Pichard（1995），图 1375I，第 314 页

图 11-24　球路纹暗花绫
辽代（10 世纪末—1120 年）。©中国丝
绸博物馆，杭州，编号：3420

认为，柬埔寨寺庙中的图案描绘的是从中国进口的纺织品纹样。她提出，这种图案之所以能在吴哥王朝时期（802—1431 年）传入高棉宫廷，可能是来自中国皇帝的礼物，也可能是通过国际贸易从中国、印度和爪哇进口的奢侈品。在中国，球路纹十分流行，并用于各种材质，因其与中国的铜钱相似，所以也称古钱纹。在 8 世纪该纹样就用于装饰丝绸。日本正仓院藏有早期球路纹织物，这些织物使用不同工艺，其中既有织造松散的平纹夹缬织物，也有复杂的纬显花织物（见第 10 章）。有许多辽代（907—1125 年）球路纹织物保存至今（图 11-24）。中国北宋时期和东南亚地区的陶瓷与其他陶器上也可见球路纹，这些器物都可以追溯至 12—14 世纪。

　　满者伯夷王朝（Majapahit Dynast）统治时期（1293—1527 年），几乎所有的爪哇纺织品纹样都是从球路纹演变而来的，但那时的图案形式已有所简化。约翰·居伊（John Guy，1998）指出，满者伯夷时代的球路纹与埃及出土的一种印度纺织品纹样（图 11-25）极为相似，二者很有可能出自同一时期。在外喜马拉雅山（Trans-Himalaya）的西部（历史上曾为西藏西部）一些寺庙的天花彩画上也能找到球路纹的例子，如 12 世纪早期的那科寺（Nako temple）、卡兰塔里（Kalantari，2016）提及的喜马偕尔邦寺（Himachal Pradesh）以及卡兰塔里和杰布（Kalantari & Gyalpo，2011）论述过的 13 世纪的东嘎石窟寺（Dungkar cave

图 11-25　印度古吉拉特邦球路纹织物残片

埃及出土，10 世纪下半叶至 15 世纪上半叶。棉质，防染与媒染木版印花。©英国牛津大学阿什莫林博物馆，牛津，编号：EA1990.1102。

图 11-26　球路纹天花彩画

发现自外喜马拉雅（历史上曾为西藏西部）东嘎石窟寺，约 1200 年。©克里斯蒂亚娜·亚历山德拉·卡兰塔里（Christiane Alexandra Kalantari）

temple）和札达寺（Tsamda），这些寺庙所绘球路纹同样也采用了蓝色、红色和深棕色的典型色彩搭配（图 11-26）。

小　结

　　东南亚在早期海上贸易中留存下来的纺织品很少，但这一地区的许多艺术品上都描绘了前现代以前的织物和织物纹样。只研究每一种图案本身难以得出结论，但广泛调查以后就会发现，东南亚地区的图案与在埃及和丝绸之路沿线出土的织物纹样之间有确切的联系。在 8—14 世纪，爪哇描绘了许多种类的纺织品，而非单个织物上的图案。例如，在塞乌寺浮雕上，爪哇艺术家将不同织物的图案元素结合在一起，极具创造力。至于点簇和球路纹等相对简单的图案，（如果可能的话）我们很难判断它们是来自印度棉布还是中国丝绸，因为这两种图案在中国和印度的传统纺织品中都有存在。最后，球路纹在印度尼西亚、柬埔寨和缅甸同时出现，说明带有此类图案的中国丝绸和印度棉布流通范围极为广泛。尽管没有发现确切的联系，但是图像的集中发现和其风格的变化都证实了海上丝路存在活跃的纺织品贸易，也证实了在这些地区和人们熟知的陆上丝路都有此类纺织品贸易。

参考文献

Barnes, Ruth. 1997. From India to Egypt: The Newberry Collection and the Indian Ocean trade textiles. In Salim, Muhammad Abbas Muhammad. *Islamische Textilkunst Des Mittelalters: Aktuelle Probleme*, Vol. V. Bern, Riggisberg: Abegg-Stiftung, pp. 79-92.

Bautze-Picron, Claudine. 2010. *Textiles from Bengal in Pagan (Myanmar) from Late Eleventh Century and Onwards*. Hal-00688718v1.

Cameron, Judith. 2010. The archaeological textiles from Ban Don Ta Phet in broader perspective. In Bérénice Bellina, Elisabeth Bacus, Oliver Pryce and Jan Wisseman-Christie (eds.). *50 Years of Archaeology in Southeast Asia: Essays in Honour of Ian Glover*. Bangkok: River Books. pp. 141-152.

Cameron, Judith. 2014. The Dong Xa Shroud. *North American Archaeologist*, Vol. 35, No. 4, pp. 405-18.

Cameron, Judith, Augustijanto Indradiaja and Pierre-Yves Manguin. 2015. Asbestos textiles from Batujaya (West Java, Indonesia): Further evidence for early long-distance interaction between the Roman Orient, Southern Asia and island Southeast Asia. *Bulletin de l'Ecole française d'Extrême-Orient*, Vol. 101, No. 1, pp. 159-176.

Deshpande, O. P. 2016. *Pamiatniki Istkusstva Lugo: Vostochnoi Azii, Katalog Kollektsii* [Works of Art from Southeast Asia: Catalogue of the Hermitage Collection]. Saint Petersburg: Izdatel'stvo Gosudarstvennogo Ėrmitazha. (In Russian)

Goepper, Roger. 1995. Dressing the temple: Textile representations in the frescoes at Alchi. *Asian Art,* The Second Hali Annual. London: Worldwide Hali Publications, pp. 100-117.

Green, Gillian. 2007. Angkor vogue: Sculpted evidence of imported luxury textiles in the courts of kings and temples. *Journal of the Economic and Social History of the Orient*, Vol. 50, No. 4, pp. 424-451.

Guillon, Emmanuel. 2004. The representations of textiles in Cham sculptures. In Jane Puranananda. (ed.). *Through the Thread of Time, Southeast Asian Textiles*. Bangkok: James H W Thompson Foundation / River Books, pp. 134-151.

Guy, John. 1998. *Woven Cargoes: Indian Textiles in the East*. Singapore: Thames and Hudson.

Kahlenberg, Mary Hunt. 2003. The possessions of the ancestors. *HALI*, Vol. 131, pp. 82-87.

Kalantari, Christiane. 2016. For merit and meditation: Form and meaning of ceiling paintings at Nako. *NAKO: Research and Conservation in the Western Himalayas*. Vienna: Böhlau Verlag GmbH & Co, pp. 156-183.

Kalantari, Christiane and Gyalpo Tsering. 2011. On ornament, textiles and baldachins depicted on the ceilings of Buddhist cave temples in Khartse Valley, Western Tibet. Form, function and meaning. *Kunstgeschichte*.

Mackie, Louise W. 2015. *Symbols of Power: Luxury Textiles from Islamic Lands, 7th—21st Century*. New Haven/London: Yale University Press/Cleveland Museum of Art.

Pichard, P. 1995. *Inventory of Monuments at Pagan. Monuments 1137—1439*. Vol. 5, pp. 94-95.

Sardjono, Sandra. 2017. Tracing patterns of textiles in ancient Java (8th–15th century). Ph.D. thesis, University of California, Berkeley.

Sen, Tansen. 2003. *Buddhism, Diplomacy, and Trade: The Realignment of Sino-Indian Relations, 600–1400* (Asian Interactions and Comparisons). Honolulu: University of Hawaii Press.

Wild, Felicity and John Peter Wild. 2018. Textile contrasts at Berenike. In Jean-Pierre Brun, Thomas Faucher, Bérangère Redon and Steven Sidebotham (eds.). *The Eastern Desert of Egypt during the Greco-Roman Period: Archaeological Reports*. Paris: Collège de France.

Woodward, Hiram. A. 1977. Chinese silk depicted at Candi Sewu. In Karl L. Hutterer (ed.). *Economic Exchange and Social Interaction in Southeast Asia: Perspectives from Prehistory, History, and Ethnography* (Michigan Papers on South and Southeast Asia), pp. 233-244.

赵丰. 中国丝绸通史[M]. 苏州：苏州大学出版社，2005.

第 12 章

丝绸之路上跨文化传播的动物组合纹样

阿尔蒂·卡夫拉（Aarti Kawlra）、苏拉吉特·萨卡尔（Surajit Sarkar）

印度次大陆在丝绸之路世界的地位

17 世纪早期，英国、荷兰和后来法国的贸易公司相继进入印度开展贸易活动。因此，印度作为当时跨区域纺织品贸易的网络枢纽，在全球史料中有详细记载。相比之下，1—11 世纪的印花纺织品尤其是丝绸的流通和相关文化交流情况，却鲜少受到关注。近 50 年里，关于陆上和海上丝绸之路的研究和展览无疑开辟了跨区域对话交流的新途径，然而，正如艺术史学家安琪拉·盛（Angela Sheng）所言，"在这些历史记载中，纺织品并未得到详细研究"，而本书恰好弥补了纺织类文献的缺口。本章将探讨丝绸之路纺织品中的具体纹样，从印度次大陆的位置优势来看，这些纹样是各种信仰、技能和技艺交融的艺术产物。

早在 11 世纪，地中海地区和中国之间就存在大量贸易往来，贸易路线途经中亚和印度次大陆地区。交易的商品中不仅有棉花、羊毛和丝绸制成的纺织品，也有其他高价值商品。我们发现，自莫卧儿王朝时期（1526—1857 年）以来，定居在印度不同地区的亚美尼亚商人便经常在陆上丝绸之路的印度—地中海东岸路段活动。文献显示，曾有商队从阿格拉（今印度北方邦）出发，经木尔坦（Multan）、坎大哈（Qandahar）和今伊朗的比尔詹德（Birjand）进入伊斯法罕（Isfahan）。拜占庭和伊斯兰工坊生产的几件狮鹫勋章纹样的东地中海奢华纺织品也可能同时经海路和陆路向东流入印度。1354 年，在印度德里的菲鲁兹沙（Firuz Shah）的宫殿里发现了一些从中国进口的瓷碗、瓷盘碎片（大多为青花瓷，也有少许青瓷），瓷器上带有人物图案，这为研究该时期印度北部与元朝、明朝时期中国的陶瓷进出口贸易打开了一个窗口。据艺术史学家芬巴尔·弗勒德（Finbarr Flood）所言，这些破碎的碗盘很可能来自苏丹菲鲁兹沙·图格鲁克（Firuz Shah Tughluq）统治时期，为拥护伊斯兰教义，这位国王力图将描绘生命活力的伊斯兰绘画从视觉文化中清除出去。

尽管外交、贸易、君权和宗教的发展为物质和意识的传播提供了方向，但当地的状况决定了人们是否能够接受并融合来自他国文化的艺术、工艺和设计。许多印度纺织品流向东南亚，其材料特性和发展轨迹对当地艺术产生了深刻的影响，同样地，当地社会也赋予了这些进口纺织品新的诠释，或者说将它们"内化"了。直到 18 世纪后期，印度一直是世界上最大的棉布生产国，印度商人在广泛的全球贸易网络中提供个性定制服务，以满足消费者不同的品味需求。这个商贸网络通过陆路和海路延伸，东至印度尼西亚和日本，西至沙特阿拉伯、埃及和西非。

组合动物纹样是历史的产物

产于印度东南部科罗曼德尔海岸（Coromandel Coast）和西北部古吉拉特邦的彩绘和染色棉纺织品以其上乘的布料、精湛的着色和固色工艺而闻名于世。这些久经考验的纺织技术，使人们能够根据需要定制纺织品的纹样、布局和整体样式。印度纺织工业的一个优势是适应能力强和产品样式丰富。印度还设有专门的生产中心用于服务颇具规模的长途贸易网络，其产品也因此得以通往世界各地，这是印度次大陆服装产业的又一大优势。这些纺织品是商贸交流过程中的再生品，代表着一种跨文化对话，同时体现了纺织品材料、图案、纹样的演变过程。交流的这种辩证关系既映照着对过去的记忆，也反映了当下的主流审美。

丝绸之路见证着纺织工艺的发展以及文化和技艺的交流与升级。其中，神话传说提供了一系列创作主题，寺庙的塑像和壁画、皇室委托的工艺品以及民间传统中都有神话的身影。来源于不同地区的神话传说也显著影响了印度次大陆的纺织品设计方式。将不同的纺织品个体串联起来后，我们可以发现，跨国环境下丝绸之路沿线的工匠们在不断地思考，不断精益求精，突破一个又一个技术和知识边界。纺织品的发展历程同时也是其材料、纹样、配方和技术的发展历程，从中我们可以看到纺织相关的语汇随着时间、地点的变化而不断传播和发展。

组合动物纹样是我们了解神话、宗教和视觉文化世界的窗口，这些纹样展现了丝绸之路沿线地区不同特色和文化之间的碰撞与交流。得益于印度次大陆的地理优势，这些纹样嵌入不同的文化语境和实践社区的语言和意义的载体。这种象征性的动物组合模糊了人类和动物的界限，并让我们意识到人类与兽类存在的模糊边界。纵观过去和现在，纺织品纹样不断变化。沿着丝绸之路的贸易外交网络，我们发现，这些跨越艺术史、考古学和物质文化等学科界线的思想和纹样在全球范围内都有出现。

动物—鸟—人的组合纹样

4—6世纪的笈多王朝时期（约320—约540年），希腊视觉文化的一部分逐渐融入了印度次大陆的佛教和印度教的传统中，说明文化交融现象的确存在。狮鹫（一种超自然的野兽，半鸟半狮，或称"翼狮"）的传说和形象起源于中亚，笈多王朝时期的金币上印有狮鹫形象（图12-1），这可以证明它确实传入了印度。帝王通过征服狮鹫来证明自己的权力和勇气。这一象征意义并非起源于印度文化，却也成了衡量笈多皇帝力量的标准。从阿弗拉西阿卜（古撒马尔罕，660年）大使厅西墙的壁画上，也可以看到出现在衣物上的狮鹫纹样。5世纪末，在阿旃陀（Ajanta）石窟（位于印度马哈拉施特拉邦西南部，孟买以西）中发现了当地与内陆地区交流的痕迹，此次交流影响颇为深远。阿旃陀

图 12-1　金币上的鸠摩罗·笈多翼狮搏斗
450年，笈多王朝，印度北中部。维基共
享：CC-SA-3.0。©PHGCOM。大英博
物馆藏，伦敦。图片无改动。图片来源：
https://commons.wikimedia.org/wiki/File:
KumaraguptaFightingLion.jpg

图 12-2　摩羯鱼（水怪）、凤凰、花卉纹样织金锦
中亚地区或大都（今北京），13世纪。维基共享。
美国克利夫兰艺术博物馆藏，克利夫兰。公共领
域图片。图片来源：https://www.wikidata.org/wiki/
Q79945108

第2窟的天花板和第1窟天花板的酒神节画上都绘有一位中亚君主的肖像，他很可能是一位萨珊王朝或中亚的武士，头盔上还缠着一条帕提夫（pativ），也就是萨珊皇室头饰上的飘带。在与萨珊王朝和粟特时期同期（即前伊斯兰时期）的中亚/东伊朗地区，这些组合动物表现为鸟类的形象，只是其翅膀变成了花卉和植物装饰品。众所周知，萨珊织工喜欢重复使用精心设计的纹样，如翼狮纹、狩猎纹、生命树纹和对鸟纹，每个纹样都围有一个珍珠状的团窠，团窠四周是卷曲的几何植物形状。

　　尽管中亚地区融合了波斯、中国、印度和俄罗斯等多种文化，但相同或相似的纹样经过传播再次创造出了新的组合形式。图12-2所示的一幅织锦丝绸是一种结构复杂的奢华织物，包含两个经纱系统和两个或两个以上的纬纱系统，一排排翱翔的凤凰和水陆两栖的摩羯鱼（makaras）在牡丹和其他花卉中交替排列，当时的匠人用金线在粉金色背景上创造了这一壮丽画面。这件作品可能完成于13世纪的大都（今北京）或中亚地区。摩羯鱼是印度的一种水生动物，由翼龙的头、鱼身和鱼尾组成。它同时具有大象、鳄鱼和鱼的特征，在中国被称为"鱼龙"。随着佛教的传播，这种纹样传入了中亚地区，又经中亚

传入了中国北部。而传入欧洲后，这一源自亚洲的虚构动物形象在人们丰富的想象之下发生了转变，变成了一种水怪。摩羯鱼、塞穆鲁（*semurw*，波斯神话中一种仁善的鸟）和凤凰的形象沿着丝绸之路传播，逐渐失去了原本的含义，演变成了各种布料和服饰的装饰纹样（见第9章和第10章）。

在几个世纪后的印度次大陆，典型的有翼组合动物纹样出现了兽形（有翼动物）和人形（有翼鸟人）两种变体。伊朗萨法维王朝时期最重要的出口市场便是莫卧儿王朝时期的印度。随之传播的不仅有布料和思想，也包括关于塞穆鲁的神话传说。16世纪，莫卧儿王朝的宫廷画家巴萨万（Basavan）

用水彩和金色的颜料描绘了这一组合动物（图12-3）。画中，一位年轻人紧握着一只彩色巨型塞穆鲁的脚蹼。这位印度艺术家笔下的塞穆鲁体型庞大，其喙大到足以叼走两个人，与此同时，鸟爪上还能挂住一人（Welch & Welch，1982：170）。画中讲述的是英雄们翻山越岭，漂洋过海，游历许多陌生地方的故事，这个主题十分符合印度人对冒险浪漫故事的向往。大约在1635年，这幅画被收进沙贾汗·阿克巴大帝（Shah Jahan Akbar）的孙子的画册里，从那时起，这些画册便逐渐传播开来。

图12-3 塞穆鲁飞行图

印度巴萨万，约于1590年作。维基共享。萨德尔丁·阿迦汗藏。公共领域图片。图片来源：https://commons.wikimedia.org/wiki/File:Basawan_The_Flight_of_the_Simurgh._ca._1590,_Sadruddin_Aga_Khan_Collection.jpg

在毗湿奴信徒（信奉克里须那神）的仪式用布中经常可以看到半人半鸟的形象（图4），这种布被称为温达文瓦斯特拉（*vrindavani vastra*），字面意思是"来自温达文的布"，产于17世纪印度东部的阿萨姆邦，即今天的印度北方邦。布上画的是孩童时期的印度教克里须那神在温达文森林中的生活场景。在圣人、学者兼工匠大师桑卡拉－德瓦（Xankara-deva）的带领下，阿萨姆邦的人们在传统纺织技术的基础上逐渐开始使用提花织机，并开始采用高度复杂的织锦技术来制作纺织品。16—19世纪，阿萨姆邦生产了许多纹样复杂的丝绸织锦纺织品，均采用木制提花织机生产，还使用了2组经纬线分别织成背景和浮雕图案，这种织造技术在印度现已失传。这种布最初起源于阿萨姆邦，后来传到不丹和中国西藏，改良后用以制成佛教挂件，供江孜附近的哥布什寺（Monastery of Gobshi）使用，随后又于1905年传入伦敦。在这幅图中看到的半人半鸟形象，其来源可以追溯到迦楼罗（Garuda），它是印度教神话中毗湿奴的坐骑，最初为一种鸟类，在后来的图像中逐渐变成了半人半鸟的形象，如图12-4所示。

图 12-4　鸟嘴翼人佛教挂毯

印度东部阿萨姆邦江孜哥布什寺，可追溯至17世纪。编号：1905,0118.4。31.72 cm×42.32 cm。©大英博物馆托管会

图12-5 八腿绿色神兽攻击黄色狮兽荷花花瓣锦缎华盖。印度东部，16世纪末。维基共享，从J. H. 韦德基金（J. H. Wade Fund）处购买。美国克利夫兰艺术博物馆藏，克利夫兰，编号：2006.136。公共领域图片。图片来源：https://clevelandart.org/art/2006.136

　　还有一件精美的丝织品可能也起源于印度东部，这是从16世纪的穆斯林苏丹国时期存留下来的（图12-5）。这件丝织品兼收并蓄，同时包含了印度教、佛教和伊斯兰教的元素。其上的图案也出人意料，图案中有一只八腿绿色神兽正在攻击一只黄色的组合狮兽，十分富有生气。画面的主体部分是六个同心圆，圆环内交替排列着莲花花瓣和叶子图案。边框则由弯曲的叶片形状排列而成，色彩鲜艳。这件纺织品似乎是一顶大华盖的中心部分，其边界的图案并不连贯，说明周围曾拼接有其他的布料。华盖是统治者的必备品，它象征着权力和财富，同时也能起到为王室成员或军事集会遮阳的作用。

　　历史上德干（Deccan）地区的南印度各王国，包括印度教的毗舍耶那伽罗帝国（Vijayanagara）和相邻的伊斯兰苏丹国，在对地方政府管辖区域加强管理的同时，还与波斯世界建立了联系，形成了一片享有盛誉的跨地区文化区域——从巴尔干半岛到缅甸，从中亚到南印度。11—18世纪，波斯语不仅是丝绸之路上商人的交流语言，也为国家官僚机构所使用，因此越来越多的波斯经典文学大大促进了当地文化的传播，涉及服饰、菜肴、建筑、音乐、宫廷仪式和礼节、艺术、城市布局等多个方面。这些经典慢慢走向世界，形成了一种道德和社会秩序，通过网络传入学校、皇家法庭或苏菲派神庙等公共机构，促进了不同种族或宗教群体之间的交流。

图 12-6　人头兽布拉克绢画

南印度海得拉巴，1770—1775 年。瑙鲁斯展览（Nauras Exhibition），印度国家博物馆藏，新德里。
公共领域图片

图 12-6 是一幅来自 16 世纪的组合动物绢画，象征着德干苏丹国的世界主
义。这幅画取材于伊朗、印度和土库曼的绘画流派，展现了多种文化的融合。画
作中心有一只背涂彩绘的大象，其形象明显是印度风格的。这位不知名的德干艺
术家还特别在彩绘的外缘区域设计了绿叶和红花的图案。这幅画的组合形式是基
于 "布拉克"（Al-Buraq）这匹战马的故事，在从麦加到耶路撒冷的夜间旅程中，
这匹战马将先知穆罕默德带到了天堂，然后送返人间。人与动物相结合的纹样不
时出现，这往往是艺术家借宗教神话来放飞自己的想象和幻想的借口。

跨越喜马拉雅的中国西藏地区曾有一个连接南亚、东亚和中亚的强大古
国。一千多年来，西藏高原生活的方方面面几乎都渗透着文化的气息，艺术家
们在其中发挥了关键作用。20 世纪中期以前，绝大多数现存的艺术作品都专
注于宗教题材，主要形式包括唐卡或描绘佛陀生活的布面绘画、壁画、小型青
铜雕像，以及黏土、灰泥或木材制作的大型雕像。这些作品一般是受宗教机构

或信徒个人的委托，由僧侣和平民艺术家在大型作坊里制作而成，制作者大多不为人知。11 世纪和 12 世纪，第二次佛教浪潮涌入西藏地区，标志着佛教参拜形式的转变，从早期强调祭拜佛陀身体遗骸或遗物的形式，转变为在寺庙中祭拜佛像以祈求菩萨和其他开明的神灵。通过借鉴印度艺术中的王权形象，佛陀的形象被设计成了被维亚拉包围的样子。维亚拉是神话中的一种组合动物，是它赋予了佛像神圣的地位。这些组合动物象征着崇高的能力和力量，它们由此也成了西藏宗教体系的重要组成部分。

　　图 12-7 中绘有一群组合动物，画面有趣生动。画中这些虚构的组合动物均由彼此敌对的动物组合而成，以此象征和谐。雪狮和迦楼罗，原是一对死敌，却组合在一起形成了另一种动物，它同时拥有雪狮的身体和迦楼罗的头与翅膀。同样，还有鱼和水獭、鳄鱼形摩羯鱼和蜗牛壳的组合。这些组合动物形象经常出现在代表胜利的旗帜上，象征矛盾和分歧的化解。这三种最常见的组合动物被称为"对立战争取得胜利的三个象征"。如上所述，它们是由"三对天敌"组合而成的三种神话动物，象征着博爱。

图 12-7　壁画，古代藏传佛教中代表胜利的动物和旗帜
从上至下分别为：迦楼罗狮、蜗牛摩羯鱼和水獭鱼，代表着对立事物的和谐统一。©阿拉米图库/Michael Grant Travel 网站

印度次大陆转变带

14—17世纪，中世纪德干的主要国家（包括北部和南部）同时形成了本土文化的共同下层和跨区域文化的共同上层。学者研究了卡拉姆卡里（*kalamkari*）所用的图案，卡拉姆卡里是产于印度东南部科罗曼德尔海岸的斯里卡拉哈斯蒂（Srikalahasti）和默苏利珀德姆（Mosulipatinan）的手绘和印花布料图案，发现这些图案融合了各个时期——尤其是15—17世纪——的风格。这两个地区发展纺织业不仅是为了传承两地的传统，也是为了满足更为广阔的外部市场的需求，尤其是靛蓝染色花布市场的需求。科罗曼德尔海岸作为生产基地就逐渐为人们所熟知，在那里，买家和商人可以指定工匠，让其发挥技能和技术，设计出满足特定市场审美要求的作品。作为一个港口城市，默苏利珀德姆是一个文化的"大熔炉"，默苏利珀德姆的纺织品设计不仅没有受到任何文化或宗教的限制，还善于在纹样设计中将当地文化和波斯、欧洲、东南亚以及东亚文化相融合。

到了17世纪，虚构的组合动物形象纹样出现在印度的纺织品上，并对外出口，比如现存于法国米卢斯印花织物博物馆的莫卧儿地毯（*Tapis Moghol*，图12-8a）。2013年4月，已故历史学家洛蒂卡·瓦拉达拉扬（Lotika Varadarajan）在新德里国家博物馆举办了一场跨学科研讨会，主角便是这块高230厘米、宽180厘米的手工布料。这件纺织品产于17世纪末至18世纪初印度南部的科罗曼德尔海岸，是当地工匠众多设计作品中的一件，蕴含来自不同文化背景下的设计语言。仅仅在这一件彩绘纺织品中，便包含了来自地中海东部、伊朗、中亚、南亚和东南亚以及东南亚岛屿的纹样和元素。这件纺织品纹样包括奇特的昆虫和奇异的鲜花，这些元素在中国的瓷器和绘画上也有出现，说明印度纺织工匠善于从各种不同的物质、文化和媒介中寻找风格设计的灵感。

这件莫卧儿地毯巧妙地融合了多种风格，这种融合格外引人注目。中央眼睛形状的区域采用了纯花卉元素，明显取材于南印度的卡拉姆卡里风格。这个圈的周围缀有形态各异、色调丰富的花卉和植物，穿插其中的是虚构的神兽和鸟类。四角的纹样包括一只大象、一只牡鹿形动物和两种有翼动物。这种有翼动物由双头鸟（图12-8b）和猴子组合而成，它的两个喙中各衔着一只大象。从风格上看，这种由甘达布伦达（*gandabherunda*，一种双头鸟）和猴子组合

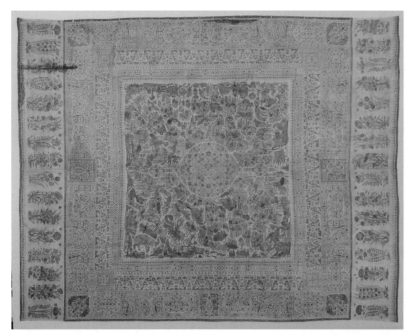

a

b

图 12-8a　莫卧儿地毯

南印度科罗曼德尔海岸，17世纪早期。法国米卢斯印花织物博物馆藏，米卢斯。洛蒂
卡·瓦拉达扬博士赠予新德里萨法纳玛研讨会兼展览会，2013。©德里安贝德卡大学
社区知识中心

图 12-8b　两喙各衔大象的双头鸟（中心部分细节）

法国米卢斯印花织物博物馆藏，米卢斯。洛蒂卡·瓦拉达扬博士赠予新德里萨法纳玛
研讨会兼展览会，2013。©德里安贝德卡大学社区知识中心

而成的动物在北印度和德干地区的传统宫廷绘画中均有出现，然而人们尚不清楚艺术家将猴子与鸟结合的意图何在。

双头鹰纹样

团窠内的纹章上印有双头鹰和背对背的狮子纹样，可以追溯到萨珊和拜占庭的传统。艺术史学家玛丽安·温泽尔（Marian Wenzel）指出，双头鹰的形象在 13 世纪安纳托利亚塞尔柱王朝（Anatolian Seljuk）的艺术作品中随处可见，其中有些纺织品上的双头鹰纹样，其尾部外侧的羽毛一直连到头上。这一特征在一个黄铜盒子上也出现过。詹姆斯·艾伦（James Allan）认为该铜盒来自 13世纪中期的杰齐拉（Jazira）周边地区，而双头鹰则是马穆鲁克苏丹阿尔·纳西尔·穆罕默德的个人象征。图案内容可能与突厥人最初的萨满教信仰有关，该教认为，鹰是把萨满教徒或死者的灵魂带到另一个世界的使者，狮子则是生命树的守护者。当然，双头鹰图案也可能仅仅是王室的象征。

双头鹰的形象在史前时期的美索不达米亚、叙利亚、小亚细亚、埃及，以及迈锡尼文明时期的希腊传统中都很常见。1453 年君士坦丁堡陷落后，双头鹰图案在拜占庭帝国再次出现，随后又进入其他国家，这些国家宣称其占有的领土是对拜占庭帝国的合法继承。

考证发现，印度最早的双头鹰形象出现在塔克西拉锡尔卡普古城的佛塔中，时间可以追溯到公元前 80—公元前 30 年。马哈拉施特拉邦的久纳尔（Junnar, Maharashtra State）佛教石窟中也发现了类似的图案，年代大约在 1 世纪到 3 世纪。在德干的贸易城市中亦可窥见希腊、罗马的影响。爱奥尼亚西岸沿海的港口是阿拉伯、埃及和地中海的贸易枢纽。这些港口的商人曾支持了许多寺庙和公共建筑的建设，这一点在许多碑文里均被证实，也有许多纪念碑为他们而建，记录着他们的文化影响。如今，双头鹰的形象依旧出现在许多寺庙的雕塑和绘画中，印度教经典《湿婆往世书》（Siva Purana）中的"萨达茹铎萨姆辛塔"（Satarudra Samhita）一章中也有它的身影。不仅如此，它还出现在从 10 世纪的卡达姆巴王朝到沃德亚王朝的许多坎纳达王国的官印中。如今，双头鹰是印度卡纳塔克邦的徽章图案。

16—17 世纪时，统治者们进行大规模的军事行动或周游王国时，有相当长的一段时间需要扎营生活。营地就像一座便携式城市，多个精致的帐篷被划分为专门的寝区、觐见区、工作区、厨房区等。营帐由许多块面料缝合而成，长度和宽度都可根据需要进行调整。这些面料上绘有画作，饰有印花及刺绣，通常是一些花卉纹样。如图12-9所示，这块帐篷中心部分的布料来自南印度海德拉巴，上面的纹样是一种名为甘达布伦达的双头鸟，鸟俯冲而下，双喙分别叼着两头小象。图中可以看到甘达布伦达的身体下侧，只见它爪子紧握，翅膀收拢，陡然俯冲下来，标志性的羽毛从身体中部四散开来，填满了整个背景，羽毛之外的间隙则被鸟儿、奇异的花朵和蝴蝶缀满。

在印度其他地方，双头鸟图案影响广泛，不仅在神话中出现，也是某些手工社区媒体上的形象表达。这幅来自18世纪晚期南印度特伦甘纳地区（Telangana）的卷轴画（图12-10）中描绘了名为"莲花编织者（帕德玛萨里亚）"的泰卢固语纺织起源神话，神话讲述了其祖先帕瓦纳·里希的传奇故事。据该书第16章记载，帕瓦纳·里希来到了一片神奇的森林，在那里他目睹了一只巨大的甘达布伦达用它的爪子抓起了四头大象、两只老虎和两种不知名动

图12-9 王室帐篷上的双头鹰纹样
南印度海得拉巴，1650—1660年。印度国家博物馆藏，新德里。绘图©Vanishes

图12-10 莲花编织者纺织起源神话卷轴画上的双头鹰（甘达布伦达）
南印度特伦甘纳地区，18世纪后期。安娜·达拉皮科拉，2010年，《南印度绘画：大英博物馆收藏目录》（South Indian Paintings: A Catalogue of the British Museum Collection）。麦品出版私人有限公司（Mapin Publishing Pvt Ltd），226-227

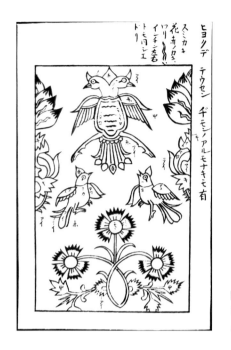

图 12-11 《更纱便览》中的双头鸟图案
印刷于江户（东京），木版画。约 1781 年。图片
来源：Guy，John，1998。奇特的绘画：日本贸易

物。艺术史学家安娜·达拉皮科拉（Anna Dallapiccola）描述了这幅藏于大英博
物馆的叙事画卷中的其他景象，那是一片"充满生气的森林：老虎四处觅食，
松鼠在爬树，各种鸟儿在树冠中若隐若现"。

　　南印度纺织品上丰富的花卉和兽形图像对日本的影响尤其大。据艺术历史
学家约翰·盖伊（John Guy）所言，对日本消费者而言，外国的花纹布，尤其
是来自印度的布料，是为东南亚或欧洲市场而专门设计的，因其"奇特性"而
备受青睐。印度的绘画和印花纺织品激发了许多日本仿制品流派的灵感，使其
仿制出了瓦萨拉纱（wasarasa），或称"日式更纱（Japanese sarasa）"。与此同
时，消费者市场也逐渐细分，原来的进口品供精英阶层使用，而较便宜的仿制
品则供给社会其他阶层。印度风格的纹样和图案日益流行的景象，从 1781 年
江户出版的《更纱便览》（Sarasa Benran）中可见一斑。《更纱便览》一书不仅
为日本纺织艺术家和印花厂提供了创意参考，还进一步刺激了日本对定制更纱
印花和服布料的需求。这幅木版插图（图 12-11）展示了双头鸟图案，该图取

自某本更纱纹样手册中的一页，复刻本带有彩色标记。更纱的纹样和图案持续推动着日本纺织业的创新。据人类学家杉本精工（Seiko Sugimoto）所言，第二次世界大战之后，日本的纺织中介甚至开始利用现代化的纺织品印花技术生产用于出口的印花布料。他们的灵感来自17世纪和18世纪从印度进口的媒染染色布料和防染布料，在此基础上，日本使用了新的印染技术，开始向印度洋周边国家尤其是非洲国家的消费者出口纺织品。

在印度南部，双头鹰纹样是印度当代纺织"传统"设计语汇的一个组成部分。神智学者兼婆罗多舞复兴主义者鲁克米尼·德维·阿伦代尔（Rukmini Devi Arundale）收藏的金丝织锦纱丽是20世纪早期到中期的代表性纺织品，这些纱丽目前均由位于马德拉斯（金奈）的卡拉克雪特拉基金会（Kalakshetra Foundation）收藏。该批藏品的特色是各种组合鸟类动物纹样，这些纹样通常是为当代印度精英市场和国际海外市场定制的。提到昔日的迈索尔宫廷（Mysore court），人们通常把这些纱丽称为"simhasana"，字面意思是"王座"纱丽，以唤起对旧时代的怀念之情。金奈的格讷格瓦里（Kanakavalli）是一家当代丝绸纱丽精品店，该店的纱丽纹样取材于中世纪时期位于泰米尔纳德邦的印度教湿婆寺和毗湿奴寺，使用诸如双头鸟（又称"*iruthulai pakshi*"）（图12-12、图12-13）、象狮（又称"*yazhi*"）的图案，为既追求时尚又遵守传统的客户设计了一系列设计师定制纱丽。

象狮纹样

南印度的造型艺术中，"神狮"（*yaali*，泰米尔语称"yaazhi"，梵语称"vyala"，英语称"leogrypy"）是一种神话动物，据说是半狮半象兽，有时还有半马组成。印度教的图像中，神话里描绘的野兽形象有时也兼具狮头、象牙、猫身、蛇尾，许多印度教寺庙的入口和柱子上都有它们的形象。宏伟的塔门或德拉威风格的寺庙塔前通常会专门建造一排精心制作的神狮像，被称为"*yaali varisai*"。图12-14的壁柱上有一头站立的神狮，底座上布满了线条。它的主要形象是一只站立在小象身上的"象狮"（*gaja-simha*），又称神狮，小象下面则是一个挥着剑的武士，神狮和小象的象鼻相互缠绕。神狮是比狮子或大象更具威力的纹样。

图 12-12　金丝织造双头鸟纹样织锦
南印度卡纳塔克邦班加罗尔织工服务中心，21
世纪初。©T. S. 兰德哈瓦（T. S. Randhawa）

图 12-13　双头鸟甘达布伦达神话壁画
绘于南迪多柱厅（又称布里哈迪斯瓦拉神庙
"大厅"）天花板，位于南印度南部泰米尔纳德
邦坦贾武尔，约 1010 年初。摄影©巴拉吉·里
尼瓦桑（Balaji Srinivasan）。知识共享（creative
commons）。图片无改动。图片来源：https://www.
flickr.com/photos/avanibhajana/2315926697

　　自 2 世纪起，在印度和僧伽罗（Sinhalese）艺术作品中已有结合大象和
狮子力量的象狮图案出现（图 12-14、图 12-15），这种图案在一些东南亚国家
（尤其是柬埔寨和泰国）还被用作纹章符号。象狮的组合体现了大象的智慧、
力量和狮子至高无上的神力。印度王室用品上经常可见力量与王权结合的组合
图案，这些组合图案从象征意义和视觉传达两方面表达了神降权力于君主的
含义。

图 12-14　雕刻在寺庙柱子上的象狮（神狮）
南印度马杜赖米纳科希庙千柱厅，约 1200 年。维
基共享资源 CC-A-2.0 许可。摄影©理查德·莫
特尔（Richard Mortel）。图片无改动。图片来源：
https://commons.wikimedia.org/wiki/File:Carved_
pillar_in_the_16th_century_Thousnad-Pillared_Hall,_
Meenakshi_Temple,_Madurai_(2)_(37259217170).jpg

图 12-15　饰有有翼象狮与大象搏斗场景
的纺织地毯
北印度拉合尔，莫卧儿王朝时期，约 1590—
1600 年。编号：93.1480。©美国波士顿美术
博物馆，波士顿，2021

小　结

　　纺织品纹样的应用历史和情境，尤其是组合动物纹样的文化变迁，为布料
实物的全球性传播与演变创造了有利条件。此外，以莫卧儿地毯为代表的纺织
品包含丰富技艺，是学习如何熟练运用纺织材料、染料配方、技术、纹样、图
案及构图的宝典。自丝绸之路开辟以来，全球资本和贸易流通相交融，印花织
物成为创意流通过程中的再生品，或者说成为创作交流的源泉，在不断变化的
社会、文化、外交和商业活动中建立起了互动和联系。

不同文化和地区的组合动物纹样可以看作文化传播的艺术产物，它们在文化传播过程中发挥的作用与十八卷本《印度纺织品制造》（*Collections of the Textile Manufactures of India*）（1866 年）有异曲同工之处。该书包含作者约翰·福布斯·沃森汇编的 700 个源自 19 世纪印度的针织、染色、印花、装饰手工纺织品。沃森卷中的纺织品样本代表着印度次大陆的手工艺传统和印度人民对于织品的风格偏好，可以说，福布斯·沃森汇编该书的目的在于传播完整的印度文化风貌。虽然汇编该书的最初目的在于帮助人们在模仿中"再创造"，但同时也发扬了"向传统学习"的理念。

大量证据表明，印度纺织工匠具备为全球利基市场制造纺织品的能力。成熟的棉纺织品印染和彩绘工艺为设计的可操作性提供了条件。其他学者已在输入欧亚地区的印度织物的材料特征、运输路线、对当地艺术的影响，以及当地社会对织物的重新诠释和"内化"过程等问题上有所研究。多地区间的远距离贸易网络特征鲜明、结构完善，代表了以纺织品为媒介的跨文化对话，织物材料、纹样和主题在这一过程中经历了艺术和文化演变。本章中的例子充分说明了南亚是这些用料丰富、织法纯熟的织物纹样在全球流通中的"转变带"和多元文化想象的交汇点。

参考文献

Ata-Ullah, Naazish, Zeb Bilal and Shehnaz Ismail. 2020. Remaking tradition in art and design in Pakistan. In Jennifer Harris (ed.). *A Companion to Textile Culture*. Hoboken, NJ: Wiley Blackwell, pp. 165-180.

Canepa, Matthew P. 2010. Theorizing cross-cultural interaction among ancient and early medieval visual cultures. *Ars Orientalis,* Vol. 38, pp. 7-29.

Compareti, Matteo. 2011. The state of research on Sasanian painting. *e-Sasanika*, Vol. 13, pp. 1-50.

Crowe, Yolande. 2007. A Kütahya bowl with a lid in the Walters Art Museum. *The Journal of the Walters Art Museum*, Vol. 64-65, pp. 199-206.

Dallapiccola, Anna L. 2010. *South Indian Paintings: A Catalogue of the British Museum Collection*. London: British Museum Press.

Eaton, Richard M. 2020. *India in the Persianate Age, 1000–1765*. Oakland, CA: University of California Press.

Flood, Finbarr B. 2019. Before the Mughals: Material culture of Sultanate North India. *Muqarnas Online*.

Brill, Vol. 36, No. 1, pp. 1-39.

Gasparini, Mariachiara. 2014. Woven mythology: The textile encounter of makara, senmurw and phoenix. In Marie-Louise Nosch, Feng Zhao and Lotika Varadarajan (eds.). *Global Textile Encounters.* Philadelphia: Oxbow Books, pp. 119-126.

Guy, John. 1998. Strange paintings: The Japan trade. In *Woven Cargoes: Indian Textiles in the East.* London: Thames & Hudson, pp. 159-177.

Heller, Amy. 2006. *Recent findings on textiles from the Tibetan Empire.* In *Central Asian Textiles and their Contexts in the Early Middle Ages.* (Riggisberger Berichte, 9). Riggisberg: Abegg-Stiftung, pp. 175-188.

Kawlra, Aarti. Kanchipuram as brand value: Weaving, marketing 'tradition' in South India. In Anna Morcom and Raina Neelam (eds.). *Labour, Livelihood and Creative Economies: South Asian Performers and Craftspeople,* forthcoming.

Machado, Pedro and Sarah Fee. 2018. Introduction: The ocean's many cloth pathways. In Pedro Machado, Sarah Fee and Gwyn Campbell (eds.). *Textile Trades, Consumer Cultures, and the Material Worlds of the Indian Ocean.* Cham: Palgrave Macmillan, pp. 1-25.

Malecka, Anna. 1999. Solar symbolism of the Mughal thrones. A preliminary note. *Arts Asiatiques,* Vol. 54, pp. 24-32.

Marshall, John. 1921. *Guide to Taxila.* (2nd edn). Calcutta: Superintendent Government Printing.

McClanan, Ann L. 2019. Illustrious monsters: Representations of griffins on Byzantine textiles. In Evelin Wetter and Kathryn Starkey (eds.). *Animals in Text and Textile: Storytelling in the Medieval World.* Riggisberg: Abegg-Stiftung, pp. 133-146.

Sheng, Angela. 2020. Reading textiles: Transmission and technology of Silk Road textiles in the first millennium. In Jennifer Harris (ed.). *A Companion to Textile Culture.* Hoboken, NJ: Wiley-Blackwell, pp. 109-126.

Speake, Graham. 2000. *Encyclopedia of Greece and the Hellenic Tradition.* New York: Routledge, pp. 521-522.

Sugimoto, Seiko. 2018. Handkerchiefs, scarves, sarees and cotton printed fabrics: Japanese traders and producers and the challenges of global markets. In Pedro Machado, Sarah Fee and Gwyn Campbell (eds.). *Textile Trades, Consumer Cultures, and the Material Worlds of the Indian Ocean.* (Palgrave Series in Indian Ocean Studies). Basingstoke, Hampshire: Palgrave Macmillan, pp. 79-104.

Von Folsach, Kjeld and Anne-Marie Keblow Bernsted. 1993. *Woven Treasures, Textiles from the World of Islam.* Copenhagen: The David Collection.

Welch, Anthony and Stuart Cary Welch. 1982. *Arts of the Islamic Book: The Collection of Prince Sadruddin Aga Khan.* London: Ithaca for the Asia Society by Cornell University Press.

第 13 章

丝绸之路沿线纺织品上希腊、罗马意象的传播

彼得·斯图尔特（Peter Stewart）

纺织艺术（主要指纹织物上的图案艺术）是一种"遗失"的伟大的古代艺术形式。通过阅读古代文献和其他艺术媒介对纺织品的描绘，我们了解到，遍布丝绸之路沿线的服饰、挂帘、地毯和寿衣等装饰精美的纺织品无处不在，且有着举足轻重的影响。但是布料迟早会腐坏，所以，和其他有机材料一样，布料在考古记录中并不多见。

在条件合适的地方，一些装饰精美的纺织品却确实可以留存下来，主要是考古遗址。通常在极度干旱、浸水或冻结的条件下，由于多种原因，正常的分解过程被阻止。比如，现存最丰富、最完整的希腊、罗马纺织艺术遗存就来自埃及沙漠中的罗马晚期墓葬，尤其是其中4世纪到7世纪左右的墓葬（这些织物被称为"科普特"织物，该名称与古埃及晚期的基督教时期的一个宗教派别相关）。尽管这些织物上的纹饰通常相对简陋，但形象生动，体现了高超的织造技术（图13-1）。这为我们提供了一个神秘的视角，让我们得以了解过去几个世纪希腊、罗马世界不为人知的传统。

同样，塔里木盆地塔克拉玛干沙漠（中国西北部）极度干旱的环境也使得一些精美的古代纺织艺术品得以保存下来。其中一些艺术品的发现对本书具有非常重要的意义，它们展现了古代纺织品在丝绸之路上的流通情况，以及其在不同文化之间传播视觉理念的能力。

塔里木盆地发现的纺织品主要为来自中原地区的织物（当然包括丝绸）。同时，塔里木盆地还邻近中亚，在历史上与犍陀罗（巴基斯坦北端附近）、巴克特

图13-1 "悬挂的酒神"，酒神狄俄尼索斯细部

亚麻地缂毛织物，埃及。高: 220 cm。阿贝格基金会，CH-3132，里吉斯贝格，编号: 3100a。©阿贝格基金会，克里斯托弗·冯·维拉格（Christoph von Viràg）

里亚（阿富汗北部）和粟特（主要位于现在的乌兹别克斯坦和塔吉克斯坦地区）等地区有着紧密的文化和商贸联系。在古典时代和中世纪早期，上述地区都与西方联系密切。公元前4世纪30年代—公元前4世纪20年代，亚历山大大帝征服巴克特里亚，自此希腊统治该地区长达两个世纪。公元前2世纪及公元前1世纪早期，"印度-希腊"国王也曾短暂地统治过犍陀罗。随后几个世纪，犍陀罗由贵霜人（Kushans）统治，并与西边几千公里外的罗马帝国保持往来。正是在这里，一种广泛吸收了希腊、罗马艺术元素的佛教造像艺术蓬勃发展起来。至于粟特人，几个世纪以来，他们分别接触了希腊、罗马世界文化、拜占庭帝国文化以及希腊化的伊朗文化。地处西亚和中国之间的区位优势促进了他们的蓬勃发展。早在古典时代，粟特人就因其富商蓄贾和其在与中国的贸易中所扮演的"中间商"身份而闻名。

在这样的背景下，我们不难理解，为何塔里木盆地存留的古代纺织品是该地区文化交流和艺术传播的生动缩影。下面让我们一起来探讨三件最著名、最令人不解的希腊、罗马意象纺织品，这三件纺织品见证了古代丝绸之路上纺织艺术品的传播。

山普拉缂毛织物

1984年，该地区最早的一块较大的希腊、罗马风格提花织物残片于和田（塔克拉玛干沙漠西端附近的绿洲）以东25公里处的山普拉出土。事实上，这一纺织品残片并不是一块单独的残片，而是由四块残片组成，合在一起似乎是一个巨大的缂毛挂毯的一部分。据估计，原挂毯尺寸应为4.8米×2.31米（图13-2和图13-3）。现存的残片被改制成了裤子，这样一来，原来的装饰就失去了意义（部分装饰颠倒了），但也由此形成了妙趣横生的人物图案。山普拉现存的裤子残片是在穿着者的腿骨上发现的。这个人被埋在一个男女混杂的集体坟冢，该坟冢可能是专门埋葬暴力事件受害者的。我们只能凭借想象猜测这些人的死因，而这件衣料是从何而来的，是通过商贸往来还是战争抢夺而来的，真相都已不得而知。通过对该遗址多处进行碳-14分析，我们获取了大量信息，并得出了多个年代范围，但具体的墓葬年代依旧存疑。比较合理的猜测是公元前1世纪，但也有人认为是在更晚的时期。关于墓葬中现存的纺织品年代同样也有争议，但种种迹象表明其年代可能不会太早。

图13-2 缂毛残片
改制的裤子
约公元前1世纪。
宽：约48 cm。编号：
inv.84M01:C162。山
普拉出土，中国新疆
维吾尔自治区考古研
究所藏，乌鲁木齐。
©中国新疆维吾尔自
治区博物馆

图13-3　山普拉缂毛
织物残片上的男子细节
中国新疆维吾尔自治区
博物馆藏，乌鲁木齐。
©中国新疆维吾尔自治
区博物馆

这件缂毛织物的意象在风格和内容上都受到希腊的影响，在众多出土的中国风格织物残片中脱颖而出。由此推测，这可能是希腊化世界的产物。缂毛织物上描绘了一位年轻男子，他朝着与织物倾斜的方向站立或行走，露出3/4侧身。他睁着大大的蓝眼睛，专注地凝视着观者的右方，右肩扛着一支长矛，或许是一队长矛手中的一员。他的下巴结实，外貌特征鲜明，精细的颜色层次展现了他白皙、干净的脸庞。他乌黑的长发向后梳得很光滑，用头冠（一种布发带）固定在适当的位置，披肩长发自然地垂于耳后和颈背处。最精妙的是，连男子发带底部的阴影线和他的睫毛这样的微小细节也在织物上有所体现。

这件技艺精湛的织物体现了希腊化艺术的自然主义特征。古希腊艺术惯于运用看似合理和近乎逼真的方式展现主题与空间的关系，在展现抽象主题的同时也构建出视觉印象。虽然理想化的人体形态时常也会出现在自然主义的表现手法中，但在希腊化时代，敏感、写实的艺术形式在自然主义中更为常见。由于其他形式的艺术品保存情况都不尽如人意，因此这种艺术形式大多体现在保存相对完好的雕塑作品中。虽然希腊风格的画作和织物保存不佳，但对比研究意大利庞贝著名的亚历山大马赛克镶嵌画（图 13-4），也能为我们带来一些启发。这幅镶嵌画在公元前 1 世纪左右完成，但几乎可以确定它复刻了公元前 4 世纪晚期的一幅画作。这幅镶嵌画出现于庞贝最豪华的住宅之一，表明这类艺术形式在希腊化时代晚期更广阔的地中海世界颇受欢迎。山普拉绰毛残片的背景图案同样也属于希腊传统风格。图中的人物处于红色背景之下，头上饰有镶边。画面中还存在半人马形象（希腊、罗马神话中半马半人的组合动物），只见他后腿直立，向左疾驰，身披黑豹兽皮斗篷，随风翻腾，手举长号角至嘴边，这也是公认的经典希腊、罗马纹样。他四周饰有花卉等图案，包括形似野玫瑰的花朵以及缺失的某种动物的羽毛末端——那估计是神话中的另一种神兽。

仔细看图 13-4，与第一印象不太一样。虽然是自然主义风格，但是它的边沿平整，男子的长矛尖端叠于背景图案之上。这一高度立体的男子形象仿佛是站在一个无光泽的希腊风格布景前。这一背景是藏于画面内的又一艺术品，它甚至被认为是挂在"真人"年轻矛兵身后的挂毯。这幅精彩绝伦的幻觉主

图 13-4　波斯国王大流士三世领兵对战亚历山大大帝的军队（细部）
亚历山大马赛克镶嵌画，约公元前 100 年，庞贝农牧神之家。意大利那不勒斯国家考古博物馆藏，那不勒斯。©卡罗尔·拉多，维基共享 CC-BY SA 2.0 许可，图片来源：https://commons.wikimedia.org

图 13-5 庞贝古城"秘仪庄园"中的壁画(细部)

约公元前 50 年。公共领域图片，出自《艺术大师签名集》(2020)[The Yorck Project (2020)]，《10000幅名画》(10.000 Meisterwerke der Malerei)，图片来源：https://commons.wikimedia.org. 经意大利文化部 - 庞贝考古公园的许可转载

义小图像不免让人想起公元前 1 世纪庞贝古城附近的壁画，壁画中的人物几乎为真人大小，身后有各种建筑背景，尤其是"秘仪庄园"墙上的那幅"描绘密教仪式的长幅壁画"，画中深情的人物形象背后也有一块红色背景（图 13-5）。这些壁画都属于希腊传统风格。

据此推测，这件山普拉织物的创作者很可能是一位通晓希腊传统的纺织艺术家。虽然我们无法明确这件织物的地区来源，但这位矛兵的服饰可以给我们提供一些线索。首先，他的面部特征以及无蓄须的特点表明他可能来自希腊地区。其次，他的外表及妆容也表明他并非来自中国，也非游牧民族。然而，他却穿着一件红色束腰长袍，领口敞开，宽大的黄色翻领接缝处饰有菱格花纹，每个菱格内含有叶子图案。他的腰带上还有一个厚厚的金搭扣。这一精美的服饰并非希腊风格，而是当时伊朗人和游牧民族（例如塞克人和帕提亚人）的典型风格。是身着亚洲服饰的希腊人？还是为了反映希腊化时代复杂的文化交融？无论如何，该纺织品最有可能源自希腊化的中亚地区。这件缂毛上的意象和其在山普拉被发现的事实反映出纺织品及其意象在古代丝绸之路上的传播与流动。

楼兰的赫尔墨斯

在山普拉古墓被发掘前 70 年左右，著名探险家和考古学家马克·奥里尔·斯坦因爵士在塔里木盆地东部出土的数百件织品残片中，发现了另一张具有鲜明自然主义特征的人面图案（图13-6）。那也是一块缂毛残片，出土于楼兰的某个墓穴。不知是偶然还是有意，这块存留的残片上保留了一些很有趣的细节。在深灰色的背景下，我们可以观察到年轻男子右侧的脸部、颈部和肩部。男子头部略微向右倾斜，仅存的眼睛似乎将目光投向观者的左方。或许，他和山普拉织物上的男子一样，也是一队矛兵中的一员。该缂毛织物的图案虽不如山普拉织物复杂，却更抽象。渐变的颜色展现出人物的肤色及画面的明暗，构图逼真，耐人寻味。他的嘴唇红润有光泽，面颊粉红，上唇带有阴影；眼眶乌黑，眼睛大而棕；一缕灰棕色卷发从他的右鬓垂下；头部呈方形，鼻子很长；肩部渐变的灰色和黄色体现了衣服（可能是件斗篷）的褶皱。残片中部为男青年手持之物的顶部，整体为黄色，细节部分缀有红、绿二色，顶部呈双蛇盘结之形，这一特征清楚地表明该物为希腊、罗马神话中年轻的信使之神赫尔墨斯（墨丘利）的双蛇双翼之杖，或称商神权杖。古时的楼兰人是否得知该男子的身份，我们无从知晓，但是男子的种种特征已经表明他的神职身份。残片左边有一些红色、黄色、灰色的元素，我们推测这属于另一位人物形象的元素。那么，或许我们面前的这块残片描绘的是希腊、罗马众神像？

图13-6　信使之神赫尔墨斯手持双蛇双翼之杖纹样缂毛残片

约3世纪—4世纪（？）。高：14 cm。印度国家博物馆藏，新德里。斯坦因藏品，编号 L. C iii. 010. a.©1933年版，第1卷，153，pl.65；东洋文库提供

对于这件缂毛织物的生产时期，学者们众说纷纭，从公元前1世纪至公元4世纪，说法不一。这种不确定性体现了希腊自然主义表现传统在希腊、罗马时代长盛不衰。由于这一艺术表现手法广泛传播并风靡了好几个世纪，因此并不能简单地根据织物的风格确定它们的年代。年代的不确定性也由于希腊、罗马地区现存纺织品中缺乏类似的图案，所以无法对比。但是该织物运用的着色和面部特征勾勒技艺，与罗马治下的埃及用于葬礼的木质肖像和科普特纺织品类似，因此我们推测这件缂毛织物可能产于三四世纪。

斯坦因认为这件赫尔墨斯纺织品产于楼兰地区，因为这件织物与新疆西南部米兰古城中的壁画风格相似。因此，它或许可以证明希腊文化对该地区的影响。一种更保守的结论是这件织物与山普拉残片都是来自更遥远西部的舶来品。总而言之，这件织物说明希腊、罗马传统显著促进了楼兰古墓裹尸用织物设计上世界性元素的融合。

"营盘男子"束腰长袍

本章将要讨论的第三个案例，也是最吸引人的一个著名案例，其中同样存在这种不确定性。这一案例便是来自葬于营盘（塔克拉玛干东北边缘）的某年轻男子身着的奢华羊毛束腰长袍。他的墓穴是1995年抢救性发掘中发现的最宏伟的墓穴，当时许多墓穴都被盗掘一空。虽然鲜有证据能够证实这些墓穴所属的定居点，但是这些墓穴可以证明该地区如同楼兰一样，存在来自远方的舶来品。

男子遗体存放在一具上了漆的木质棺材中。干尸盖素色绢衾，头戴白色贴金面具，身着由提花中国丝绸制成的华美服饰。然而，男子所着外衣却为羊毛束腰长袍（一种按中式风格穿着的长衫），与其余服饰相比，它精巧的织物纹样在这一环境下显得格格不入（图13-7和图13-8）。

这件华美的束腰长袍面料为双层织物，技艺精湛，袍身外面的装饰是一排排红地黄像，里侧则是黄地红像。这些人物形象也充满神秘感，两两对称的裸体男子以格斗姿势相对，他们手持盾牌、长矛或短弯刀，一些男子肩上系有披风，随风飘扬。然而，他们似乎不是在互相争斗，这些形象可能取材自更大规模的战斗或狩猎场景。另有两排纹样是动物而非人物形象，分别为腰部戴有祭祀花环的牛和带有斑点纹的山羊。分布于写实风格人物形象之间的是抽象化的石榴树。无论这种重复图案有何含义，有一点可以确定，这些矮胖的卷发青年

图 13-7 营盘男子服饰
中国新疆维吾尔自治区文物考古研究所藏，乌鲁木齐。©中国新疆维吾尔自治区文物考古研究所

图 13-8 营盘男子羊毛束腰长袍细节
中国新疆维吾尔自治区文物考古研究所藏，乌鲁木齐。©中国新疆维吾尔自治区文物考古研究所

人的形象归根究底源自带有羽翼的顽皮丘比特（厄洛斯），后者是罗马艺术中十分常见的形象。简练的线条清晰地勾勒出他们的身体肌理和解剖学结构，展现出织法中精妙的"绘图能力"，令人想到希腊、罗马的绘画和纺织品风格。这些人物的特征、裸身、姿势和比例，都展现出典型的西方艺术特色。

这些没有羽翼的"丘比特"是何时、如何到达营盘的？和其他几例一样，具体时期的确定也困难重重。营盘古墓的种种发现表明它大致属于东汉或晋朝

图 13-9　羊毛织物残片，饰有藤蔓、丘比特和蝴蝶图案
出土自营盘，5—6世纪。最大高度：114.5 cm。阿贝格基金会，CH-3132，瑞格斯堡，编号：nos. 5073，5175。©阿贝格基金会（摄影：克里斯托夫·冯·维拉格）

（25—420 年）时期，但似乎直至 5 世纪，该墓地仍在使用。营盘男子所着束腰长袍的风格特征意味着它所处的时期至少是 4 世纪，甚至更晚。还有个耐人寻味的证据来自一件与之颇为相似的羊毛服饰，其残片散落在各地，为蓝底，并饰有丘比特和蝴蝶图案，这些图案在营盘可能具有相同的含义（图 13-9）。其中一块残片（现存于瑞士）经碳-14 测定可追溯到 430—631 年。参考所有的证据，营盘男子长袍很可能在 4 世纪或 5 世纪左右制成。

　　地中海地区尚未发现类似的工艺，据推测，这件精美的纺织品很可能产于中亚或中国的塔里木盆地，但这一点并不确定。我们推测，这些华美的服饰是专为营盘这样的社区中最为重大的葬礼而制。古物顾问艾玛·邦克（Emma Bunker）也曾表示，饰有丘比特和蝴蝶的残片暗示了织物的殉葬功能，因为蝴蝶在希腊、罗马艺术中象征着灵魂。若果真如此，营盘人可能对这一来自地中海地区希腊、罗马世界的图案内涵有所了解。尽管营盘束腰长袍上的华美重复

图案与墓葬环境不协调，有些类似现代的墙纸或礼品包装，但无论如何，该织物设计者一定通晓自然主义艺术的风格特点。

图像的传播

虽然上述三例纺织品的出土地相距较远（山普拉距楼兰约 1000 公里），但都集中在亚洲腹地。然而，众所周知，纺织品可以通过海上和陆上古老的交通网络（即"丝绸之路"）进行广泛的运输和贸易。尤其值得注意的是，中国的丝绸曾在罗马帝国被当作奢侈品来消费。这是否说明通过丝绸之路交易的是精美的纺织品，而不仅仅是普通的布或纱线？由于织物的保存问题，这一问题我们尚无定论，但已有迹象表明当时可能存在全球范围内的高档纺织品贸易。作为罗马帝国最东端附近的绿洲城市，叙利亚巴尔米拉（Palmyra）拥有得天独厚的地理位置，该地区墓葬也出土了大量中国汉代装饰丝绸残片，其中包括带有明显准确无误的中国风图案的"锦"。这让人不禁思考：西罗马帝国古墓出土的少量丝绸残片是否也属于精美的中国丝绸？

得益于古代面料持久耐用、柔韧度高、运输轻便的特性，不同地区的人们都有机会获得和展示这些奢华的舶来品。从这一意义上讲，装饰性织物不仅是艺术商品，更是传播思想的工具。在这一过程中，并不需要传播复杂的织造技术本身，纺织品等方便携带的艺术品上的图案就促进了希腊、罗马图像和风格的传播。如果营盘男子所着服饰确实产于塔里木盆地区域，那么艺术家们很可能是模仿了那些进口纺织品上的图案，才能如此有效地创作出这些经典图像。

无论如何，确实有不少实例证明，各种希腊、罗马风格的类似形象逐渐传播至该地区，当地艺术家加以采用，并将其"内化"为当地纺织品艺术的一部分。虽然改良的纺织品图案略逊于上述所举，但却证明了丝绸之路上艺术思想的渗透是以一种更微妙的方式实现的。例如希腊、罗马神话中太阳神赫利俄斯（索尔）的形象，此神通常表现为一位每日驾着太阳战车在天空中驰骋的年轻长发车夫形象。这一类似的太阳神车夫形象在出土于青海省（位于中国境内的丝绸之路分支）墓穴的 5 世纪或 6 世纪丝绸上也有出现。但是该图案可能经由犍陀罗传入，并受印度或其他文化影响后与原始的太阳神形象已有不同。

塔里木盆地东部的尼雅遗址也出土了一块类似风格的蜡染棉布残片，该残

图 13-10　饰有裸体女神半身像的蜡染棉布残片

约 2—3 世纪。最大高度：48 cm。出土于乌鲁木齐尼雅遗址。©中国新疆维吾尔自治区博物馆，乌鲁木齐

片可能来自 2—3 世纪，其上，一头似龙的野兽和一位希腊、罗马神话中头罩光环的女神的裸体形象完美融合在画面中。女神所持的丰饶角，以及她身上丰富、精致的头饰和珠宝体现了犍陀罗艺术的元素，而这些元素又吸收了西方图像学的特点（图 13-10）。像这样的特征，我们还能从大量的植物装饰纹样纺织品中找到，它们也同样让人联想到希腊、罗马风格特点。

　　然而，等到这些织物生产出来后，文化对纺织艺术的影响已经变得复杂起来。借助这些相对不起眼的图案，我们能够讨论一类曾经风靡全球的意象（图像）问题，这种意象类似一种通用的修饰性语言，能够与几个世纪以来中西文化之间的互动和影响产生共鸣。一个显著的例子是一系列类似的装饰性和具象性图案，包括中国和粟特纺织品上共有的以程式化风格表现的真实动物与神话动物形象。这种通用的装饰语言使得区分伊朗、中国、中亚的图像特点难上加难。

　　这使得我们需要在如何确认古代纺织品中文化传统的问题上做最后的探讨。古代丝绸之路上的纺织品图像反映了希腊、罗马文化直接或间接的影响，这种影响通常被称为是"希腊的"或"希腊化的"。但是这样的标签应该谨慎使用。首先，我们分析的是大范围的文化影响，包括对可能由希腊艺术家制造的真正希腊化织物图案（如山普拉织物残片）的喜爱，以及数百年后营盘织物的那些设计。后者的意象设计源自希腊世界，从这一角度来看，可以称之为"希腊的"或"希腊化的"。其次，它传入中国西部的过程经历了几个世纪，在这一过程中可能受到了其他文化（包括罗马/拜占庭帝国）的影响。这一传播过程漫长而复杂，简单地称营盘男子束腰长袍的设计为"希腊的"或"希腊化的"有失准确。总之，像"希腊的""罗马的""中国的"这样的文化标签可能会导致人们对这些纺织品产生先入之见，并人为地将其归类。这对古典时代使用这些物品的人来说可能并无意义，而且实际情况也更加复杂。但也正是这一点使得研究古代丝绸之路上的意象传播既具挑战性又意义非凡。

参考文献

Bier, Carol. 2013. Sasanian textiles. In Daniel T. Potts (ed.). *The Oxford Handbook of Ancient Iran.* Oxford: Oxford University Press, pp. 943-952.

Bunker, Emma. 2004. Late antique motifs on a textile from Xinjiang reveal startling burial beliefs. *Orientations*, Vol. 35, No. 4, pp. 30-36.

Galli, Marco. 2017. Beyond frontiers: Ancient Rome and the Eurasian trade networks. *Journal of Eurasian Studies*, Vol. 8, No. 1, pp. 3-9.

Hildebrandt, Berit and Carole Gillis (ed.). 2017. *Silk: Trade and Exchange along the Silk Roads Between Rome and China in Antiquity*. Oxford/Philadelphia: Oxbow, pp. 169-192.

Jones, Robert A. 2009. Centaurs on the Silk Road: recent discoveries of Hellenistic textiles in western China. *The Silk Road,* Vol. 6, No. 2, pp. 23-32.

Keller, Dominik and Regula Schorta. (eds.). 2001. *Fabulous Creatures from the Desert Sands: Central Asian Woolen Textiles from the Second Century BC to the Second Century AD*. Riggisberg: Abegg-Stiftung.

Kossowska, Dominika. 2015. Classical motifs on Yingpan mummy's clothing. *Novensia.* Vol. 26, pp. 61-68.

Laing, Ellen J. 1995. Recent finds of western-related glassware, textiles, and metalwork in central Asia and China. *Bulletin of the Asia Institute*, Vol. 9, pp. 1-18.

Meister, Michael W. 1970. The pearl roundel in Chinese textile design. *Ars Orientalis,* Vol. 8, pp. 255-267.

McLaughlin, Raoul. 2010. *Rome and the Distant East: Trade Routes to the Ancient Lands of Arabia, India and China*. London: Bloomsbury Publishing.

Pollitt, Jerome J. 1986. *Art in the Hellenistic Age*. Cambridge: Cambridge University Press.

Schmidt-Colinet, Andreas, Annemarie Stauffer and Khaled al Asaad. 2000. *Die Textilien aus Palmyra: neue und alte Funde.* Deutsches Archäologisches Institut. Mainz: Philipp von Zabern. (In German.)

Selbitschka, Armin. 2010. *Prestigegüter entlang der Seidenstrasse? Archäologische und historische Untersuchungen zu Chinas Beziehungen zu Kulturendes Tarimbeckens vom zweiten bis frühen fünften Jahrhundert nach Christus*, part 1. (Asiatische Forschungen 154). Wiesbaden: Harrassowitz. (In German.)

Stein, Marc Aurel. 1933. *On Ancient Central-Asian Tracks: Brief Narrative of Three Expeditions in Innermost Asia and North-Western China.* London: Macmillan.

Stein, Marc Aurel. 1928. *Innermost Asia: Detailed Report of Explorations in Central Asia, Kan-Su and Eastern Iran* (4 volumes). Oxford: Clarendon Press.

Textile Art in the Graeco-Roman World. Recorded workshop of 26–27 September 2019. The Classical Art Research Centre, University of Oxford. https://www.carc.ox.ac.uk/carc/resources/Podcasts-videos (Accessed 21 March 2022.)

Thorley, John. 1971. The silk trade between China and the Roman Empire at its height, 'circa' A.D. 90–130. *Greece and Rome,* Vol. 18, No. 1, pp. 71–80.

Tong, Tao. 2013. *The Silk Roads of the Northern Tibetan Plateau During the Early Middle Ages (from the Han to Tang dynasty).* (BAR International Series 2521).

de la Vaissière, Étienne de la. 2005. *Sogdian Traders: a History.* (Handbook of Uralic Studies). Leiden/ Boston: Brill.

Vickers, Michael. 1999. *Images on Textiles: The Weave of Fifth-Century Athenian Art and Society.* Konstanz: UVK.

Wagner, Mayke et al. 2009. The ornamental trousers from Sampula (Xinjiang, China): their origins and biography. *Antiquity,* Vol. 83, No. 322, pp. 1065-1075.

Watt, James (ed.). 2004. *China: Dawn of a Golden Age, 200–750 AD.* New York: Metropolitan Museum of Art and New Haven, Conn./London: Yale University Press.

Wild, John Peter. 1984. Camulodunum and the Silk Road. *Current Archaeology,* Vol. 93, pp. 298-299.

Yang, Juping. 2020. The sinicization and secularization of some Graeco-Buddhist gods in China. In Wannaporn Rienjang and Peter Stewart (eds.). *The Global Connections of Gandhāran Art. Proceedings of the Third International Workshop of the Gandhāra Connections Project, University of Oxford, 18th–19th March, 2019.* Oxford: Archaeopress Publishing Ltd, pp. 234-247.

Zhou, Jinling and Li, Wenying. 2004. The Yingpan cemetery on the Loulan branch of the Silk Road. *Orientations*, Vol. 35, No. 4, pp. 41-43.

Żuchowska, Marta. 2013. From China to Palmyra: The value of silk. Światowit, Vol. 11, No. 52, pp. 133-154.

斯图尔特，2019. 从营盘到犍陀罗——丝路希腊化艺术遗产中的"罗马"因素[J]. 西域研究 (3): 48-57.

赵丰，1995. 魏唐织锦中的异域神祇[J]. 考古 (2): 179-183.

周金玲，李文瑛，尼加提，哈斯也提，1999. 新疆尉犁县营盘墓地 15 号墓发掘简报[J]. 文物 (15): 4-6.

第 14 章

西非印花织物——传统织物设计的国际融合

理查德·阿夸耶（Richard Acquaye）、娜阿·奥迈·索耶尔（Naa Omai Sawyerr）、辛西娅·阿吉耶瓦·库西（Cynthia Agyeiwaa Kusi）

西非印花织物历史悠久，灿烂辉煌。这些织物最初是根据印度尼西亚"Batik"（意为"蜡染"）印花织物仿制而来，经过长期的发展演变，满足了撒哈拉以南非洲地区人民的审美需求和物质文化要求，并逐渐传向世界各地。早期的西非印花模仿了印度尼西亚"Batik"的设计和民俗主题纹样，如蝴蝶、蝎子、鱼和藤叶等。在印度尼西亚，迦楼罗神鸟的宽大翅膀也是一种常见图案，在多数古代印染纺织品中均有出现。时至今日，为大家所熟知的一些当地早期的设计、图案及其衍生纹样仍继续出现在纺织品上，并被冠以当地的名称。西非地区对设计的看法和解释因地而异。设计图案的名称及其联想意义多源于流行文化、符号学诠释或是织物上市时发生在不同地区的（政治、社会和文化等）事件。

在荷兰哈勒姆（Haarlem），印染师率先开始用机械生产蜡染印花织物，后来这种织物在西非成了热销产品。起初的印花织物包括手帕、床单、印花棉布和家具用布。1852 年左右，荷兰东印度公司开始出口手工印花布料。进入 20 世纪，西非、中非地区的纺织品市场蓬勃发展，到了 20 世纪 30 年代，"荷兰蜡染"布料开始受到非洲人的追捧。1933 年，彼得·芬特纳·范弗利辛根（Pieter Fentener van Vlissingen）创立的弗利斯克（Vlisco）品牌，做出了放弃手工蜡染印花布的历史性决策。渐渐地，弗利斯克品牌开发出了一套高度复杂的蜡染织物生产工艺，在这套生产流程中，织物的制造需要历经 27 道工序，其中包括众多机械加工和手工操作流程，加工时间长达 2 周。很长时间内，蜡染织物具体的工艺流程都是严格保密的。2006 年起，弗利斯克开始瞄准高端市场，后来主营时尚成衣系列产品。除弗利斯克外，西非印花织物市场还有其他几个主要的商家，其中的领军者当属英国大曼彻斯特的海德布伦斯威勒（A. Brunnschweiler and Company，ABC）公司。如今，得益于发达的空运和海运系统，西非市场上很大一部分印花织物得以从中国进口。若无这些运输系统，这些织物或许会经由丝绸之路，穿过中东和北非地区运往撒哈拉以南的非洲地区。

西非印花织物拥有自己的独特风格、品牌特征及目标消费者。独特风格指的是西非印花织物具有浓烈奔放的色彩、神秘原始的图案和柔软舒适的质感，这与消费者的审美情趣相契合。品牌特征指的是其印花织物具有独特的视觉效果，包括图案和形状的相互衬托，以及色彩、外观设计和各种符号的综合效果等。西非印花织物中不同民族文化设计图案的融合不仅保留了多样的民族图案风格，也进一步扩大了消费者群体。

西非印花布的发展史

西非国家以其繁多的纺织品设计样式闻名。欧洲人打入西非市场前，当地的纺织业已经非常发达，市面流通的织物主要有肯特布（Kente）、阿迪尔（Adire，一种尼日利亚传统蓝染布）、阿丁克拉布（Adinkra cloth）、泥染布（Bogolonfini）、达荷美贴花布（Fon Applique）及科霍戈布（Korhogo）等本土纺织品。不过，人们对其他类型纺织品的需求量亦非常高，并从欧洲、印度和东南亚进口纺织品，后来在当地发展起来的机械印花布满足了当地人的需求。一种仿照印度尼西亚"Batik"制成的纺织品在西非颇为流行，后来演变出印花纺织品及其他类似工艺的纺织品。西非的印花织物是由印度尼西亚的"Batik"（尤其是产自爪哇岛的布料所制的织物）发展而来。18 世纪末至 19 世纪初，欧洲织物制造商对印尼流行的"Batik"制造工艺产生了兴趣。当时的爪哇岛总督托马斯·莱佛士先生（Thomas Raffles，1781—1826 年）曾为欧洲商人和织物制造商写下一份关于爪哇"Batik"制造工艺的准确说明。从此，商家不再热衷于从印度尼西亚将价格高昂的手工"Batik"进口至欧洲，而是将欧洲机械制造的、价格低廉的印染"Batik"仿制品售往印尼。但是，英国制造商很快发现生产这种仿"Batik"织物不仅耗时长、成本高，而且难以仿造出这种材料的独特色彩和复杂设计。

19 世纪初，"Batik"进入荷兰。荷兰制造商同样尝试仿制爪哇"Batik"织物，但并未进行机械化生产，而是全力研究爪哇"Batik"设计师的技术，并根据当地工厂条件选用这些生产技艺。1853 年，第一台"Batik"织造机诞生于莱顿（Leiden），随后哈勒姆、鹿特丹（Rotterdam）、海尔蒙德（Helmond）和阿珀尔多伦（Appledorn）等地均制造了自己的"Batik"织造机。由于手工生产"Batik"成本高昂，荷兰制造商开始尝试机械化生产"Batik"，其中就包括创建于比利时的培温阿里公司（Previnaire & Company）。该公司于 18 世纪下半叶与哈勒姆棉花公司（Haarlem Cotton Company，又名 Haarlemsche Katoen Maatschappij，HKM）合并，自此公司生产地转至哈勒姆。

19 世纪末，欧洲已具备生产"Batik"的工业化技术。但是，这种印花织物并未在爪哇岛周边的东南亚市场取得预期的成功。一个关键原因是，在干燥过程中，织物产生了裂纹。具体表现为：由于涂敷树脂时运用了双辊技术，布匹本该被覆盖的区域被染色，从而导致色块的边界出现了裂缝；在使用第二层染料对织物染色时，则出现了更多问题，效果非常不理想。这导致欧洲机械生产的印花织物与爪哇本土的手工"Batik"差异显著。机械印花织物不精准的色调并不能满足印尼消费者的审美，也无法吸引他们消费。于是，荷兰制造商期望机械印花织物畅销印尼的美好愿景成了泡影。不过，由于殖民地贸易的兴起，机械制造的"Batik"很快在西非开辟了新市场。

关于印花织物到达西非的过程有许多种说法。威廉·安克斯密特（Willem Ankersmit）的一项研究称，非洲印染始于"黄金海岸"（今加纳）。19 世纪末，苏格兰商人布朗·弗莱明（Brown Fleming）将哈勒姆棉花公司生产的印花织物带入前英国殖民地"黄金海岸"，以满足当地人口对高端纺织品的巨大需求。运往黄金海岸的印花织物最初是在荷兰制造的，随后英国、瑞士也加入了这一行列。这些印花织物一进入黄金海岸便大获成功，也经由此地传播至其他西非国家。

而根据鲁思·尼尔森（Ruth Nielsen）的说法，印花织物于19世纪晚期进入黄金海岸，同时，荷兰制造商也在哈勒姆、莱顿及海外的纺织厂生产印花织物，专供西非市场。在此之前，只有少量印花织物是经由欧洲传入西非的。传播途径有三种：一是基督教传教士，他们专为皈依者提供印花织物；二是欧洲制造商，他们为西非市场提供印花织物；三是1810年至1862年在印尼服役的西非士兵，结束服役后，他们将爪哇的"Batik"带回家乡赠予妻子。20世纪的头几十年，非洲地区印花织物的进口量迅速增加，主要自欧洲地区进口。到了20世纪后期，日本的印花织物也开始销往西非。大约同一时期，欧洲制造商开始在西非当地建厂用于印花织物的生产。这种从欧洲进口兼当地生产的模式一直延续至今。

西非印花设计的演变

西非印花织物是手绘、手印、手染"Batik"的工业化版本，反映了欧洲制造商与印尼人、印度人、中国人、日本人和阿拉伯人的合作共生关系，尤其是与非洲设计风格之间的关系。木乃伊、金字塔和十字章图案在部分早期印花织物中均有出现，但在20世纪初却不再使用，这是由于受西非图案影响的设计变得更为流行。印花织物在西非日渐盛行，欧洲制造商为迎合当地风格，在设计中添加了更多的非洲象征主义符号。邓肯·克拉克（Duncan Clarke）和乔伊斯·斯托里（Joyce Storey）在20世纪70年代后的系列研究，以及玛吉·雷尔夫（Magie Relph）和罗伯特·欧文（Robert Irwin）在2010年的系列研究均印证了这一点。

图案、色彩和面料共同赋予了织物独特而迷人的特点。西非印花织物图案多样、种类繁多，包括各种自然事物、人造器物和抽象图案。每件织物生产出来后都会被赋予一个饶有趣味的名字，但是在多数情况下，织物名称与织物设计、图案、颜色和质感并无关系。西非印花织物色彩丰富、迷人，或鲜艳亮丽，或大胆张扬，却又恰如其分。配色在设计中至关重要，必须经过深思熟虑才能加以运用。西非印花织物的生产过程中，必须精心调配黑白的配色比例才能获得和谐美丽的织物作品。因此，要想让作品鲜活起来，设计者需要根据不同颜色的风格特点来合理搭配，以免破坏织物的整体设计；设计者还需拥有娴熟的配色技艺，并能够运用好饱和度、色度、明度、对比度、渐变度、明暗度等色彩参数。据约苏亚·赖特（Jehoshua Wright，弗利斯克品牌专家）所言，质感是人的一种感官体验。织物的质感或外观均是设计中的重要元素，并代表了印花织物的质量好坏。印花织物的质感主要取决于设计者打算用何种方式取悦消费者，以满足他们的审美和喜好。织物的质感或粗糙，或丝滑，或柔软，有的甚至闪闪发光。在加纳地区十分受欢迎的"闪闪"风格印花织物，仅凭视觉及触觉感受，便能勾起人们的怀旧情结，唤起他们脑海中的美好回忆。

按生产方式（技艺）和艺术风格（特色）分类，西非印花织物有真蜡染、仿蜡染、高级蜡染、经典蜡染、时尚高级蜡染、特制高级蜡染、精品蜡染、靛蓝蜡染、爪哇蜡染、纪念风蜡染、政治风蜡染或制度风蜡染等种类。此外，也有以特定品牌名称命名的印花织物，如伍丁（Woodin）、博戈伦（Bogolon）、萨伏瓦（Safoa）、努沃（Nuvo）、阿德帕（Adepa）、努风（Nu Style）、布伦斯威勒（ABC）、顶级迪瓦（Diva）和尤尼蜡（Uniwax）。这些印花织物的名字和标签来源于制造商的开发创新或品牌宣发（图14-1）。印花织物一旦进入市场，便又会被赋予新的名称，这些专属名称和标签可以在很大程度上体现销量和消费者偏好。

图14-1 加纳GTP公司高级印花织物品牌——阿德帕
©加纳塔克拉底理工大学纺织设计与技术系，塔克拉底

西非印花织物的文化活力

西非印花织物所有的文化动态间接反映了非洲人民的社会生活环境。直至20世纪晚期，时尚和纺织文献主要研究的还是织物的象征意义，而鲜少关注其实际用途。安妮特·韦纳（Annette B. Weiner）和简·施耐德（Jane Schneider）在《布与人类经验》（*Cloth and Human Experience*）一书中率先提出，布匹虽然具有象征意义，但同样可以引发人与人之间、人与材料之间的联系，从而决定人们的体验感。此外，诺拉·维尔曼（Nora Veerman）在其最近发表的文章《塑造文化公平：关于Afriek时装公司的材料、实践、产品和消费的综合研究》（Fashioning cultural equity: A study of the materials, practices, products and consumers of fashion company Afriek）中表示，研究服饰与情感作用的文献主要集中在两大方向：一是与社会主体的穿着有关的情感；二是情感的作用，作为时尚的一种特征品质，情感可能会降低或改变对人本体的关注。

学者苏菲·伍德沃德（Sophie Woodward）和汤姆·菲舍尔（Tom Fisher）在一项研究中阐述道：西非印染布料（服装）能有效降低着装者或设计者对织物穿着、设计的需求。妮娜·西尔瓦努斯（Nina Sylvanus）等人类学家更多地将西非印花的物质性描述为一种主要依靠视觉效果传递的技术情感。伍德沃德和西尔瓦努斯在著作中强调，以民族志记录人类与布匹（服装）在日常生活中的经验关系很有必要，尤其是在非洲大陆地区。

亚历克斯·史密斯（Alex Smith）和约瑟夫·阿亚沃罗（Joseph Ayavoro）两位学者提到，蜡染印花织物是一种以生产方式命名的织物。首先，将蜂蜡、树脂或玉米淀粉等含蜡物质通过印盖、涂抹或滚压在棉布上，留下图案印记。然后对织物进行染色，由于涂蜡区域无法染上颜色，图案便保留了下来。最后将蜡洗去，织物便会呈现出清晰醒目的白色图案。

作为传统的本土手工艺技术，西非的蜡染印花技术一代代传承下来，织物的设计和图案融入了特定的象征意义，这些图案超越了时尚和潮流趋势，经久不衰。在这一意义上，织物犹如史书，记载了人们千百年来的着装习惯，让世人得以了解人类过去璀璨的文明。亚历克斯·史密斯和约瑟夫·阿亚沃罗从现实的角度阐述了上述观点。他们认为，西非人民拥有强大的文化传统，喜爱穿着漂亮、华丽的服饰，通过定制和精心设计的服饰去反映现实生活的方方面面。因此，大量国外工业生产的蜡染印花织物一进入西非市场，便立即受到了当地人民的欢迎，这是由于这些织物图案勾起了他们对传统文化的怀旧情结。织物丰富的色彩、迷人的图案吸引了当地各个阶层的消费者。

西非人民习惯于为每个新上市的印花织物图案命名，并赋予其新的内涵。这种命名和诠释图案的传统让人们可以通过服饰展示生活的方方面面，大到社会地位，小到哲学箴言。服饰既能反映穿着者的身份，也能反映其所在的环境。通过研究印花设计，我们可以探索西非生活的方方面面，探索无尽的可能。非洲印花织物可以成为个人、文化、宗教和政治身份的象征，也可以成为交流信仰和理念的手段，还可以反映某一特定历史时期，联接某个组织机构或地理位置。同时，它们还是宝贵的文化遗产，是西非人民与祖先沟通的纽带。传统纺织品专家龙克·卢克－布恩（Ronke Luke-Boone）发现了一个给印花布命名过程中出现的有趣现象，赞叹道："普通人接触媒体的机会不多，但能通过着装公开表达自己的观点。"

在现代西非，为织物命名的传统仍然存在，这一点在安卡拉印花布（Ankara）上也有所体现。安卡拉印花布在市场和商店均有销售，尺寸一般为6码或12码，剪裁后可以制成连衣裙、衬衫、长袍、披肩、短裙和头巾。这些设计依旧具有各自的象征意义，以及与意义相对应的名字。这种风格几乎可以说是非洲设计和文化的代名词。西尔瓦努斯表明："蜡"，尤其是荷兰蜡染织物，将会在西非经久不衰。荷兰蜡染织物已在非洲的日常社会生活中占据了一席之地，成为最经久耐穿、价值不菲的织物。卢克－布恩认为，非洲蜡染印花布的意义已经超越布匹本身，成为非洲社会的一部分。她提出，其许多设计题材不仅涉及非洲的谚语、习俗、审美，同时也是社会的真实写照。

很多女性都渴望拥有大量印花衣物，不仅是为了体现她们的穿衣品位，也是为了表明她们的社会地位。蜡染印花织物在等级化社会背景下的礼俗风尚中发挥着重要作用。其社会价值颇高，实为馈赠佳品。新郎赠予妻子的彩礼必须包含大量的蜡染印花织物，新娘嫁妆里的蜡染织物也不可或缺。同样，宾客的贺礼也应包含蜡染织物。在此礼俗制度下，收到蜡染织物的新婚夫妇在参加赠予者的婚礼时也需回赠蜡染织物。此外，人们参加葬礼时必须身着蜡染服饰，而逝者的家属和亲友则需要身着统一的蜡染服饰以示自己的身份。

西非不同地区对于蜡染设计含义的解读也各不相同。蜡染印花织物的命名题材来源广泛，包括流行文化、符号学解读以及织物上市时各地发生的政治、社会、文化事件等。时装和纺织历史学家苏安伊·埃塞尔（Osuanyi Essel）在2017年的一项研究中指出，不同的西非国家拥有不同的蜡染印花织物品牌，包括尤尼蜡（Uniwax）、伍丁（Woodin）、GTP、启腾格（Chitenge）、正宗爪哇印花（Veritable Java Print）、保证正宗的荷兰爪哇印花（Guaranteed Dutch Java）、荷兰蜡染（Hollandis）、阿巴达（Abada）、安卡拉（Ankara）、正宗英国蜡染（Real English Wax）、乌克波（Ukpo）等。其他品牌还包括拉帕（Lappa，源自利比里亚和塞拉利昂妇女用一长段布制的披巾或裙子）、瑞帕（Wrappa），帕妮耶（Pagne，西非法语区）和肯加（Kanga，东非）等。但是，深深植根于西非流行文化和社交生活的依然是弗利斯克公司的蜡染印花织物，身着这些织物便能实现彼此间的交流。从此意义上说，蜡染印花织物能够实现人与人之间的"对话"。其颜色和图案不仅迷人又吸睛，还会唤起人们对过去的记忆。

比如，在卢旺达，彩色棉布统一被称为"kitenge"或"igitenge"。"kitenge"一词取自斯瓦希里语"kitengele"，意为彩布或彩带。该词涵盖了不同类型的西非彩色织物，包括蜡染印花织物、爪哇高级蜡染织物和加纳肯特布等，它们在东非同样很受欢迎。图14-2上的图样在东非寓意为"你走，我便走（*Tu sors, je*

图14-2　由加纳GTP公司制造的"如果鸟不出笼，便要饿着肚子睡觉"印花布
©加纳塔克拉底理工大学纺织设计与技术系，塔克拉底

sors）"，上有散落的鸟笼，一些开着，一些关着，鸟儿则四散飞去，寓指男女通奸的行为，身着这一印花服饰的妇女意在警告丈夫对她不忠的后果；而在西非加纳，这一印花图案被称为"*anomaa entu a, obua da*"，字面意思是"如果鸟不出笼，便要饿着肚子睡觉"，寓意人不出去工作，便只能饿着肚子睡觉。

如本章开头所述，1893年荷兰出口至非洲的第一批蜡染印花布，以及随后由英国出口至非洲的蜡染印花布，均模仿了印度尼西亚的设计和民俗题材。受其影响的早期设计图案包括蝴蝶、蝎子、鱼、藤蔓等。迦楼罗神鸟是印尼的民族象征，在大多数年代久远的印尼织物上均有出现，但传入西非后，这一图案发生了改变。迦楼罗神鸟的头、尾羽等各种形式的印花开始出现在蜡染印花布上（图14-3）。有趣的是，在非洲西海岸地区，迦楼罗神鸟的衍生图案被赋予了不同的名称和诠释，如：一串香蕉（加纳）、面罩（布基纳法索）、贝壳（科特迪瓦）、出壳的蜗牛（多哥）。

此外，蜡染印花图案的题材也受到了诸多宏大元素的启发，如皇室、亲缘和权威等。玛吉·雷尔夫（Magie Relph）和罗伯特·欧文（Robert Irwin）在他们2010年出版的《非洲蜡染：织物之旅》（*African Wax Print: A Textile Journey*）一书中称，约1904年，荷兰和英国制造商联合推出了一款名为"王权之剑"（又称"权力之杖"）的印花织物，至今依然流行。该设计灵感源自"阿科菲

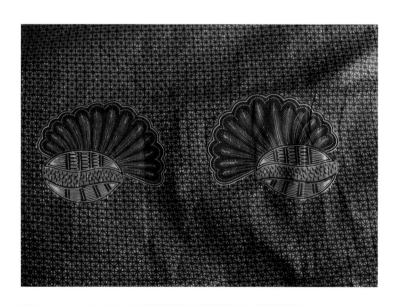

图14-3　由加纳GTP公司制造的饰有迦楼罗神鸟翅膀的印花布
©加纳塔克拉底理工大学纺织设计与技术系，塔克拉底

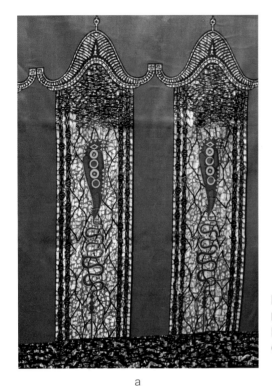

图 14-4a 以"阿科菲纳"标志为灵感
的布料设计
图 14-4b "阿科菲纳"标志
ⓒ加纳塔克拉底理工大学纺织设计与技术
系，塔克拉底

纳（*Akofena*）"，即加纳阿散蒂（Ashanti）地区阿散蒂王国的国王阿散蒂土
王（Asantehene）的御用佩剑（图 14-4）。由于这种图案颇具视觉冲击力，且
具有多种可能性，所以不同人群对该符号会有不同的理解、诠释和命名。在
尼日利亚、科迪瓦特和马里，该图案代表"螺旋形开瓶器"，而在多哥则代表
"斧头"。

　　类似的情况还包括"皇家椅"（黄金椅）图案设计，这在阿散蒂王国是权
力的象征，在多哥却被称为"未婚女性之椅"。这不仅破坏了该图案的象征含
义，还严重贬损了"金椅"作为阿散蒂王国灵魂化身的重要意义。

　　还有一个关于ABC新蜡染公司的趣闻。20世纪50年代后半期，ABC新
蜡染公司在尼日利亚市场上市之日恰逢政府工作人员加薪。如此一来，新织物
原来的名称就变得无关紧要，该织物遂被尼日利亚人称为"奖金"，并沿用至
今。木乃伊、金字塔和十字章符号等埃及元素纹样在部分早期蜡染印花织物中
均有出现，但在20世纪初便不再使用，这是由于受西非图案影响的设计变得

更为流行。随着时间的推移，蜡染印花在西非日益盛行，欧洲制造商也为了迎合当地风格在设计中加入了更多非洲元素。

西非印花布的供应链

鲁思·尼尔森（Ruth Nielsen）在其 1980 年的一份报告中指出，非洲印染市场的发端目前尚不明确。然而，人们普遍认为，是 19 世纪下半叶赶往西非经商的欧洲未婚男性开启了西非的蜡染印花交易市场。这些未婚男子到西非后开始经商，并很快招收当地女子加入他们的生意中。当地女子教授欧洲男子当地语言，作为回报，这些男子赠予她们缝纫机，并教她们缝纫机的使用方法。不久，蜡染印花贸易便繁荣起来。另一些流行的说法则认为，蜡染印花市场的兴起归因于 1810 年左右在印度尼西亚服役的西非士兵。相传，这些男子将爪哇"Batik"带回赠予妻子，很快赢得了她们的喜爱。此外，在埃尔米纳（加纳）经商的荷兰东印度公司的商人也极大促进了当地人民对"Batik"的需求。

蜡染印花布的成功得益于前期西非地区的各种销售活动，这些活动产生了潜移默化的影响。非洲商人以谚语、流行语、口号、格言和双关语等形式，为每一个成功的设计都赋予了本土名称，这极大地促进了蜡染印花布在零售层面的营销。尽管织物的名称与设计之间并无联系，但是这一做法成了非洲蜡染印花重要的营销手段。根据西尔瓦努斯的研究，促使蜡染印花织物成功的另一策略是将分销商（批发或半批发商）、具体零售商（固定销售点或小贩）和最终客户的需求共同规划至整体的生产方案中。渐渐地，蜡染印花织物成了西非人的投资产品，与印度人买卖黄金类似。

女性是供应链的又一关键环节。自殖民时期以来，女性商人群体（也被称为"Mammies"或"Nana-Benz"）在供应链中发挥了重要作用，成为进口公司与当地企业间沟通的桥梁。毫无疑问，在从织物批发到零售的一系列销售环节中，女性都发挥了重要作用。她们不仅向制造商反馈新设计的销量，还帮助提升产品设计以增强商品与当地市场的适配度。有时，富有的女商人还能获得独家设计。如今，织物制造商也在运用其他营销手段来推广他们的新设计。

在全球化的影响下，西非印染市场发生了翻天覆地的变化，对制造商、经销商和消费者产生了影响。近年来，消费者更是成为关注的焦点，因为营销人员需要了解消费者的消费心理。行业目前正逐渐将重点从市场转向个人零售门店或旗舰店。根据记录，销售额有所上涨，这说明零售店和旗舰店等新型分销渠道的开辟取得了成功。随着这一变化，制造商逐渐取代了经销商的角色。这一转变可能为消费者带来更加深远的影响。例如，制造商开始引领时尚风向和分销趋势，并为消费者提供 100% 原创品牌的面料。蜡染印花纺织品已经成为西非服饰文化的重要组成部分，如果其设计和配色能够继续满足非洲人民的喜好，将在未来很长一段时间继续占领西非市场。

当今趋势

如上所述，西非印花布生产已经发展为全球产业，许多国家都参与其中。目前，中国是撒哈拉以南非洲地区最大的印花布出口国。根据西尔瓦努斯 2012 年的记录，当时中国产的印花布还未能进入底色浓重、深沉的殡葬布市场，部分原因是中国仿制品的质量还未能与荷兰印花布齐平，而今天的西非市场已然发生变化。2012 年，埃比尼泽·科菲·霍华德（Ebenezer Kofi Howard）、格拉迪斯·丹琪·萨尔蓬（Gladys Dankyi Sarpong）和阿科苏阿·马武塞·阿曼夸（Akosua Mawuse Amankwah）合作的研究也表明，非洲的强烈象征主义的时代正在迅速过去，这导致很多产品深受影响，非洲蜡染印花织物便是其中之一。如今，非洲蜡染印花织物设计很少或几乎不含与非洲社会文化价值相关的象征意义。综观目前市场上的纺织品印花设计，设计风向已经发生了彻底改变，人们已不再追求 20 世纪 60—70 年代盛行的繁复、经典的象征性设计，转而追求简约的设计理念，整体细节也有所减少。新式设计通常呈现半垂式、固定式或摇摆式布局，更加注重配色，以迎合年轻人的喜好。现代设计很少或几乎不带有象征意义，而是基于抽象的几何概念，不包含特定的文化含义。设计者称配色是织物设计的重中之重，也是吸引消费者的关键。

如今的非洲印花设计主要包括流行文化、艺术参照以及书籍、几何图案等日常元素。部分设计还包含金、银等金属印花装饰，以提升印花的整体美感。这些设计理念和元素在 20 世纪 60 年代时并不流行，这体现了当今非洲印花设计理念的巨大变化。一些纺织品设计师认为消费者喜好的变化是织物设计趋势改变的主要原因。为满足消费者喜好，最大程度上吸引顾客，国内外的纺织品公司纷纷重新调整设计理念，以满足消费者喜好。他们认为，大多数消费者，

图 14-5　2020 设计风格展——素色/印花
系列
©加纳塔克拉底理工大学纺织设计与技术系,
塔克拉底

尤其是年轻群体在挑选服饰时,并不会优先选择具有象征意义的设计,而是更加看重印花设计的美感(图 14-5)。

　　设计主题不断调整,市场也随之扩大,确保了蜡染印花织物持续风靡西非乃至全球市场。加纳、尼日利亚、科特迪瓦、荷兰和中国均建有印染厂,共同满足着非洲及海外地区的需求。加纳纺织品设计风格的改变主要受以下因素的影响:消费者喜好的改变、来自其他纺织品生产市场的竞争、日新月异的现代时尚产业、设计实用性、成本考量、生产方式的变化以及目标市场的多样性等。2008 年,屯德·阿金乌米(Tunde Akinwumi)在其研究中指出,织物设计和配色方式一直在缓慢而平稳地变化着。消费者需求不断变化,市场则需迎合消费者的喜好,这两方面因素导致市场需求不断变化,这是造成设计风格改变的主要原因。一些备受喜爱并大获成功的设计多年来已然经过了改良,并被冠以具有纪念意义的西非本土名称。各种著名的,与宗教灵感、政治、流行文化和物质文化有关的设计元素将继续推动印花织物的创新与创作。

小　结

　　纺织品和时装是西非文化的重要组成部分，现在正向抽象的方向发展。织物的生产和使用，将文化和既有传统完全保留下来，如今也成了文化与技术的结晶。文化元素（图案、设计和艺术）与技术元素（生产、商业和营销）存在微妙的平衡，这种平衡将维持西非印花织物市场的运转。印花织物的材质价值与更重要的象征意义使其几个世纪来持续占据着主导地位。材质包括织物的重量、所用纤维的类型和质量，还包括从纤维到织物的生产模式的一致性。象征意义指对织物图案（奢华印花和蜡染印花等）及其真实性的诠释，通过对比景观、传统性、持久性和耐用性，将新式图案（Nu Style、Adepa 等）归类为高雅或庸俗。对高质量及具有象征意义的印花图案的追求，催生出了复杂的生产技术，也促成了织物零售商、时尚公司和最终消费者之间的持久关系。而多年来的平权运动催生出更多的商业活动，这些活动多与新式材料的创新创造有关。

　　如今，西非蜡染印花织物已享誉国际，这主要得益于其上乘的品质以及巧妙结合传统与创新的设计。制造商、零售商和消费者将继续维持这样的关系，从全球文化遗产、自然景物、物质文化与流行文化以及浪漫主义中获取灵感，不断带来新的印花设计。西非蜡染印花织物仍属于高端消费商品，被视为一种带季节属性的象征性符号。这些纺织品之间也存在各式各样的交流，主要围绕品牌、个性化、神秘性、制造商、零售商和消费者等方面。这些交流则是通过文化交流、时尚预测和不断轮回的时尚创新来维持的。印花布的正宗性来自其在现代环境下的不确定性。然而，无论在荷兰、加纳还是在中国，主人翁意识都推动和影响了印花布的生产模式。

参考文献

Acquaye, Richard. 2018. Exploring indigenous West African fabric design in the context of contemporary global commercial production. Ph.D. thesis, University of Southampton, UK.

Akinwumi, Tunde. 2008. The "African Print" hoax: Machine produced textiles jeopardize African print authenticity. *The Journal of Pan African Studies,* Vol. 2, No. 5, pp. 179-192.

Ankersmit, Willem. 2010. The wax print its origin and its introduction on the Gold Coast. M. A. thesis,

University of Leiden, the Netherlands.

Clarke, Duncan. 1977. *The Art of African Textiles*. San Diego, CA: Thunder Bay Press.

Domowitz, Susan. 1992. Wearing proverbs: Anyi names for printed factory cloth. *African Arts.* Vol. 25, No. 3, pp. 82-87.

Essel, Osuanyi Q. 2017. Deconstructing the concept of "African Print" in the Ghanaian experience. *Journal of Pan African Studies*. Vol. 11, No. 1, pp. 37-52.

Howard, Ebenezer. K., Gladys D. Sarpong and Akosua A. Mawusi. 2012. Symbolic significance of African prints: A dying phenomenon in contemporary print designs in Ghana. *International Journal of Innovative Research and Development,* Vol. 1, No. 11, pp. 609-624.

Jurkowitsch, Silke and Alexander Sarlay. 2011. An analysis of the current denotation and role of wax fabrics in the world of African textiles. *International Journal of Management Cases,* pp. 28-48.

Luke-Boone, Ronke. 2011. *African Fabrics: Sewing Contemporary Fashion with Ethnic Flair.* Iola: Krause Publications.

Nielsen, T. Ruth. 1979. The history and development of wax-printed textiles intended for West Africa and Zaire. In Justine M. Cordwell and Ronald A. Schwarz (eds.). *Fabrics of Culture. The Anthropology of Clothing and Adornment.* (World Anthropology). The Hague: Mouton Publishers. pp. 467-498.

Relph, Magie and Robert Irwin. 2010. *African Wax Print: A Textile Journey*. Meltham: Words and Pixels for the African Fabric Shop.

Ruschak, Silvia 2016. The gendered luxury of wax prints in South Ghana: A local luxury good with global roots. In Karin Hofmeester and Bernd-Stefan Grewe (eds.). *Luxury in Global Perspective: Objects and Practices, 1600–2000.* Cambridge: Cambridge University Press, pp. 169-191.

Smith, Alex and Joseph Ayavoro. 2016. *Cross-Cultural Textiles: Linking Manchester to West Africa through Textiles*. Meade Grove: Creative Hands Foundation.

Storey, Joyce. 1974. *Textile Printing*. (The Thames and Hudson Manual). London: Thames and Hudson.

Sylvanus, Nina. 2007. The fabric of Africanity: Tracing the global threads of authenticity. *Anthropological Theory,* Vol. 7, No. 2, pp. 201-216.

van Koert, R. and J. Moerkamp. 2007. *Dutch Wax Design Technology from Helmond to West Africa: Uniwax and GTP in Post-Colonial Côte d'Ivoire and Ghana.* Eindhoven: Stitching Afrikaanse Dutch Wax.

Veerman, Nora. 2019. *Fashioning Cultural Equity: A Study of the Materials, Practices, Products and Consumers of Fashion Company*. Stockholm: Stockholm University.

Weiner, Annette B. and Jane Schneider (eds.). 1991. *Cloth and Human Experience*. (Smithsonian Series in Ethnographic Inquiry). Washington: Smithsonian Books.

Woodward, Sophie and Tom Fisher. 2014. Fashioning through materials: Material culture, materiality and processes of materialization. *Critical Studies in Fashion & Beauty*, pp. 3-22.

Wright, Jehoshua. 2019. Elements of design: identifying Africa landscapes and motifs in wax prints. *GTP Fashion*, 4 July 2021. https://gtpfashion.com/2019/07/04/elements-of-design-identifying-africa-landscapes-and-motifs-in-wax-print (Accessed 28 March 2022).

Young, Robb. 2012. Africa's Fabric is Dutch, *New York Times*, 14 November, 2012. (Accessed 28 March 2022).

第四部分

丝绸之路沿线织物中的社会标识

第 15 章

中国与伊斯兰世界间丝绸之路上的织品与多维同一性

穆罕默德·阿布都－萨拉姆（Mohamed Abdel-Salam）

我更愿意称丝绸之路为"丝绸之路网络"（Silk Roads），而非大众和业外人士使用的"丝绸之路"这一术语，因为丝绸之路上有许多相连、相交、相分，并最终连通东西的道路和路线。2000 多年间（公元前 770—公元 1486 年），丝绸之路一直是连贯中西的主要桥梁。丝绸之路拥有多个名称，如"玉石之路""宝石之路""佛教之路""陶瓷之路"等，这些名称都体现了其诸多功能和影响。丝绸之路不仅促进艺术传播，更促进文化、文明、宗教、学说、社会生活、传统习俗等多方面的交流。

这一时期，丝绸之路极大地推动了中国与伊斯兰世界的交往，特别是推动了艺术家、工匠在东方伊斯兰世界和远东地区之间的迁移。这些路线促进了伊斯兰与中国人民之间的交流、婚嫁和姻亲关系。因而，双方可以很好地交流宗教、社会和文化传统。换句话说，丝绸之路成为全方位联接东西方文明的通道。织品的运输，尤其在中国与东方伊斯兰世界间的运输，对丝绸之路沿线城市的宗教、政治、社会、科学、艺术认同等方面产生了巨大影响。

1877 年，德国地质地理学家李希霍芬（Ferdinand von Richthofen）提出"丝绸之路"的概念，这是因为丝绸是中国通过这些路线出口至沿线国家最重要的商品，自此，"丝绸之路"这一名称在世界广泛应用。中国人到访他国时，习惯赠送当地人丝绸以示友好，而西方领导人和精英也以身着中国丝绸为豪。在中国，纺织业尤其是丝绸行业发展迅猛，尽管当时丝绸在中国并不十分昂贵，但在欧洲却贵如黄金。美国历史学家威廉·詹姆斯·杜兰特（William James Durant）在《文明的故事》（*The Story of Civilization*）一书中写道，早在伊斯兰历 2 世纪（8 世纪），中国丝绸服装售价就已远高于伊斯兰历 14 世纪（20 世纪）纽约的丝绸服装售价。

丝路织品与宗教认同

丝绸之路推动了教义、宗教和哲学思想的传播。佛教是从印度经由丝绸之路传入中国最重要的意识形态表达之一。佛教的传入对中国艺术也产生了影响，比如将佛教造像引入中国艺术。2 世纪，一些古老的印度佛教故事也被翻译成中文。由此可见，佛教极大地影响了中国文化，并成为中国文化的重要组成部分。中国敦煌"千佛洞"出土了唐代（618—907 年）的有双面装饰的透明丝绸，在新疆吐鲁番也发现了 40 多件唐代丝织品，其中包括有一件四色装饰的羽毛裙。

穆斯林沿着丝绸之路来到中国，并将伊斯兰教传入中国。唐朝时期，大批安南、柬埔寨、麦地那和西亚地区人士来到中国广州，他们崇尚真主安拉，清真寺内不设偶像、不饮酒，他们就是今天回族的先民。最初来到中国时，他们奏请当朝皇帝，后得到批准暂居广州。此外，拜火教、摩尼教、犹太教和基督教也通过丝绸之路传入中国。随着伊斯兰教、佛教以及其他宗教传统传入中国，它们的艺术意识形态也传入中国，重塑了中国社会的宗教信仰和艺术认同。

思想多元、门派繁多的伊斯兰苏非教派沿着丝绸之路由西亚、中亚地区传至中国。丝绸之路沿线的伊斯兰城市和中国边境地区建有很多清真寺、小型苏非清真寺和穆斯林贸易集市。西方历史学家 H. A. R 吉布（H. A. R Gibb）称，伊斯兰历 4、5 世纪（10、11 世纪），苏非派在中国十分活跃，一方面促进了

图15-1 《丝绸之路》(局部)，伊朗（赫拉特）
纸上水彩画，15世纪。土耳其托普卡帕宫博物馆藏，伊斯坦布尔。©土耳其托普卡帕宫博物馆

伊斯兰教在中国的传播；另一方面，随着苏非派诸多新颖的艺术图案和工艺品的传入，当地的文化艺术也得到丰富。苏非派随身携带的"喀尔库什钵"是传入中国最重要的工艺品。苏非服饰上有与中国罗汉服类似的艺术图案（"罗汉"在中文中代表一类佛教形象）。对佛教徒和僧侣们的描绘多以面部和身体上重复的斜线为特征，来暗示所描绘形象（人或动物）的衰老和虚弱，以此表示远离尘世和浮华，保持节制、中庸和无欲无求的教义。他们身着宽松肥大、皱巴巴的旧衣破衫，手持苦行僧（伊斯兰教托钵僧）手杖（图15-1）。

换言之，丝路织物反映了宗教、教义认同和文化。苏非派的宗教思想和服饰文化传入中国，丝路上的织物明显带有该教派的宗教特点。同时，苏非派也受到了一些中国佛教形式的影响。

丝路织品与政治认同

丝绸之路是连接中国、阿拉伯国家和波斯（今伊朗）的政治和外交枢纽。中国研究穆斯林的历史学家阿卜杜拉赫曼·塔霍·尼赫（Abdulrahman Tajo Neagh）认为，中国与阿拉伯国家早在伊斯兰文化兴起之前就已建立起正式外交关系。公元前 139 年，汉武帝派使节张骞出使西域并与当地小国建立友好关系。

在伊斯兰时代，伊斯兰的苏丹和中国皇帝派遣的使团频繁来往于丝绸之路，他们还会互赠外交礼物，其中就有来自东方伊斯兰世界和远东地区的珍贵纺织品和陶瓷艺术品。唐高宗时期，中国与伊斯兰国家第一次正式通好。651 年 8 月 25 日（伊斯兰历 30—31 年），哈里发奥斯曼·伊本·阿凡（Uthman ibn Affan）（意为愿真主对他满意）首次派遣使臣到唐朝都城长安朝见唐高宗。长安当时是古代中国的都城，也是丝绸之路中国境内的终点。

毫无疑问，这些来华使团促进了中国与伊斯兰国家双方的服饰文化交流。阿拉伯使团来访的时候，中国官员会身着传统宫廷服饰，中国史籍记载，可通过服饰来辨识阿拉伯使节，他们的服饰带有传统特色，能够反映政治身份。

在唐代，有 37 个官方使团沿着丝绸之路来往于中国和伊斯兰世界。伊斯兰时代早期，中国使节曾到阿拔斯王朝。有史料载，中唐时期旅行家杜环（Tu-Huan）曾到阿拔斯王朝，并著《经行记》。

在倭马亚王朝（Umayyad）哈里发奥马尔·伊本·阿卜杜勒阿齐兹（Umar ibn Abdulaziz）（意为愿真主保佑他）统治时期（公元 717—719 年/伊斯兰历 99—101 年），仅一个来华使团的人数就多达 400，其中主要是伊斯兰外交官和商人，这表明在伊斯兰时代早期，中国与伊斯兰世界来往密切。中国最早送给伊斯兰国家的外交礼物是 1200 件精美的陶瓷制品，这些礼物被送给了阿拔斯王朝的哈里发哈伦·拉希德（Harun Al-Rashid），包括大盘子、大玻璃杯、各式型号的花瓶，以及精美的丝绸服饰和饰有中式图案的其他织物。

唐朝西安设有专供穆斯林商人交易的"西市"。西市上开有珠宝店、药店等"波斯邸"，售卖的商品通过丝绸之路运达。巴格达城里也有市场，专卖由丝绸之路输入的中国商品。还有史料记载，8 世纪中叶（伊斯兰历 2 世纪），有中国艺术家和手工匠人在库法居住过。

根据史料记载，在宋代时，伊斯兰统治者先后派遣 49 支阿拉伯使团来华，这进一步彰显了中国与伊斯兰国家密切的外交往来。公元 10 世纪（伊斯兰历 4 世纪），超过 1 万名伊斯兰居住在中国广州和刺桐（今泉州）。他们保持着伊斯兰教的文化传统和服饰习俗，并以此反映了他们的伊斯兰身份。

由于元朝采取和平开放政策，丝绸之路成为中国与所有西亚国家之间的国际通道。这期间，中国成为伊朗最大的丝绸出口国。换言之，活跃在中国和伊朗的蒙古人不仅促进了两国的服饰时尚交流，还加强了两国的政治友好关系。

在明代，中国与丝绸之路沿线伊斯兰国家的政治关系最为密切。使节陈诚曾三次（1414—1415 年、1416—1418 年、1418—1420 年）出使帖木儿帝国，带去了中国永乐大帝朱棣（1403—1424 年）写给帖木儿沙阿沙哈鲁（Shah Rukh）的诸多外交信件。两国统治者在商品贸易方面达成共识：沙哈鲁将马匹、武器和装备等军事物资运往中国，中国将丝绸、青花瓷等商品输往帖木儿帝国。使节陈诚出使撒马尔罕、布哈拉、赫拉特、设拉子和伊斯法罕，帖木儿使臣回访中国南京和北京。永乐年间，有 20 支来自撒马尔罕、赫拉特的官方使团，32 支中亚使团，13 支塔拉凡使团沿着丝绸之路来中国觐见。此外，明朝使团也曾出访埃及。旅居中国的阿拉伯使团和商人反映出阿拉伯人在华人社区的政治身份，在东方伊斯兰世界的中国使团和中国工匠亦反映了中国人的身份。

赫拉特的一幅画作（图 15-2）描绘了来往于大明王朝和伊斯兰赫拉特之间的双方官方贸易使团。图中展示了一辆辆满载纺织品和陶瓷品的马车穿越戈壁沙漠，沿着丝绸之路前行。

丝路织品与社会认同

阿拉伯和波斯的伊斯兰教词汇是现存的可以体现中国社会、文化中依然存在来自伊斯兰文化的影响的最重要证明。中国的穆斯林在日常生活中仍然使用部分阿拉伯词语，这是伊斯兰文明代际影响的标志。伊斯兰教词汇作为新的语言传统通过丝绸之路传入中国，一些词语与宗教生活相关，比如"rasul"（信使）、"adhan"（唤拜）、"salah"（祈祷）、"Imam"和"waez"（传

图 15-2 《丝绸之路》（局部），陶瓷、中国丝织品沿着丝绸之路被运往伊朗（赫拉特）的东方伊斯兰世界

纸上水彩画，15世纪。土耳其托普卡帕宫博物馆藏，伊斯坦布尔。©土耳其托普卡帕宫博物馆

教士）、"khutba"（布道）、"qibla"（麦加大清真寺圣殿克尔白天房方向）、"halal"（合法的）、"haram"（非法的）、"zakat"（义务慈善）、"Eid"（庆祝）和 "Muslims"；部分词语与日常生活相关，比如 "qadaa"（判断）、"wazir"（负责人）、"divan" 和 "feel"（大象）、"barakah"（祝福）和 "bayt"（房子）等。换言之，这些词的中文翻译和使用，都表明了阿拉伯人和波斯人的伊斯兰文化已经渗透到中国社会。"Mu-su-lu-man"，意为穆斯林，是传入中国最重要的伊斯兰教词语，它的汉语发音与 "Mu-su-lu-man" 的阿拉伯语发音相似，由此可推测该词语是由阿拉伯人口述传入中国的。中国人使用派罕巴尔（pai-han-ba-er，意为使者）特指先知穆罕默德（愿主福安之）。这个词语最初由伊朗人传入中国，其波斯语发音为 "peyglambar"，所以波斯语 "peyglambar" 和汉语中的 "pai-han-ba-er" 发音相似。类似的例子不胜枚举，如：汉语 "da-shi-man" 源自波斯语 "dasmand"，意思是大师；"die-li-wei-shi" 取自阿拉伯词语

"Darweesh"，指代苏非派；"na-ma-si" 取自波斯语 "namaz"，意为礼拜者。伊斯兰教传入中国后，中国人才开始接触到与伊斯兰教和穆斯林相关的词汇。

《大明一统志》（1461 年，明代）中一幅用木板刻绘的中国地图，可以作为考古学证据证明穆斯林在中国社会的存在。该地图展示了明代外来使团和相互迁徙的民众的驻扎地，许多商旅和政治使团沿着丝绸之路来往于伊斯兰世界和中国之间。在当时，中国是穆斯林商人定居国外的首选地。

根据阿拉伯史料记载，阿曼人阿布·奥贝达·阿卜杜拉·卡西姆（Abu Obeida Abdallah al-Qasim）是第一位来华的阿拉伯穆斯林商人。公元 750 年（伊斯兰历 133 年），他从阿曼出发航行至中国广东，采购仙人掌和木材。但这并不能说明这是穆斯林与中国的第一次往来；卡西姆来华可能只是最早载入史册的记录。阿曼的苏哈尔被誉为"中国通道"，是阿拉伯商人来华的出发港口。

撒马尔罕、布哈拉、希瓦等丝绸之路沿线主要城市促进了穆斯林和中国的文化交流。商旅沿着丝绸之路经过准噶尔、锡尔河和基训河，穿过塔什干、撒马尔罕、布哈拉和梅尔夫，最后到达里海。丝路商旅一般运输丝绸、地毯、玻璃、宝石和药品等货物和工艺美术品。

中国人因此得以了解丝绸之路沿线地区的穆斯林的习俗，许多穆斯林传统和习俗是中国商人与穆斯林商人在丝路商贸过程中相互影响的结果。伊朗、中亚服饰中的传统中国元素说明了中国服饰文化对伊朗和中亚的影响。伊朗、中亚地区的日常服装和正式服装上可见中国服饰中常见的龙和祥云（tshi-tshi）等图案。在一幅来自伊朗的画作中，画中人物的服饰就具有中国款式和装饰的特色（图 15-3），正是因为丝绸之路，这些特色才得以传播到其他地区，特别是东方伊斯兰世界。

鉴于伊斯兰社会强大的经济实力，中国政府在公元 810 年/伊斯兰历 194 年发行了专供穆斯林与中国商人交易的货币，称为"飞钱"。飞钱的发行促进了穆斯林与中国的商贸往来。穆斯林商人将钱币存放于安全的地点，携带纸质凭证进行交易。故宫博物院现存有元朝时期的伊斯兰金币。西安也出土了带有阿拉伯、波斯、中文文字的金币和银币。

图15-3 花园饮酒图，伊朗大不里士

水彩画，在纸上未染色的织物上镀金。1430年，高21.6 cm，宽11.87 cm，美国大都会艺术博物馆
藏，纽约，编号：57.51.24。©美国大都会艺术博物馆

丝路织品与科学认同

一些中国的穆斯林学者精通阿拉伯语、波斯语和汉语，他们被称为"伊
斯兰与中华文明的研究学者"。因此，中国人有机会阅读阿拉伯哲学、医学著
作的译本，其中包括著名穆斯林医生伊本·西纳（Ibn Sina）、阿尔·扎赫拉（Al-
Zahrawy）以及阿布·巴克尔·拉齐（Abu Bakr Al-Razy）的著作。穆斯林学者兼
哲学家伊本·鲁世德（Ibn Rushd）的一些著作也有对应的中文译本。

伊本·鲁世德的哲学著作促进了中国文化与穆斯林文化的互联互通。生活
在明朝同时期的穆斯林医生伊本·西纳的著作也经人翻译传入中国，对中国人
产生了深远的影响。1952年，中国为伟大的穆斯林学者伊本·西纳逝世1000
周年举办了纪念活动。此外，一些出色的穆斯林学者、医师同中国的学者、医
师在医学、化学方面展开了合作，包括14世纪早期（伊斯兰历8世纪）的

拉希德·阿勒丁·阿勒汉达尼（Rashid Al-din Alhamdany）、阿布·巴克尔·拉齐
（Abu Bakr Al-Razy）等。

上都回回司天台建于公元 1271 年/伊斯兰历 669 年，穆斯林波斯天文学家
扎马剌丁·穆罕默德·伊本·塔尔希·阿札迪·阿布卡里（Jamal Al-din Muhammad
ibn Tahir Alzaydy Albukhary）（贾马尔·阿丁，Jamal Al-din Alnajjary）为第一任
司天司提点。他著有大量天文学著作，且均有中文译本。此外，扎马剌丁还创
制七种天文观测仪器。中国先民同时译著了一些通过丝绸之路传入的伊斯兰天
文著作。伦敦大英博物馆的伊朗嵌银铜铸天球仪（制于 1430 年），为明代宫
廷里的穆斯林天文学家所用。这件天球仪使用库法体文字绘制行星、天体和黄
道十二宫。穆斯林对中国天文学的发展影响深远，这归功于沿丝绸之路运送到
中国的天文学著作和仪器。

伊斯兰工程师对中国城市建设也颇有贡献，比如也黑迭尔丁（Ikhtiar al-
din）以当时阿拔斯王朝首都巴格达的城市设计为模型，设计建造了元大都（今
中国首都北京，突厥语称为汗八里）。

伊斯兰和中国学者所有的科学联系，以及中国和伊斯兰世界的共同科学成
果，均通过丝绸之路在中国与伊斯兰世界传播。丝绸之路将伊斯兰学者及其
科学成就带入中国，中国学者也沿着丝绸之路为伊斯兰世界带去中国的科学
成就。

丝路织品与艺术认同的形成

丝绸之路在以下两方面重塑了伊斯兰和中国织品的艺术认同。

艺术和技艺模仿

这种艺术影响和模仿的高级阶段是中国和东方伊斯兰世界对艺术品的完全
模仿，即对艺术作品的完全仿制。也就是说，艺术家完全采用和原作品相同的
材料、加工方法、生产工艺、风格主题、艺术元素、结构组成、配色方案进行
仿制。另一种模仿手段是部分模仿，在部分模仿中，艺术家仅模仿原作的部分
主题、加工技艺和装饰纹样。

一些制于公元 1324 年/伊斯兰历 724 年（苏丹纳西尔·穆罕默德·伊本·卡

a b

图15-4a　饰有用汉语书写的马穆鲁克王朝苏丹纳西尔·穆罕默德·伊本·卡拉旺（an-Nasir Muhammad ibn Qalawun）名字的印花棉织品

图15-4b　印花棉织品（细部）

织物展现了伊斯兰历14世纪/公元8世纪（马穆鲁克王朝时期）中国纺织艺术对伊斯兰世界的影响。埃及伊斯兰艺术博物馆藏，开罗，编号：2225-2226。©穆罕默德·阿布都-萨拉姆

拉旺时期）的织物（图15-4）使用了部分模仿的手段。这些织物包括一些中国的蓝底象牙白刺绣织物。织物上可见中国传统的蓝天、符号、文字等，这些图案由圆形的缠枝纹环绕。一些织物上还带有马穆鲁克王朝苏丹纳西尔·穆罕默德·伊本·卡拉旺（an-Nasir Muhammad ibn Qalawun）的名字，这在中国工匠制造的伊朗、埃及风格艺术品中最为常见。部分织物是根据经由丝绸之路传入伊斯兰世界的中国艺术品仿制而成的。

缂丝工艺

"Qabaty"是"壁毯"在伊斯兰语中的名称。在宋代，壁毯在中国与东方穆斯林的贸易和外交中传入中国，该名称也用于织物制造中。自此，中国利用缂丝工艺生产一系列皇家服饰。尽管缂丝工艺并非穆斯林发明的，却由穆斯林传入中国。这种用于装饰丝织品的缂丝工艺在伊斯兰艺术中意为"在丝绸上缂毛"，进入中国后发展成为新式织物"中国缂丝"。中国工匠开始在丝织物上饰以金线和银线，这在金丝织物的纹样装饰中十分常见。缂丝在意大利语中被称为"Pani tartarici"（鞑靼丝绸）。丝绸之路推动了缂丝从伊朗、西亚、中东等地向中国的传播，也推动了棉织品尤其是印度印花棉布向中国的运输。这些例子充分证明了丝绸之路在推动中国织品和服饰发展方面发挥的重要作用。通

过丝绸之路上的交流，中国织品在原料选取、生产制造、纹样装饰、艺术加工等方面发生了彻底的变化。

穆斯林艺术与中国艺术的交融

丝绸之路上的部分实用艺术品兼具伊斯兰文化和中国文化的特点，这体现了中国穆斯林艺术家拥有双重身份：一是宗教身份（穆斯林），二是民族身份（中国人）。他们的这种双重身份是在丝绸之路上形成的。例如，明朝正德年间（公元 1506—1521 年/伊斯兰历 912—927 年）运用伊斯兰陶瓷技术制造的花瓶（图 15-5）上饰有阿拉伯铭文，铭文旨在启迪世人、推崇美德。该铭文是一种对智慧的论述："如若遇罪恶之事，请勿露声色，此为智。"

铭文的语法和拼写都非常完美，充分考虑了格位标记和加点的规则这两个层面的信息，即作品制作年代的标示与附加信息的传递。花瓶底座的汉字铭文是："大明正德年制"，表明了花瓶的制造时期和当时在位的皇帝，英文译文为 "Made in the Zhengde Reign of The Ming Dynasty"，正德皇帝在位时间为 1506—1521 年。

下图的胡卡水烟瓶（hookah），即 "水烟瓶"（图 15-6）是一件罕有的艺术珍品，制于伊斯兰历 1173 年（公元 18 世纪/伊斯兰历 12 世纪），瓶底刻有

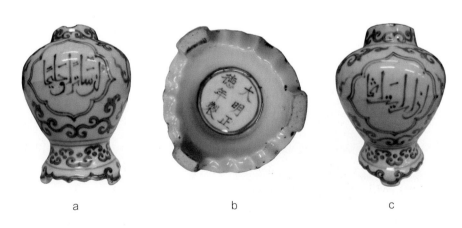

a   b   c

图 15-5a　青花瓷瓶（正面）
图 15-5b　青花瓷瓶（底部）
图 15-5c　青花瓷瓶（侧面）

公元 16 世纪/伊斯兰历 10 世纪，瓶高：19 cm，口径：8 cm，底座内径：7 cm。埃及伊斯兰艺术博物馆藏，开罗，编号：3454。©穆罕默德·阿布都－萨拉姆

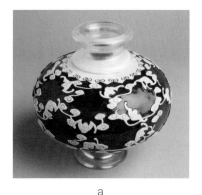

a   b

图 15-6a　胡卡水烟瓶（正面）

图 15-6b　胡卡水烟瓶（底部）

伊斯兰历 1173 年（公元 18 世纪/伊斯兰 12 世纪）。英国布里斯托博物馆及艺术画廊，布里斯托，
编号：N4788。©穆罕默德·阿布都-萨拉姆

数字形式的制造日期。烟瓶瓶身外侧刻有阿拉伯语铭文（意为"先知之死"）
和日期（伊斯兰历 1173 年），瓶身主体则绘有象征中国佛教文化的蝙蝠图案。

　　伊斯兰马穆鲁克织品的装饰图案体现了伊斯兰艺术与远东艺术的融合。典
型代表是一件带有纳斯赫体（Naskh）铭文的印花织物（图 15-7）。织物上饰有
词语"maḥaba"（爱；感情），每个字母顶部饰有花卉图案，花卉结尾部分又接
以"tshin"（被火焰包围的中国狮子）、野兔首、驯鹿首等多种动物首以及鸟儿。
这些形象均是中国佛教文化的象征，预示着吉祥如意、好运连连、健康长寿、

图 15-7　伊斯兰中国风马穆鲁克印
花棉织物

公元 14 世纪/伊斯兰历公元 8 世纪，
埃及伊斯兰艺术博物馆藏，开罗，编
号：14472。©穆罕默德·阿布都-萨
拉姆

身体强健和幸福美满。此外，这种装饰风格被称作"瓦卡瓦卡"（Waq Waq），其以阿拉伯字母为原型，并将以人形或兽形为结尾部分的花枝围绕在字母四周。该风格源自远东地区，后出现于中国的艺术工艺中，再经由丝绸之路传入伊斯兰世界。如今"瓦卡瓦卡"风格常见于伊斯兰织物、地毯的装饰设计中。

小　结

丝绸之路极大地促进了中国与伊斯兰世界的联系，推动了教义、宗教和哲学思想的传播。拥有独特宗教理念和服饰文化的苏非派沿着丝绸之路来到中国，而丝绸之路的织品清晰地体现了苏非派的宗教特点。丝绸之路是中国、阿拉伯国家和波斯之间的政治和外交枢纽。中国与伊斯兰国家第一次正式交往是在唐高宗时期。整个唐代，共有 37 个官方使团沿着丝绸之路来往于中国和伊斯兰世界。

丝绸之路织品反映出了中国和阿拉伯世界的社会认同，阿拉伯和波斯的伊斯兰教词汇是现存的可以体现伊斯兰文化对中国社会文化影响的最重要证明。丝绸之路上的纺织品体现出了中国与伊斯兰世界间的科学认同。一些中国穆斯林学者精通阿拉伯语、波斯语和汉语，被誉为"伊斯兰与中国文明的研究学者"。丝绸之路的纺织品进一步反映了艺术认同的形成，重塑了伊斯兰和中国织品的艺术特征。丝绸之路上的部分实用艺术品兼具伊斯兰和中国装饰风格，这体现了中国穆斯林艺术家的双重身份：一是宗教身份（穆斯林），二是民族身份（中国人）。丝绸之路因此造就了中国穆斯林艺术家的双重身份。

参考文献

Adel Abdel-Hafez Hamzah. 1994. Features of Chinese society in the light of the writings of the traveler during the Middle Ages. *Journal of the Faculty of Arts, Assiut University* 15, pp. 132-146. (In Arabic.)

Alkhory, Ibrahim. 1986. Arabs and China: Mutual Relationships and Exchange of Embassies. *Journal of Arab Heritage*, Vol. 6, No. 24, pp. 233-272. (In Arabic.)

Bai, Shouyi [白寿彝]. 1979. 中国穆斯林的历史贡献 [The Historical Contributions of Chinese Muslims], 应邀出席在阿尔及利亚召开的第 13 届伊斯兰思想讨论会上所发表的学术论文，

611 页 [Algeria: Session of the Islamic Seminar 13], pp. 6–11. (In Chinese.)

Cai, Dongfan [蔡东藩]. 2013. 历史演义，唐史 [Historical Romance: History of Tang Dynasty, Vol.3] 独立作家 [Independent Writers Press]. (In Chinese.)

Clunas, Craig and Jessica Hall. 2013. *Ming: 50 Years That Changed China.* Washington: University of Washington Press, pp. 257–271.

Fiussello, Nadia. 2014. Following the path of Islam in Asia. In U. Al-Khamis and K. Aigner. *So That You Might Know Each Other. The World of Islam from North Africa to China and Beyond from the Collections of the Vatican Ethnological Museum.* Vatican, Edizioni Musei Vaticani; Sharjah/UAE: Sharjah Museum of Islamic Civilization.

Morgan, David O. and Anthony Reid (eds.). 2011. *The New Cambridge History of Islam: Volume 3, The Eastern Islamic World, Eleventh to Eighteenth Centuries.* Cambridge: Cambridge University Press.

Sayyda, Ismail Kashif. 1975. China's Relationship with the Muslim World. *Journal of the Faculty of Archaeology,* Vol. 1, pp. 22–37. (In Arabic.)

Wahby, Ahmed. 2000. Islamic architecture in China, mosques of Eastern China. Master's degree, the American University in Cairo, pp. 260–268.

Weibel, Adele C. 1952. *Two Thousand Years of Textiles: The Figured Textiles of Europe and the Near East.* New York: Pantheon Books for the Detroit Institute of Arts.

Yuka, Kadoi. 2009. *Islamic Chinoiserie: The Art of Mongol Iran.* Edinburgh: Edinburgh University Press.

第 16 章

中亚和西亚地区的绗织物

埃尔迈拉·久尔（Elmira Gyul）

在纺织品发展的过程中，涌现出了许多艺术瑰宝，绗织就是其中之一。绗织物采用防染工艺制成，在中亚、东南亚、中国、印度、日本、中东、西非和拉丁美洲极负盛名。绗织色彩明艳、独具特色，但这种染织技法具体起源于何时何地，目前仍是一个不解之谜。有人认为绗织只有一个发源地，但它同样有可能在不同的国家和地区独立出现。无论如何，根据世界各地出土的早期绗织样本，人们可以推测，在遥远的过去，不同国家和地区之间存在人员流动、思想碰撞、技术转移以及文化交流。

还有一种观点认为，防染是最古老的织物染色工艺之一。起初这种工艺只用于织好的面料和衣服部件。依此染色方式，织物的局部会被扎结、缝纫、或是压缩，使之不会沾上某种颜色的染料溶液（扎染）。自古以来，防染工艺就在埃及、中国、印度、印度尼西亚、墨西哥、秘鲁和日本等地广为人知。在中亚，扎染又称"bandan"（意为"捆绑"）。布哈拉和马尔吉兰的丝绸头巾克拉加伊（kalgai, kelagai）是最负盛名的扎染织品（图16-1）。

蚕丝、棉花、羊毛、亚麻等纤维都可以用来生产绗织物。绗织技法有三种，分别是只扎染经线的"经绗"，只扎染纬线的"纬绗"，以及经线、纬线皆需扎染的"经纬绗"。绗织的装饰纹样既可以是抽象的，也可以是具象的，这些因素在人们试图探究防染工艺的传播路径时显得尤为重要。

以前，术语"绗织"常用于科学文献与通俗文学，指的是采用防染工艺制成的棉质面料和丝织面料，近些年才被引入纺织领域，但"ikat"一词与其所指的面料之间并无关联。"ikat"源自印尼马来语"mengikat"，意为"编织、打结、拼接、包裹、缠绕"。绗织过程需要分步进行：先在经线或纬线上扎线，再将线染上颜色，最后把经、纬线安装在织布机上。20世纪初，荷兰学者格雷特·彼得·鲁法尔（Gerret Pieter Rouffaer）开始研究印度尼西亚的防染织品，

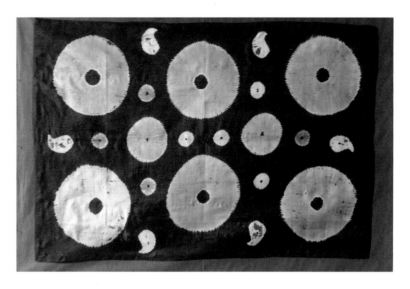

图16-1　克拉加伊（扎染）

布哈拉，20世纪早期。温德尔·斯旺（Wendel Swan）藏品，美国科科伦艺术馆藏，华盛顿特区，2018。供图：蒙温德尔·斯旺。©埃尔迈拉·久尔

该术语就是由他率先提出的。如今，"ikat"一词主要指在世界各地采用防染工艺制成的装饰性纺织成品。

已知最早的绊织样本在地理位置上与中国新疆密切相关，其残片发现于日本奈良法隆寺，断代为552—644年，现收藏在东京国立博物馆（图16-2）。

青海都兰的一处8世纪古迹曾出土了一些扎经染色的丝绸残片。中国是丝绸起源地，早期的绊织丝绸出土于此也不足为奇。

值得注意的是，奈良发现的与都兰出土的印花丝绸残片在风格上与后来在中亚地区发现的19世纪至20世纪初的防染（云）织物极为相似。此外，奈良的织物样品饰有波状或环状图案，该纹样很快就在伊斯兰国家的各种艺术品上广为流传。饰有此类纹样的织物被称为"abr"，意为"云"（图16-3）。在红色的底布上，紧密相接的颜色循序渐进过渡，就会使得纹样轮廓尤为鲜明。

图16-2 最早的绊织样本
出自日本奈良法隆寺，编号：N-25，日本东京国立博物馆藏。©日本东京国立博物馆图像档案馆

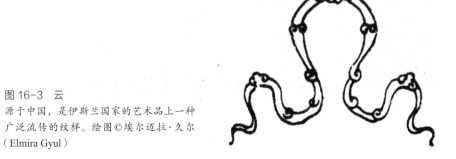

图16-3 云
源于中国，是伊斯兰国家的艺术品上一种广泛流传的纹样。绘图©埃尔迈拉·久尔（Elmira Gyul）

基于上述共性，我们是否可以认为，在6—8世纪的中亚地区，尤其是通过贸易往来和人口流动与中国建立密切关系的粟特（或吐火罗斯坦，Tukharsitan）和塔什干（或花拉子模），当地的绲织物与奈良、都兰的样本织造方法相同。这一推测很有道理，但同时期的另一丝织品——多色锦，在生产工艺和样式设计上与防染织物大为不同。多色锦不仅在中亚地区独占鳌头，在国际纺织市场上同样冠绝一时。多色锦是斜纹纬锦，上面饰有联珠纹样，团窠内既有动物，又有神灵。

　　据说，织锦工艺起源于6世纪的拜占庭，后沿丝绸之路东传到了粟特。奥尔芬斯卡娅（Орфинская）表示，粟特"已经准备好在既有的纺织传统基础之上接受新的技术，换言之，粟特当时已经形成了成熟的纺织文化"。织锦是否形成于粟特，人们对此观点不一。但在我看来，有切实的证据可以证明织锦确实来源于此。在阿拉伯征战之前，织锦一直都是丝路上的主要商品，其价格最为昂贵，地位尊贵至极。西方君主为购织锦一掷千金，因此粟特日益繁荣，财力渐增（图16-4）。

　　7—9世纪的大量织锦样品保存至今，它们大多出自中东、伊朗、粟特和中国。然而，同时期的绲织物却不多见，留存至今的绲织丝绸大部分出自中

图16-4　粟特贵族的丝织锦袍
7—8世纪，阿夫拉西阿卜宫壁画。©乌兹别克斯坦撒马尔罕国立博物馆，撒马尔罕

国，有些也可能出自印度，这一情况很令人费解。7—9世纪时，丝路发展达到鼎盛，但在整条贸易线路上，我们所发现的缂织丝绸却不多。

新宗教——伊斯兰教的创立及其在中东、中亚各国家的传播，极大地影响了丝织业的命运。起初，这些国家仍生产织锦，但随着伊斯兰教的发展壮大，丝织业逐渐停滞不前，棉织物取代丝织物，成了伊斯兰文明中最主要的纺织品。

棉织物之所以能取代织锦，至少有以下两个原因：第一，许多织锦纹样都是琐罗亚斯德教标志，这些图案与伊斯兰教信仰相悖；第二，棉织物符合早期伊斯兰世界对朴素精神的追求。阿拉伯人奉行平等主义，生活上追求简约和实用，抨击生产、穿戴丝织品等奢侈行为。众所周知，阿拉伯先知穆罕默德不允许男性佩戴金戒指、金手镯，也不得身穿昂贵的丝绸衣服。《古兰经》称丝绸是升入天国后才能获得的奖赏，这就解释了包括缂织物在内的阿拉伯纺织品为什么均为棉质（图16-5）。

后来，随着哈里发帝国的衰落和其他王朝的兴起，丝绸重新回到了伊斯兰国家的纺织业中，人们对奢侈品的需求超过了对宗教信仰的坚守。纳尔沙希

图16-5 粟特-萨珊织锦

丝质，具象纹样；棉质，抽象纹样。编号：2011.15.8-A-1。©中国丝绸博物馆，杭州

（Narshakhi）时代，甚至连装饰动物纹样的织锦传统也重新回归，并在布哈拉织造生产，但穿戴纯桑蚕丝衣物的限制仍持续了几百年。1834年，俄罗斯东方学家彼得·德米松（Petr Demizon）出于外交目的出使布哈拉，据他描述，纯丝绸"只有女性可以穿戴，因在穆斯林看来，如果祷告时穿戴纯桑蚕丝衣物，真主安拉就听不见自己的祈祷"。

纳哈·奥马尔（Nahal'Omer）遗址位于以色列阿拉瓦山谷，这里曾出土了251件断代为650—810年的纺织品残片，其中8件是最早有记载的棉质经绯。奥里特·沙米尔（Orit Shamir）和阿丽莎·巴金斯基（Alisa Baginski）发表了对于这些残片的研究结果，他们认为这些织物可能从也门或印度而来。为证明这一观点，两位作者提及了著名的阿旃陀石窟壁画和中亚出土的丝织物。

出自也门的棉质绯织可追溯至9世纪至10世纪早期，其中一些较为知名的藏品现存于美国大都会艺术博物馆。这些织物和以色列早期出土的织物（650—810年）属于同一文化圈。在阿拉伯世界，绯织被称为"asb"（源自阿拉伯语"asaba"，意为"绑"）。阿拉伯半岛气候干燥，9世纪开始种植棉花，此后当地就可以生产绯织物。

纺织专家并不能排除东南亚和中东的纺织传统间存在联系的可能性。现存织物上色彩鲜艳的条纹、"羽毛"和菱形共同构成的抽象纹样，足以证明这种潜在的可能性。

可以推测，早期的印度绯织（阿旃陀石窟壁画图案）和中国绯织之所以会选择抽象纹样，与其采用了防染工艺密不可分，这种染色工艺并不适合创造具象化图案（神话场景主要出现在印度尼西亚的绯织上）。然而，在伊斯兰国家，绯织的抽象纹样则是有意为之，这反映出了受真主启发的伊斯兰教审美倾向。

阿拉伯人将绯织物视为传播信息的工具，此种观念就可以表明阿拉伯绯织的抽象纹样兼具装饰意义与象征意义。阿拉伯人最先生产了带有铭文的绯织物——提拉兹（tiraz）。他们将阿拉伯文书法铭文用刺绣绣在织物上，或用墨水染在织物上。书法铭文在伊斯兰文化中具有神圣意义，用来装饰织物能够彰显其至高无上的地位。提拉兹在皇室监督下由专门的工厂生产，这绝非出于偶然。

出现在织物、地毯、陶器和墙壁上的阿拉伯铭文表明，当时的伊斯兰教已深入阿拉伯世界，这些铭文向当地人民展示了《古兰经》的教义，并用充满智慧的道德箴言、仁爱的话语来吸引他们。人们即使无法读懂铭文，也依旧会将其视为穆斯林至圣之物——《古兰经》的象征。总而言之，正如丽莎·戈隆贝克（Lisa Golombek，伊斯兰艺术与建筑的权威学者）所言，铭文扮演了与异教人物和基督教人物相同的作用。

根据铭文，我们推测阿拉伯缂织物是重要的宗教象征，可以传播新的教规教例。伊斯兰教创立之初，需要赢得民心民意，纺织品在这一阶段发挥了重要的社会功能，并成为传播新宗教信仰的工具。

大都会博物馆藏品中，有一块缂织物残片（编号：29.179.17），上面绣有库法体铭文"al-mulklillah"，意为"主权属于真主安拉"（图16-6），此类铭文再次证明了纺织品具有传达及传播新宗教思想的作用。阿拉伯棉质缂织物取代了织锦的地位，成了人们表达虔诚之心的象征。

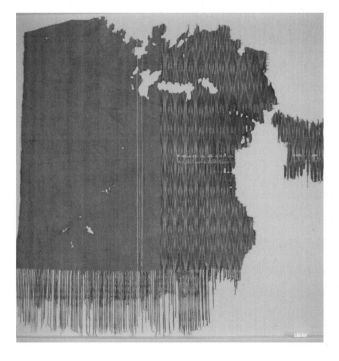

图16-6 缂织物残片饰有库法体铭文"Al-mulklillah"，意为"主权属于真主安拉"。©美国大都会艺术博物馆藏，纽约，编号：29.179.17。公共领域图片。图片来源：https://www.metmuseum.org/art/collection/search/448302.

中亚和西亚地区后期的绊织物并没有留存下来。

19世纪至20世纪初期，一颗新星在中亚绊织史上冉冉升起。当时的中亚被乌兹别克斯坦三大汗国（布哈拉汗国、希瓦汗国和浩罕汗国）占领，大量具有独特艺术价值的纯桑蚕丝和桑蚕丝混纺的防染织物出现在这一时期，并得以留存至今。

值得注意的是，中亚地区得天独厚的地理环境有利于生产各种织物。农业人口定居在绿洲，他们培育红麻（*Hibiskus cannabinus*）、棉花，生产桑蚕丝；游牧民族适宜生活在草原和丘陵，他们为当地市场提供大量的羊毛（羊绒）以及羊毛制品。多元化的纤维材料可以用于生产各式各样的纺织品，如刺绣、金绣、印花布、地毯编织、毛毡、棉织物、丝织物等，每一种工艺品都是独一无二的，但有哪一种能比绊织物更具名气呢？

还需提及一种非常矛盾的现象：当地绊织物的质量能够证明防染工艺的发展情况及熟练程度。但在这一地区，我们并没有发现过任何初期绊织物样本。可以确定的是，若要对绊织发展史进行假设性重构，就必须考虑中亚与中东、西亚以及东南亚的密切关系。

防染工艺和绊织传统进入中亚的路径有两条，一是从东部的中国新疆传入，二是在阿拉伯征战和伊斯兰教传播期间从西部的也门传入。桑蚕丝混纺绊织物和纯桑蚕丝绊织物都在中亚乌兹别克汗国投入生产，这就可以推断出前者（经线丝织，纬线棉织的面料）是折中后的产物，阿拉伯棉质绊织能满足中亚穆斯林的需求，而纯桑蚕丝绊织物则是受到了新疆艾德莱丝绸（silk atlas）的影响。中国的新疆，以及中亚、中东地区（也门）的织物只对经线进行装饰和染色，据此，我们可以推断以上三个地区的丝织传统一脉相通。

由此可见，中亚绊织是在多种文化影响下的产物，在不同地区，当地人也会根据自己的喜好对绊织物进行适当调整。防染工艺在亚洲的传播与丝绸之路息息相关，这一著名的商路不仅促进了商品流通，也推动了思想传播。与中国新疆的贸易往来、阿拉伯人的军事扩张，以及伊斯兰教传播带来的新式的审美观念，使得绊织物能在中亚河中地区生根发芽。

帖木儿帝国统治时期（约14世纪70年代—15世纪初）是中亚历史上最为辉煌的时代之一。那么在这片广阔的土地上，人们是否使用绊织物？ 1404

年，西班牙外交官兼旅行家克拉维约（Ruy González Clavijo）到访了撒马尔罕统治者的宫廷，他在回忆录中提到了一种"彩色丝织物"，但尚不能确定这种织物是否采用防染工艺制成。帖木儿和谢巴尼德王朝的袖珍绘画上的男男女女，皆身着平纹织物，或饰有小型花卉和杏仁状纹样的纺织品，但这些服饰都不由绊织物制成。

16—17 世纪时，莫斯科公国与中亚地区的外交关系密切，贸易往来也十分频繁，因此俄国史料中常会提到两种来自布哈拉和希瓦的纺织品，被称为 kutni zendennye（缎纹的棉提花和丝织物）和 obyarinnaya zenden（单色摩尔纹刺绣丝织物，运用织前扎绑的手段对织物进行上色和装饰）。乌兹别克斯坦学者萨耶拉·马赫卡莫娃（Sayera Makhkamova）专门研究中亚绊织，他认为，"obyarinnaya""obyar""obir"等术语均是由"abr"（ikat 在中亚地区的名称）演变而来，由此看来，"kutni zendennye"和"obyarinnaya zenden"其实就是布哈拉和希瓦生产的绊织物。

俄罗斯著名诗人米哈伊尔·莱蒙托夫（Mikhail Lermontov）创作的《商人卡拉希尼科夫之歌》（*The Song about the Merchant Kalashnikov*）可以间接证明中亚织物在 16 世纪的受欢迎程度。这首诗写于 1837 年，讲述了伊凡四世（1547—1584 年）统治下发生的事件。以下内容节选自该诗，是主人公的一段独白：

> 我使劲从他手里挣脱身，
> 拔腿就朝着咱们家飞奔；
> 你送给我的那块花边头巾，
> 连同那块布哈拉产的头纱
> 都从此落入了强盗手中。

从俄国 19 世纪的珍藏照片可以判断，所谓"布哈拉头纱"，指的是一种绊织头巾，也是俄国新娘最爱的外来商品（图 16-7）。绊织物由布哈拉酋长国商队带入俄国。除进口成品外，俄国还会进口手工染色的经线，作为俄国人生产绊织物的原材料。

图 16-7　身着盛装的女孩和已婚女性

摄影：察里茨克·瓦西里·（威廉）·安德烈耶维奇［Carrick Vasiliy (William) Andreevich］，楚瓦什共和国，波列茨基区，19世纪中后期。图片来源：彼得大帝人类学与民族学博物馆，俄罗斯科学院。©MAE RAS 2021，No. 160-157

中亚地区的绁织物

19世纪时，独具特色的绁织物成了中亚多元文化中不可或缺的一部分。绁织物的生产中心主要集中在马尔吉兰（Margilan）、苦盏（Khujand）、浩罕（Kokand）、纳曼干（Namangan）等费尔干纳（Fergana）盆地（浩罕汗国）的大城市，以及沙赫里萨布兹（Shakhrisabz）、卡尔希（Karshi）、基托布（Kitab）、撒马尔罕（Samarkand）、梅尔夫（Merv）等布哈拉酋长国。在希瓦汗国的都城希瓦，绁织物也极负盛名。

乌克兰艺术家维亚切斯拉夫·罗兹瓦多夫斯基（Vyacheslav Rozvadovsky）曾于20世纪10年代来到土耳其，他提到，布哈拉有46家丝织作坊，喀什有19家，撒马尔罕仅有6家。布哈拉的许多织工都是世世代代传承织造工艺的伊朗人，他们的祖辈从梅尔夫（Merv）来，18世纪末定居在布哈拉。费尔干纳盆地的丝织作坊则更多：浩罕有40家，苦盏有97家，马尔吉兰有120家，大多数作坊专门负责生产的某一环节，或只生产某一类织品。

值得一提的是，无论在农村还是城市，当时的纺织生产领域既有专业工匠协会，也有家庭手工艺，且明显存在性别分工。为市场生产商品的工匠协会由男性掌管；女性负责生产自用家庭手工艺品，包括室内刺绣品、地毯以及最简单的棉织物、毛织物和拼布，这些通常都是新娘的嫁妆。女性在社会上处于从属地位，不能进入市场。这种男女分工的模式一直稳定地持续到了 19 世纪末，后来女性获得了更多自由，渐渐走向市场，但丝织业仍由男性垄断。织工们来自不同的民族，他们主要是塔吉克人、中亚的伊朗人和定居民族乌兹别克斯坦人。

纺织过程始终遵循分工原则，这意味着一件绗织物要由多名匠人共同完成：绘图师（abrbandchi，chizmachi，源自乌兹别克语 chizma，意为"绘画"）设计图案，染色师为丝线染色，绑染经线的工人将丝线穿进织布机，织工进行最后的织造。

织物类型由纤维含量和纺织工艺决定。根据纤维含量，防染织物可以分为半丝织物、全丝织物和棉织物。桑蚕丝交织物以棉线作为经线，adras（艾德莱斯棉）是最受欢迎的此类织物；全桑蚕丝织物包括 shoyi、shokhi、atlas（艾德莱斯绸，旧称为"khan-atlas"，意为"可汗的丝绸"）、bakhmali 等；棉织物相对而言不常出现。根据纺织工艺，丝织物可以分为绫纹肌理、缎纹组织、平纹组织和不太常见的斜纹组织。

俄罗斯官员兼民族志学者阿法纳西·格雷本金（Afanasiy Grebenkin）调查发现，20 世纪初期，撒马尔罕及其周边地区的防染织物是"abardor"（塔吉克语）。亚欧大陆北部地区传统纺织品研究学者埃琳娜·沙雷娃（Elena Tsareva）认为"abardor"一词是"a/oborangdor"的缩写，但更合理的解释应该是，"abardor"表示了纺织品自身的特性。这一单词应理解为"ob bardor"，意为"抗水"，即好着色，不易褪色或掉色。

如今，在波斯语中防染织物一般被称为"abr"，意为"云"。在当地匠人之间流传着这样一个美丽的传说：一个穷织工为了能从富商那里赎回自己的挚爱，创造了这种精美绝伦的织物。云织物纹样的灵感来自高山湖面上倒映的夏日流云，在阳光的映射下，流云变得七彩斑斓，晨风拂过，湖面微微泛起涟漪。所以，在民间，云织物的起源与美丽的自然风光和浪漫的爱情故事密切相关。还有一种说法是，织工为了强调丝绸轻如云朵的特点，所以将此种面料命名为"abr"。关于"abr"一词的解释还有很多，它可以用来指分步染色中的扎经技法"abrbandi"（"abr"意为"云"，"band"意为"捆绑"），也可以指绘图师（abrband，abrbandchi意为"系云者"）。有趣的是，"abr"一词还指纳克什班迪教团（中亚最著名的苏非教派之一）的创始人白哈文丁·纳克什班迪·布哈里（Bukharian Bakhauddin Naqshbandi）。该教派的特别之处在于信徒不仅会进行旨在承认上帝的精神实践，同时还会工艺制作。白哈文丁·纳克什班迪生于织工家庭，因为他善于绘制纹样，遂得名纳克什班迪（Naqshbandi，naqsh 意为"纹样"，band意为"捆绑"）。我们无从得知"abrbandchis"一词是否指代苏非派兄弟会组织纳克什班迪教团信徒，但纹样设计师的工作极可能具有神圣性。千变万化的云织物纹样似乎创造了一个变幻无穷、多姿多彩的锦绣世界。使人每每看向交相辉映的色彩和线条，都会感受到纹样背后的神圣教义。

奢侈丝织物是城市经济的重要组成部分。色彩明艳、构图精巧的绊织长袍及其他绊织物能够勾起人的无限遐想，因此成了当地市场上最热销的产品。在一些19世纪末至20世纪初的老照片上，我们能够观察到照片中所有人都穿着绊织衣物，照片中的人代表了不同的民族、阶层，也代表了穷人、富人、城市人、乡村人以及游牧人（图16-8 和图16-9），全民族的人都穿上了绊织服饰。值得注意的是，绊织物尽管仍是最重要的出口商品之一，但不再为精英人士独有（图16-10）。

图 16-8　1911 年，撒马尔罕犹太教师和学生
©M.普罗库金-戈斯基（M. Prokudin-Gorsky）维基共享。
图片来源：https://commons. wikimedia.org/wiki/ File:Jewish_ Children_with_their_Teacher_ in_Samarkand_cropped.jpg

图 16-9　身着传统裙装的
乌兹别克女孩
塔什干，20 世纪早期。供
图：乌兹别克斯坦艺术与现
实画廊，塔什干。©沙赫诺
扎·卡里姆巴耶娃（Shakhoza
Karimbabaeva）

a

b

图 16-10a　中亚女式长袍
（Munisak），1850—1875
图 16-10b　中亚女式长袍，
1850—1875
塔什干，20 世纪早期，圭
多·戈德曼（Guido Goldman）
藏品，2018 年 3 月 24 日 —
7 月 29 日华盛顿哥伦比亚
特区赛克勒美术馆"为之染
色：中亚绛织（To Dye For:
Ikats from Central Asia）"展
览展品。©埃尔迈拉·久尔
（Elmira Gyal）

20 世纪的绀织物

20 世纪是中亚绀织物发展的艰难时期。苏维埃政权建立后，在国有化浪潮的推动下，私人企业不允许拥有制造设施，个人作坊生产纺织品是违法行为。昔日的手工业行会被解散，工匠们不得不加入苏维埃政权建立的合作社（即工人合作社）。手工绀织物的绘图师大幅减少，大部分绀织物都由工厂生产，1934 年开始营业的塔什干织品制造厂（the Tashkent Textile Manufacturing Plant）包揽了大部分绀织物的生产。此后，机器生产取代手工织造，现在那些色彩明艳的绀织纹样都是采用机械印花的方法制造的。

20 世纪俄国政治体制的转变、新经济形式的出现和意识形态的垄断等因素不仅对手工织造业产生了负面影响，也限制了所有传统工艺的发展。

图 16-11　以哈姆扎命名的乌兹别克首都塔什干国家戏剧院的女演员莎拉·伊桑图拉耶娃（Sarah Ishanturaeva）1932 年。供图：乌兹别克斯坦艺术与现实画廊，塔什干。©迪娜·霍贾耶娃－彭森（Dina Khodjaeva-Pension）

图 16-12　乌兹别克斯坦母亲肖像
马尔吉兰，1935 年，获 1937 年巴黎世界博览会大奖。供图：乌兹别克斯坦艺术与现实画廊，塔什干。©迪娜·霍贾耶娃－彭森

此外，在 20 世纪 20 年代至 30 年代，苏维埃治下的中亚发生了巨变，各个国家都开展政治运动，以求摒弃传统，谋求新的社会主义生活方式。但深受大众青睐的绲织物有幸在这场动荡中得以留存。30 年代，绲织物开始成为彰显乌兹别克斯坦民族认同的重要媒介，当时的许多电影和纪实摄影都可以证明这一点。身着绲织裙装的年轻女性象征着社会复兴。绲织物成了戏剧表演和政治活动中的"民族服饰"（图 16-11 和图 16-12）。

20 世纪 70 年代和 80 年代中期，人民自发发起了民族传统复兴运动，绲织再次引起了人们的兴趣。近年来，传统价值观和民族文化本源重新在社会上掀起热潮，而文化领域中的前卫意识或是受到禁止，或是遭遇压制。很难想象那个年代不穿带有绲织设计的裙装的中亚女性是什么样子。

1991 年乌兹别克斯坦宣告独立，传统手工丝织工艺开始复兴。经济政策发生变化，私人经济再度出现，工匠们恢复了丝织物的手工艺生产。20 世纪 90 年代末，手工制作的丝织品得以在全球亮相。法国高级时装业的女装设计师约翰·加利亚诺（John Galliano）率先将中亚绲织纹样用于其自创品牌以及迪奥的设计当中。类似的还有美国时装设计大师奥斯卡·德拉伦塔（Óscar de la Renta），他在该品牌 2005 年春季系列展示了几件由乌兹别克斯坦著名织工拉苏尔·米尔扎赫梅多夫（Rasul Mirzaakhmedov）制作的绲织物（图 16-13、图 16-14）。巴黎世家（2007 年）、古驰（2010 年）、罗伯特·卡沃利等高级时尚品牌都在自己的系列发布中使用了绲织物。毫无疑问，这些品牌推动了中亚文化在国际上的传播。

带有复杂图案和精致配色的巧妙纹样设计是中亚绲织物最为显著的特点，也是此种面料能在世界纺织史上独树一帜的原因。云织物和绲织面料的染色方法给予绘图师充分空间来发挥创造力、表达自我，这也是绲织纹样变化万千、丰富多彩的原因。正如前文所言，早期中亚绲织物的纹样极为抽象，直到 19 世纪末 20 世纪初，具象纹样才逐渐出现，其造型整体受伊斯兰风格影响，偏向于体现象征意义而非写实形象，但人们仍然可以清晰辨认出花卉、动物、日用器物和拟人化形象。这些具象纹样是中亚绲织物的独特标志，区别于世界上的其他防染布料。

中亚绲织物推动了绲织艺术的发展，其繁复的纹样、变幻的色彩举世无双。从纯粹抽象纹样到常规写实纹样的转变使得织工们可以在织物设计中发挥

图 16-13　2019 年奥斯卡·德拉伦塔春季
时装系列
供图：拉苏尔·米尔扎赫梅多夫（Rasul
Mirzaakhmedov）

图 16-14　乌兹别克斯坦著名织工拉苏尔·米尔
扎赫梅多夫与其入展的绗织物
供图：拉苏尔·米尔扎赫梅多夫

个性，创造多样化的绗织物。

　　最流行的植物图案是树木（darakht）（图 16-15）、缠枝（shokh）、梨子（nok）、小石榴（anorcha）（图 16-16）、杏仁（bodom）（图 16-17）、盆花（tuvakda gul）、卷心菜叶（bargikaram）；最受欢迎的兽纹有公羊角（kuchkor shokhi）（图 16-18）、老虎尾（yulbars dumi）、骆驼部落（tuya taypok）、蝎子（chayon）（图 16-19）、蛇迹（ilon izi）；取材于家用器具的纹样有梳子（tarok）、压木板（takhtakach）、镰刀（urok）、杯花（kosa gul）、鼓（nogora）、细筛（galvirak）、壶嘴很长的壶（oftoba/kumgon）、托盘（patnus）、旗（bayrok）、珠宝（shokila）、护身符（tumorcha）等。值得注意的是，纹样所具有的内涵并不总与其名字相关，其原始意义有时会被人遗忘，为了工作的便利性，工匠们就会将纹样与相似物体联系起来，再赋予它们新的名称。一些饰有女性形象的图案很明显象征了生育女神（图 16-20），地毯、绣品和珠宝上也可见相似纹样。

图 16-15　饰有生命之树纹样的艾德莱斯棉（扎染织物）

布哈拉,20 世纪,丝棉交织,手工织造,140 cm×45 cm,BOZ_3953,编号: 117。©乌兹别克斯坦艺术博物馆,塔什干

图 16-16　饰有石榴纹的艾德莱斯绸

布哈拉, 19 世纪末, 丝绸面料, 手工织造, 214 cm×46 cm, BOZ_3966, 编号: 201。©乌兹别克斯坦艺术博物馆,塔什干

图 16-17　饰有杏纹的艾德莱斯绸

马尔吉兰,1920,丝绸面料,手工织造,828 cm×34 cm,BOZ_3927,编号: 441。©乌兹别克斯坦艺术博物馆,塔什干

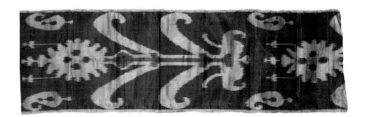

图 16-18　饰有公羊角纹的艾德莱斯棉

布哈拉, 19 世纪末 20 世纪初, 丝棉交织, 手工织造, 162 cm×45 cm, IMGL0925,编号:126。©乌兹别克斯坦艺术博物馆,塔什干

图 16-19　巴赫马尔（Bahmal），蝎子纹天鹅绒

布哈拉，19 世纪末，用丝线和棉线进行手工织造，60 cm×32.5 cm，BOZ_3972，编号：23。© 乌兹别克斯坦艺术博物馆，塔什干

图 16-20　巴赫马尔，饰有生育女神纹样的天鹅绒

布哈拉，20 世纪早期，用丝线和棉线进行手工织造，170 cm×33.5 cm，ALIL5124，编号：38。© 乌兹别克斯坦艺术博物馆，塔什干

如昆格拉特部落的织绣地毯以及壁挂（ilgichs）上就饰有非写实风格的分娩女性纹样；zebi-gardo（乌兹别克斯坦新娘佩戴的一种项链）的中央挂坠以及耳饰品上的图案也形同此类。根据这些纹样，我们可以推测当地人仍有寻求神灵庇护的传统。织物的纹样似乎具有巫术寓意，其中一些表示驱邪消灾，还有一些寓意丰收硕果。

　　20 世纪中叶，云织物纹样再次达到形象化的高峰，苏维埃的象征符号开始被用作纹样图案。镰刀与锤头的图案、莫斯科克里姆林宫和人造卫星的剪影、诸如"USSR"（苏维埃社会主义共和国联盟）等宣传标语，统统出现在了织物上。1957 年，为在莫斯科庆祝国际学生节，绘图师 T.卡里莫夫（T. Karimov）设计了"克里姆林宫"纹样。在织物纹样中加入苏维埃的象征元素，既体现了时代背景，也反映了传统艺术具有灵活性，能够适应任何社会文化形式。近年来，乌兹别克斯坦的云织物经典纹样开始复兴，"法蒂玛之手"（图 16-21）等伊斯兰文化新标志不断出现，其象征意义随时代的发展而不断

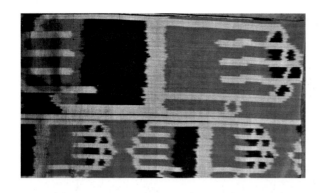

图 16-21 "法蒂玛之手"纹样绊织物
私人收藏。供图：伊琳娜·波哥斯洛夫斯卡娅（Irina Bogoslovskaya）

变化，但始终都传达了美好的祝愿，它唤起了人们对神界的向往以及对超自然美的追求，这也是"法蒂玛之手"能够流传几百年的其中一个原因。

云织物色彩丰富，因而受到全世界人民的喜爱。我们可以断定，在不同的历史阶段，绊织所传达的主题也不尽相同，它可能代表了宗教信仰的虔诚和仪式的纯洁，也可能是政治理想的象征、时尚界的标志和现代艺术的表现形式（图 16-22）。这种迷人的织物数百年来深深吸引着人们，其纹样的象征意义也随着图案一起不停变化。作为一种艺术形式，绊织已流传数百年，这足以证明它与任何一种文化都有相关性。抽象的图案因神秘而迷人，它们或引人沉思，或令人赞叹，或引发遐想。玛卡姆（makom）是东方音乐思想的最高表现形式之一，特点是自由即兴、音调多变，且以半音为主，绊织纹样就如玛卡姆的旋律一样千变万化。绊织物也深受西方人士的青睐，其颜色就像爵士乐变化多端的节拍、长短不一的音符、时强时弱的节奏。色彩上的强烈对比在视觉上赋予画面以节奏感、灵活性和独特的韵律感。富有生机、对比强烈的颜色组合似乎在一个无尽的万花筒里相互渗透，十分令人震撼。以上所有特点都是绊织物能够为中亚之外的地区所接受的原因。尤其在乌兹别克斯坦，人们对带有云纹的织物、陶瓷、地毯，甚至还有珠宝，依然有强劲的需求。经历了 20 世纪手工艺发展的艰难阶段后，绊织物至今依旧活跃在市场和时装秀上，每次都以或传统，或前卫的纹样与颜色震惊世界。

图 16-22　饰有"外星人"图案的绊织布料长袍

由乌兹别克斯坦艺术家迪利亚拉·波娃（Dilyara Kaipova）设计，棉质，防染工艺制。供图：迪利亚拉·波娃（Dilyara Kaipova）

参考文献

Ermakova, Ekaterina. 2002. *Ikats from Turkestan. Tair F. Tairov Collection*. Moscow: Izd. Zheltye Stranntsy. (In English/Russian.)

Fitz Gibbon, Kate and Andrew Hale, A. 1997. *Ikat: Spendid Silks of Central Asia, The Guido Goldman Collection*. London: Laurence King Publishing / Alan Marcuson.

Ghosh, Shukla. 2000. *Ikat Textiles of India*. Delhi: A.P.H. Publishing Corporation.

Gyul, Elmira. 2021. *Sogdian Silk: The Thread Connecting Countries and Peoples*. Sogdia: The Heart of The Silk Road, Tashkent. pp. 302–332.

Gyul, Elmira. 2020. How ikat accompanied history in Central Asia. *Voices on Central Asia*, 9 January 2020.

Patnaik, Umesh C. and Aswini K. Mishra. 1997. *Handloom Industry in Action*. New Delhi: MD Publications Pvt, Ltd.

Rahimov, Rahmat. 2006. *Bukhara-Petersburg: the Silk Road for the House of the Romanovs (Historical and Cultural Portrait of the Kunstkamera Collections)/ Oriental Dreams. Russian Avant-Guard and*

Silks of Bukhara. Edited by Efim A. Rezvan.

Serjeant, Robert Bertram. 1972. *Islamic Textiles. Material for a History up to the Mongol Conquest.* Beirut: Librairie du Liban.

Shamir, Orit and Alisa Baginski. 2014. The earliest cotton Ikat textiles from Nahal Omer Israel 650– 810 CE. In Marie-Louise Nosch, Feng Zhao and Lotika Varadarajan. *Global Textile Encounters.* Philadelphia: Oxbow Books, pp. 65–74.

Xu, Xinguo. 2002. Dulan Burial Ground. In Zhao, Feng. (ed.). *Recent Excavations of Textiles in China.* Hangzhou: China National Silk Museum. pp. 72–109.

Zhao, Feng and Wang Le. 2013. Glossary of textile terminology (based on the documents from Dunhuang and Turfan). *Journal of the Royal Asiatic Society*, Vol. 23, No. 2, pp. 349–387.

Беленицкий, Александр, and Бентович, Илона. 1961. Из истории среднеазиатского шелкоткачества (к идентификации ткани «занданечи») [From the history of Central Asian silk weaving (to the identification of the Zandanechi fabric)]. Среднеазиатская археология. No. 2. [Central Asian Archeology] (In Russian.)

Гребенкин, Афанасий. 1983. Ремесленная деятельность таджиков Зеравшанского округа. Материалы для статистики Туркестанского края. СПб. [Handicraft activity of Tajiks of Zeravshan district. Materials for statistics of the Turkestan region. St. Petersburg]. (In Russian.)

Емельяненко, Татьяна. 2008. Традиционные ткани у таджиков. [Traditional fabrics of Tajiks]. Электронная библиотека Музея антропологии и этнографии им. Петра Великого (Кунсткамера) РАН. (In Russian.) http://www.kunstkamera.ru/lib/rubrikator/03/03_03/978-5-88431-277-7/ C. 352.

Клавихо, Руи Гонзалес де. 1990. Дневник путешествия в Самарканд ко двору Темура [Diary of a journey to Samarkand to Temur's court]. (1403–06). (In Russian.)

Кудрявцева, Анна and Резван, Ефим. 2016. Человек в Коране и доисламской поэзии. [Man in the Quran and pre-Islamic poetry]. Учебное пособие. Санкт-Петербург Президентская библиотека. (In Russian.)

Махкамова, Сайера. 1962. Узбекские абровые ткани. [Uzbek ahr fabrics]. (In Russian.)

Мукминова, Роза. 1976. Очерки по истории ремесла в Самарканде и Бухаре в XVI веке. [Essays on the history of crafts in Samarkand and Bukhara in the 16th century]. (In Russian.)

Орфинская, Ольга. 2017. Рождение и смерть шелковой ткани самит. [Birth and death of silk cloth samite]. *Stratumplus*. No. 5. C, pp. 338–340.

Ремпель, Лазарь. 1982. Далекое и близкое. Страницы жизни, быта, строительного дела, ремесла и искусства старой Бухары. [Far and near. Pages of everyday life, creative business, crafts and art of old Bukhara]. (In Russian.)

Царева, Елена. 2006. Между Амударьей и Сырдарьей: шелковые икаты в культуре центральноазиатского Междуречья / Грезы о Востоке. [Between the Amu Darya and the Syr Darya: silk ikats in the culture of the Central Asian Mesopotamia / dreams of the East]. Русский авангард и шелка Бухары. (In Russian.)

Церрникель, Мария. 1997. Культура текстиля в Узбекистане / Узбекистан. [Textile culture in Uzbekistan]. Наследники Шелкового пути. (In Russian.)

第五部分

丝绸之路沿线的贸易、商旅、礼品和交流

第 17 章

中国丝绸生产技术西传欧洲及后续发展

克劳迪奥·扎尼尔（Claudio Zanier）

约公元前 3000 年，甚至更早，中国开始饲养家蚕（*Bombyx mori*），从蚕茧中获取蚕丝，制成丝织物。桑蚕丝绸生产遍及全国各地，成为一项蕴含文化意义的神圣活动。早期，农村地区的桑蚕生产大多采用家庭生产的组织形式。此后，丝织品成为政府赋税的税种之一，也充当了历朝历代物物交换的媒介，抑或作为礼品赠予外国。

早在汉代之前，桑蚕生产技术就已从中国慢慢向东传至朝鲜和日本，此后，该技术又沿陆路，分几个连续阶段，先后传至中亚、伊朗、高加索地区直至地中海，大约在 10—11 世纪传至西班牙南部和意大利南部。

"蚕事"一词包含栽种桑树、采摘桑叶（家蚕的唯一食物来源）、养蚕育种、收获蚕茧、缫丝（缫制而成的丝线，在贸易上通常称为"生丝"）及并丝等环节。丝绸生产流程包括精炼丝线、加捻、染色以及织造。本章将重点探讨桑蚕生产技术的传播，包括桑蚕业传入西方的历程，即栽桑养蚕原创技术的西传，这一部分内容在以往经济史书籍中很少涉及。本章还将介绍意大利如何在几个世纪内就成了西方丝织品和丝线的主要生产国，直到 19 世纪下半叶仍然是仅次于中国的第二大丝线出口国。到 20 世纪 30 年代，意大利在养蚕业和丝绸制造业中的突出地位才有所下降。

任何地域、任何气候条件下都有可能开展丝绸生产，如斯德哥尔摩和莫斯科都在 18—19 世纪兴建了大型丝织厂，但养蚕和制丝却有地域限制，尤其限于桑树易栽培的地区（见第 7 章）和利于家蚕生长的地区。据此，我们可以绘制出一条横跨欧亚大陆的"桑树带"，这片区域大致与酿酒葡萄的种植区相吻合，也大致对应由 19 世纪德国地理学家费迪南·冯·李希霍芬首次命名为"丝绸之路"的亚洲陆路贸易路线。

蚕丝生产的特征、气候条件和蚕的生命周期

限制桑蚕业向西发展的因素有两个：第一是桑树生长所需的气候条件，第二是人们对蚕的生殖力的认知水平。

受季风影响，中国的大部分地区，尤其是江淮以南地区，还有韩国和日本等东亚沿海国家，在春末和夏季会经历强降水。在此条件下，桑树很容易长成低矮的灌木，种植不久后就可以收获大量的桑叶。所以，将植桑养蚕活动推广到季风区相对容易和高效，因为桑树可以在短期内产生大量的叶子，使收获大量的蚕茧成为可能。

每年，亚洲内陆国家、大多数中东国家和地中海盆地周围国家通常会经历一段干旱期（从春末开始，一直持续到夏季）。一旦进入干旱期，在长达三个月的时间里就很少会降雨。因此，只好将桑树培育成型，这样其根系就能深入土壤深处去寻找水分。即使在具备灌溉条件的地方，夏季干燥、炎热的气候条件也不适宜将桑树作为灌木种植。于是，要想让桑蚕业从中国沿亚洲内陆路线向西发展，桑树必须培育成型。桑树种下后，至少长 6—8 年才能采摘桑叶，

过早采摘会阻碍幼苗的生长。此外，桑树还需要约 20 年的时间才能完全成型，并长出足够多的叶子来养活贪食的蚕群。换句话说，在以前很少或不曾栽培过桑树的非季风区，花几十年来植桑养蚕，才可以维持当地丝绸业的发展或满足出口大量丝线的需求。

以黑桑为例，黑桑原产于地中海地区，是 15 世纪以前当地唯一的桑树品种。黑桑对不同类型的土壤、湿度、天气条件、修剪方法的适应性有限，及其种子传播对萌发率的限制，减缓了新种植园的扩张速度（见第 7 章）。

第二个因素与蚕有关。过去流行一种说法，认为进口的蚕种往往在几年内就会"退化"，这就需要从原产地重新进口蚕种，这一点也被事实证明。虽然现代科学家并不认同这套理论，但大量的历史文献证实，进口蚕种这一做法确实盛行过。例如 10 世纪阿拉伯地理学家伊本·霍卡尔（Ibn Hawqal）曾提到，戈尔甘（位于里海沿岸，伊朗西部的一个城市）的蚕农每隔几年就会定期从东部的梅尔夫绿洲（今土库曼斯坦）进口蚕种。另一例是意大利北部的蚕农从卡拉布里亚（意大利南部的一个大区）或瓦伦西亚（西班牙南部城市）进口蚕种，这一做法一直到 18 世纪都很普遍。卡拉布里亚和瓦伦西亚被认为是欧洲养蚕业的发源地，从这两个地区进口蚕种也是维持蚕种质量的必然选择。

至少在 18 世纪初以前，每隔几年从特定的产地重新进口蚕种以维持蚕种质量，几乎是各地的通行做法。关于上述通行做法的文献记载可以用来确定中国桑蚕业向西发展的顺序年表。根据历史记载只能推测其他因素，如战争、流行病以及一系列自然和人为的破坏性因素，可能会中断或影响蚕种的种性保持，减缓当地桑蚕业的发展速度。

综合来看，桑蚕业向西发展需要具备两个必要条件：第一，桑树需培育成型；第二，需定期进口蚕种以维持蚕群活力。这两个因素减缓了桑蚕业向西方发展的进程。事实上，中国的栽桑养蚕技术首次西传后，历经了几个世纪才被推广到地中海盆地的部分地区。

中国桑蚕业的西行路线

历史上，桑蚕业由中原西传的第一站是半独立王国——古代于阗国（今新疆和田），古代文献资料显示，大约在 3 世纪，中原桑蚕传至于阗。20 世纪初，马克·奥利尔·斯坦因爵士首次进行了考古发掘，证实在 3 世纪前后，于阗的桑蚕业十分繁荣。7 世纪初，著名的佛教弟子玄奘（602—664 年）途经于阗，翔实记录了于阗国早期引入桑蚕生产技术的情况（Beal，1981；Emmerick，19）。藏文文献以及阿拉伯地理学家伊本·霍卡尔都印证了养蚕制丝技术传至于阗的真实性，以及几个世纪前中原桑蚕传入于阗的翔实记事（Thomas，1935；Kramers，1964）。

桑蚕技术自传入于阗开始，继续向西传播，据阿拉伯地理学家勒·斯特兰奇（Le Strange）所述，下一个有记载的地区是当时广袤而富饶的梅尔夫绿洲，9 世纪末，梅尔夫的桑蚕业就已十分繁荣。在从于阗到梅尔夫的漫长路途中，桑蚕丝织技术在西传过程中是否还有其他中继站，到目前为止尚无定论。桑蚕业从梅尔夫传至伊朗东部的尼沙普尔，再到里海南岸，继续向西传至戈尔甘、马赞达兰、吉兰。随后，桑蚕技术继续传播到外高加索，当时的亚美尼亚城镇巴尔达在长达几个世纪里都是中东地区重要的生丝生产中心，直到 13 世纪初在蒙古人的铁骑下被夷为平地。

关于养蚕业如何传到地中海地区，主要有两种说法。其一是据两位 6 世纪的拜占庭史学家普罗科皮乌斯（Procopius，约 500—560 年）和塞奥法尼斯（Theophanes，活跃于 6 世纪下半叶）记载，一些僧侣或旅人大胆地尝试绕过波斯人对丝线贸易的垄断，从一个名为赛里斯（Seres，意为丝国，现代史学家一般认为是中国）的地方获取蚕种带回拜占庭，并大获成功。这次尝试进行于查士丁尼统治时期（527—565 年），在某种程度上超越了此前查士丁尼皇朝试图通过海路（经埃塞俄比亚）和陆路（在土耳其酋长的帮助下）来避开波斯中间商的盘剥以发展丝绸贸易的那次失败尝试。其二，10 世纪中期的《科尔多瓦历法》（Cordoba Calendar）是目前已知的有关地中海地区大规模养蚕的最早文献记载。此外，在 20 世纪，在意大利半岛南端的卡拉布里亚大区发现的 11 世纪初的羊皮纸文献也可以佐证当时养蚕业已传到地中海地区。

尽管许多现代史学家认为，查士丁尼时代桑蚕技术的引入使拜占庭摆脱了波斯人的中间抽成，并使帝国能够独立生产生丝。但查士丁尼时代以后的三四个世纪里，没有任何史实支持上述观点。除了 11 世纪的一次间接引用外，在普罗科皮乌斯和塞奥法尼斯之后，再也没有拜占庭史学家提及拜占庭为引进桑蚕业所做的努力。在我看来，要么当地没能成功发展起桑蚕业，要么拜占庭生产生丝的数量有限或产出的生丝质量不高，所以丝绸织造商继续依赖外国中间商从中亚和中国进口生丝。事实上，没有任何历史文献能够佐证在9—10世纪前，拜占庭帝国境内生产生丝的说法。鉴于缺乏历史记载，这个问题仍然存在很大的争议，普罗科皮乌斯和塞奥法尼斯所记载的故事的真实性也受到质疑。

12世纪末，意大利城市卢卡的丝织物开始迅速在欧洲受到青睐，但在13和14世纪选用地中海生丝的情况并不多，这一事实表明，地中海地区产出的生丝难以满足高档丝织品的生产需求。值得一提的是，早期拜占庭的丝织品比卢卡的丝织品要贵得多，因而肯定需要更优质的生丝。

一些极具趣味的文献资料，比如学者谢洛莫·多夫·戈伊泰因（Shelomo Dov Goitein，1900—1985）对中世纪早期开罗藏经库里的一些文件进行的细致探索和研究，可能会为我们增添一些有趣的细节，因为其中提及了一些规模有限的生丝贸易。这些资料显示，11世纪，西西里岛和突尼斯的部分地区已经开展了小规模的生丝生产，但这些零碎记载的准确年代有待考证。11世纪末和12世纪，除卡拉布里亚外，意大利南部也有部分地区进行了小规模养蚕。

中国白桑传入欧洲

拜占庭史学家认为，养蚕业在6世纪传入欧洲。据西班牙和意大利的档案文献来看，养蚕业最有可能在10世纪传入欧洲。无论是在哪种说法中，从中国输入欧洲的只有蚕卵和养蚕技术，而养蚕的饲料则是欧洲本土就有的，即当地的黑桑桑叶。在接下来的几个世纪里，地中海沿岸国家都在用黑桑桑叶饲养蚕（见第7章）。

黑桑因果实多汁且其树干、根和树皮提取物的药用价值较高而闻名，并得到广泛使用。据说，黑桑早期是从伊朗引进的。因此，黑桑在公元前几个世纪的各种古典希腊、拉丁文本中均被提及。黑桑树型高大，集中分布在农村地区。

在用黑桑桑叶饲蚕的可行性得到验证之后，由于在许多农村地区广泛种植了一些黑桑树，地中海部分地区才得以为小规模开展桑蚕养殖提供条件。

想要多养蚕以获取大量的蚕茧和丝线，就有必要在饲养地附近大量种植桑树，但桑树需要几十年的栽培才能形成一定规模，在此基础上才能大力发展丝织业。黑桑生长非常缓慢，需要精心培育，需要适宜的气候和土壤条件。此外，黑桑须从种子开始培植，因此整个过程耗时长，需要花费大量时间才能收获桑叶。

综上所述，必须提前数年规划部署，才能确保丝线的稳定生产和充分供应，以满足国外市场庞大的丝织品需求。此外，需要投入大量资本，并且要经历很长的周期才能真正从贸易中获利。

黑桑桑叶养蚕的另一个缺点很快也显现出来：蚕食用黑桑桑叶之后吐出的丝比中亚和中国白桑树叶饲蚕产出的丝粗糙不少。此外，东亚地区使用的缫丝机更为先进，产出的线更加规则。意大利出产的丝线质地粗糙，这或许可以解释为什么卢卡等意大利国内丝绸纺织中心城市接连几个世纪都不使用本地生产的丝线，而是从里海附近、中亚和中国大量进口丝线。

对于进口丝线的合理解释是，来自东亚的丝织品精美奢华，于是意大利人试图仿造，以满足意大利和欧洲的精英阶层对高档织物的需求，而蚕食用黑桑树叶后得到的粗糙丝线难以满足卢卡织工的纺织需求。卢卡织工也需要价格合理且供应稳定、持续、充足的丝线，才不用担心产量偶尔下降，但在他们附近的地中海地区丝线产量不稳定是很常见的。唯有中国能以优惠的价格长期向意大利商人提供大量优质的丝线。

据我所知，只有一张 15 世纪初意大利的图片（图 17-1）描绘了当地养蚕所得的蚕茧。这些蚕茧在稍后的缫丝过程被拆解开来，以获得丝线。图片显示的是一组两头尖尖的茧，这种茧形后来被更圆润的茧所取代，原因在于后者更容易拆解，产出的丝线更长。到目前为止，暂无系统性研究将意大利的这种古代茧形与中亚或中国的蚕茧考古样品进行比较，以验证意大利和这两个遥远的地区产出蚕茧的茧形、茧重、茧丝的演变是否遵循相同的发展规律。

从远东地区可以买到物美价廉的优质丝线，这就解释了意大利国内的养蚕业在 11 世纪后发展相当缓慢的原因。早期，意大利国内的蚕区由南部向中部小幅扩张，甚至向北部的几个地方扩张。法国南部、巴尔干半岛地区和希腊部分地区在小范围内生产劣质丝线，后来葡萄牙也有。黎巴嫩和叙利亚境内可能有部分地区生产丝线，而在北非马格里布地区则没有。同时，意大利的几个城

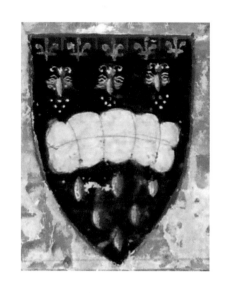

图 17-1　1427 年出版的《意大利博洛尼亚丝绸协会章程》[Statute of Bologna (Italy)] 封面（细部）图片中间是一捆生丝，上方是产卵的蚕蛾，下方是蚕茧。供图：阿奇吉纳西欧宫市政图书馆，博洛尼亚

市中心主要依赖从远方进口丝线，并在此基础上迅速扩大优质丝织品的生产规模。意大利的一些小镇，如亚得里亚海东北岸的里雅斯特（Trieste），早在 13 世纪下半叶就依靠数个栽种有一两棵大桑树的菜园子开展小规模的丝绸生产，但生产高档丝织品的大型纺织中心显然看不上此类产品。

然而，14 世纪下半叶，意大利的对外丝线进口量发生了根本性变化。1368 年，元朝的覆灭致使中国丝线的供应量大减，同时欧洲商人通往远东的陆路受阻。帖木儿帝国在中亚开始崛起，加之对西方国家的侵略，持续的战争严重中断了贸易。同时，在帖木儿军队的铁骑下，中亚和中东部分地区的养蚕业走向衰落。15 世纪早期，西班牙驻帖木儿宫廷使节鲁伊·冈萨雷斯·克拉维约（Ruy Gonzáles de Clavijo）可能获得了一些外交优势，但贸易条件却并未因此得到丝毫改善。

这导致欧洲市场上的生丝价格飞涨。14 世纪的最后几年，丝线的价格接近黄金价格：1 意大利磅（12 盎司，330 克）的生丝可以卖到三四个弗罗林金币，甚至更多。丝织中心通过提高价格和降低产量来应对生丝进口量的下降。此外，黑死病致使欧洲富裕城市的居民数量锐减，顾客数量随之减少。

丝线进口受阻引发的危机似乎是长久性的，必须加以应对。事实上，在14 世纪的最后几十年里，尽管桑树成林的速度缓慢，当地桑树种植园数量却仍在激增。然而，无论是从桑叶的品质还是从必要的恢复速度来看，这都不可能成为一个实际的解决方案。

1410 年左右，意大利西北部皮埃蒙特地区的蒙多维附近种植了第一批中国白桑树种，树种来自何处，如何来到此处，均不得而知。我推测，经常在黑海东岸进行贸易的热那亚商人可能通过流亡的养蚕人从中亚获取了白桑树种，皮埃蒙特人则将白桑树种带回了热那亚。意大利的蚕农并不知道这种树起源于中国：当时并未将白桑与中国联系在一起，直到很久以后才发现两者之间的关联。

即使意大利人当时并不知晓白桑品种的具体来源，但这种新品种自身具备的优势仍使其大受欢迎：白桑繁殖快，生长快，能收获更多的叶子；适应性强，能耐受包括潮湿土壤在内的多种土壤条件；耐修剪，便于枝条长成利于采叶的形态。随后的几十年里，意大利北部和中部地区也广泛种植白桑。1435 年起，位于托斯卡纳佩夏的一个大型植物苗圃成了白桑的配送中心，数以万计的白桑树经此地配送到意大利本土和国外（图 17-2）。1452 年起，热那亚商人将大量

图 17-2　意大利托斯卡纳大区佩夏市政厅内门弦月窗上的壁画
画中描绘的是弗朗西斯科·布翁维奇诺左手拿着一根白桑枝条。1435 年，他将白桑引进家乡的苗圃中。供图：佩夏市市长。©克劳迪奥·扎尼尔

的白桑带到西班牙南部穆尔西亚附近新开发的蚕区。从那时起，"morera"一词在西班牙语中开始用于指代白桑，以区别于黑桑（Ladero Queisada，1989）。从1475年起，曼托瓦周边地区（意大利北部波河河谷沼泽地带）开始定期种植白桑（树苗主要来自托斯卡纳的苗圃）。此前，托斯卡纳的苗圃也种植过少量黑桑，但因土壤和空气湿度过大，黑桑长势不佳。

虽然白桑至少要培育8年才能收获足够的桑叶，却日益成为意大利农村地区桑树苗圃的主要树种，后来也进一步成为西班牙桑树苗圃的主要树种。

无论是意大利，还是欧洲其他国家和其他地中海沿岸国家，对丝织品的需求都在稳步增长。生丝价格长期居高不下，中上阶层人士开始投资生丝，具体表现为建立养蚕基地，在农村住宅中种植桑树，或鼓励农民养蚕。

随后的几个世纪里，意大利的植桑养蚕规模持续扩大，到目前为止，已成为西方最大的生丝生产国。19世纪初，意大利桑蚕业的发展达到了顶峰。从1815年至1844年，仅伦巴第大区（米兰周边地区）的生丝产量就从每年60万公斤增加到155万公斤。值得一提的是，丝织业也变得相当重要，19世纪40年代，仅伦巴第地区就有9000台织机在运转，尽管大多数丝绸产品品质只属于中等档次；在意大利其他地区还有约30000台织机在运转。到18、19世纪，法国、英国、德国和瑞士主要用从意大利、伊朗和中国进口的生丝来生产更高品质的丝织物。

20世纪初之前，女性全程参与整个蚕事活动。在意大利以及欧洲其他开展桑蚕生产的地区，养蚕这一活动，尤其是孵化蚕卵，都是由女性单独从事的活动，中国、日本和韩国的情况基本也是如此。中国民俗传统中某些与蚕、蚕卵和桑蚕丝织文化相关的信仰和崇拜，与世界其他养蚕国家之间具有惊人的相似性。

小　结

历经几个世纪，桑蚕技术从中国向西传至欧洲海岸，桑蚕活动也为当地带来了经济收益，创造了社会价值。古代桑蚕记忆已湮灭，但桑蚕技术、知识和信仰却由参与桑蚕生产活动的女性传承下来。意大利直到16世纪都是高档丝织品生产中心，一直到19世纪都称得上是欧洲首屈一指的养蚕业中心。

参考文献

Aurel Marc Stein. 1907. *Ancient Khotan: Detailed Report of Archaeological Explorations in Chinese Turkestan, 2 vols.* Oxford: Clarendon Press.

Beal, Samuel. 2001. *Si-Yu-Ki, Buddhist Records of the Western World.* Translated from the Chinese version of *Hiuen Tsiang (A.D. 629) Vol I* (1st ed.). London: Routledge.

Dindorf, Ludwig (ed.). 1870. *Historici Graeci Minores* [*Theophanis Byzantii Fragmenta*]. Leipzig, in aedibus B. G. Teubneri.

Dozy, Reinhart (ed.) and Pellat, C. (transl.). 1961. *Le Calendrier de Cordoue.* Leiden: E. J. Brill. (In French.)

Emmerick, Ronald Eric. 1967. *Tibetan Texts Concerning Khotan* (London Oriental Series 19). London: Oxford University Press.

Guillou, André. 1978. La soie du katépanat d'Italie. *Culture et société en Italie byzantine (VIe–Xie siècle),* pp. 69–84. (In French.)

Haury, Jacob (ed.). 1905. De bellis. *Procopii Caesariensis opera omnia*, Vol. II, pp. 576–577.

Kramers, Johannes H. and Gaston Wiet. (eds.). 1964. *Ibn Hawqal. Configuration de la terre (Kitâb surat al-ard).* Paris: G-P Maisonneuve et Larose. (In French.)

Ladero Queisada, Miguel Angel. 1989. *Granada: Historia de un país islámico (1232–1571).* Madrid: Gredos.

Le Strange, Guy. 1905. *The Lands of the Eastern Caliphate. Mesopotamia, Persia, and Central Asia, from the Moslem Conquest to the Time of Timur.* Cambridge: Cambridge University Press.

Thomas, Frederick William. 1935. *Tibetan Literary Texts and Documents concerning Chinese Turkestan,* Part. I (Oriental Translation Fund, NS, XXXII). London: Royal Asiatic Society.

Zanier, Claudio. 2019. *Miti e Culti della seta. Dalla Cina all'Europa.* Padova: CLEUP.

第 18 章

中世纪早期从中国和中亚传至意大利的
丝绸长袍和优质丝线

维罗妮卡·普雷斯蒂尼（Veronica Prestini）

考古和文献资料表明，来自东亚的各种丝制品在罗马帝国时期流通了几个世纪，甚至在 5 世纪后半叶西罗马帝国衰落后仍然流通了几个世纪。

中世纪早期，整个欧洲，尤其是意大利进口丝绸数量显著增加。从 12 世纪至 15 世纪初，意大利半岛进口了大量来自亚洲内陆的丝绸织物，如波斯帝国、中亚和中国的丝绸。意大利进口织物包括丝绸长袍、丝织物（布匹）和成卷的丝线（纱线）。当地上层社会精英会穿着丝绸长袍。丝绸面料被缝制成豪华服装，用于在举行宗教仪式时或在议会会议、公众集会等世俗集会上穿着。

一直到 15 世纪初，亚洲丝线都是意大利丝织中心的主要进口产品。此后的几个世纪内，意大利也从东亚进口丝绸织物，但规模逐渐缩小。本章将在文末讨论近代初期（16—18 世纪）中国和东亚其他国家丝绸制品涌入意大利的少数几个迹象。

丝线和丝织品这两种丝产品极大地改变了意大利丝绸业的生产方式。由于丝线和丝织物作用不同，本章将对其分别加以讨论。中世纪早期，丝线和丝织物的共同点是易于从东方进口，原因是蒙古帝国的诞生及其横跨亚欧大陆的扩张。蒙古帝国在向欧洲扩张及对其广阔领土（包括现在的俄罗斯、乌克兰及其他邻国）的统治过程中，消除了许多早已存在的有碍远距离贸易的壁垒。在元朝（1279—1368）统一中国并统治整个中国时，这种影响就更为明显了。

然而，必须指出的是，西方宗教人士和商人早在 13 世纪 40 年代就已经开始前往蒙古核心地区了。意大利传教士乔瓦尼·皮安德尔·卡宾（Giovanni Piandel Carpine）于 1245—1247 年前往蒙古，比利时的弗兰芒传教士威廉·鲁布鲁克（William of Rubruck）在 1253—1255 年到达蒙古。13 世纪 60 年代，马泰奥（Matteo）、尼古拉（Nicolò）和马可·波罗（曾居住在君士坦丁堡的威尼斯商人）曾在中国定居过几年。作为商队的年轻成员，马可·波罗于 1275 年抵达元大都（今中国北京），并一直留在中国，直到 1291 年。

丝织物

欧洲商人大多是意大利人，他们从拜占庭帝国的港口出发前往中亚，往返畅通，免于征税，且在去往中国的路途中，全程都有人身安全保障。他们唯一需要提供的，就是一张极易获得的通行证（波斯语为 "payza"），详细说明他们的旅行目的、安全保障和旅行线路即可。13 世纪 60 年代，长途旅行的成本（主要是陆路旅行）和总费用比以前低很多，这使得旅行更有利可图。因此，运输的物品越贵重（如丝绸或宝石），利润越高。

为了更靠近中亚到地中海盆地的大陆航线，许多意大利商人在一些主要的东西方贸易中心建立了长期工厂（意大利称为 "fondaco"），如特拉布宗（东安纳托利亚）、卡法（克里米亚）、大不里士（现伊朗），苏丹尼亚（索尔塔尼耶，伊朗）等。经常会有成群结队的商人从这些工厂出发去往更东边的北京或中国其他地方。由于当时意大利是城邦形式，各城邦之间互相独立，相互竞争，工厂由不同的城市设立（如热那亚和威尼斯），所以彼此独立运作。例如，热那亚商人早在 1280 年就在大不里士（Tabriz）定居，而他们在热那亚的工厂一直活跃到 1344 年。

大约在 1330 年，一群热那亚商人在北京购买了大量丝绸。现货采购成本的降低，而且能够定期购买到大量货物，有力地促进了丝绸贸易，因此，丝绸在欧洲市场上备受推崇。这确保了生丝（线）的正常供应，推动了意大利几个城市丝绸产业的扩张。卢卡城就是其中之一，它主要通过热那亚进口亚洲丝绸。

值得一提的是，在元代，意大利商人能够提供大量中国和中亚丝绸产品，并且他们是欧洲宫廷和丝绸制造商的主要供应商。然而，元代的王公大臣也会向欧洲的统治者，特别是意大利的统治者赠送奢华的丝绸面料和华丽的丝绸长袍，作为礼物或用于特殊的外交礼节。13 世纪末，卜尼法斯八世（Boniface Ⅷ，1235—1303 年，罗马教皇，1294—1303 年在位）就收到了珍贵的丝绸（pannitartarici，鞑靼布），其中一部分现存放于意大利真福本笃十一世博物馆（图 18-1、图 18-2、图 18-3）。该博物馆位于佩鲁贾，佩鲁贾是一个靠近罗马

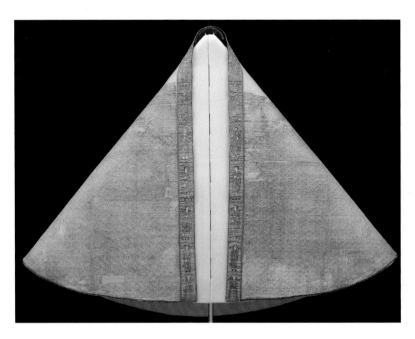

图 18-1　定制披肩，由东亚奢华丝织物与金丝编织的鞑靼布制成
13 世纪末，供教皇卜尼法斯八世和本尼狄克十一世使用。供图：意大利真福本笃十一世博物馆，佩鲁贾

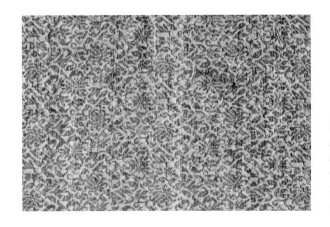

图 18-2 罗马教皇卜尼法斯
八世和本尼狄克十一世穿过
的由鞑靼布制成的达尔马提
卡(束腰外衣)(细部)
13 世纪末。供图:意大利真福
本笃十一世博物馆,佩鲁贾

的中型城镇,也是一个与本尼狄克十一世(Benedetto XI,1240—1304 年,罗马教皇,1303—1304 在位)有着深厚渊源的城市。在教皇卜尼法斯八世的财产清单中,也记录了大量来自亚洲和远东衣物的珍贵残片。

这些特殊的礼物通常由被派往亚洲内陆蒙古宫廷的神职人员或修道士送出,他们多为罗马教皇宫所派遣,以此加深蒙古人和天主教会之间的联系。蒙古宫廷也热衷于向意大利和欧洲其他地方赠送珍贵的丝绸,以此彰显其在欧洲大陆的实力。礼物越珍贵,越显得赠送者有权力,也因此受到越多的尊重。

意大利北部维罗纳城邦领主坎格拉德·德拉·斯卡拉(Cangrande della

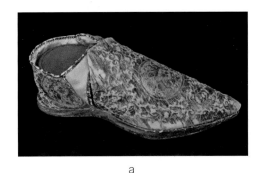

a

b

图 18-3 由鞑靼布和其他产自远东的丝绸制成的拖鞋
13 世纪末—14 世纪初,供教皇本笃十一世穿着。供图:意大利真福本笃十一世博物馆,佩鲁贾

Scala，1291—1329）的葬礼上也使用了同样华丽的鞑靼布。近年来，安妮·沃德威尔（Anne E. Wardwell）、索菲·德罗斯耶斯（Sophie Desrosiers）和玛丽亚·卢多维卡·罗萨蒂（Maria Ludovica Rosati）对意大利的鞑靼布的特性和技术方面做了细致研究。

虽然珍贵的丝织礼品数量不多，但它们的作用和影响非常深远。鞑靼布不仅在意大利的精英阶层中成为地位的象征，还深刻地影响了意大利著名丝织中心的工艺，尤其是卢卡城将金丝线与丝线交织的工艺。在13—14世纪，意大利著名文学作品（包括但丁和薄伽丘的一些作品）以及一些画作中都提到了鞑靼布和蒙古人，其中最著名的是位于罗马南部苏比亚科圣本笃会萨克罗·斯派科修道院避难所中的壁画。

蒙古人没有直接参与丝绸生产，也从不纺织和养蚕。托马斯·T.奥尔森（Thomas T. Allsen）详尽记录了蒙古贵族是何等青睐织入金线的丝绸织物（纳失石），这类丝织物在波斯语中用"nasīj"表示。为了大量获取这类珍贵的丝织品，蒙古贵族在他们统治的区域成立新的丝织中心，并雇佣数十名中原及亚洲内陆的专业织工。织工所生产的大量丝绸面料用于制作衣服、帽子、旗帜、帐篷装饰等物品。这些丝绸制品在蒙古统治者中得到广泛使用。

根据莫里斯·罗萨比（Morris Rossabi，历史学家，研究中国、中亚和亚洲内陆的历史）的研究，从1278年开始，蒙古总共建立了三个主要的织金丝绸生产中心，分别位于中国北方荨麻林，如今的弘州（今河北省张家口市阳原县）和别失八里（离今天新疆维吾尔自治区乌鲁木齐不远的原北庭都护府）。

正是在这种成熟、良好的丝绸生产环境中，从13世纪末至14世纪末，到达中亚和中国的意大利商人才能收购到有新颖纹样的丝绸以及特殊的丝织品。多年以来，意大利商人不仅把丝织物带回自己的城市，同时还了解并学习了新的工艺流程和新的设计工具。虽然目前尚未发现用意大利语记录的丝织工艺过程文献资料，但意大利丝绸生产在那几十年来发生的深刻变化和进步证明了丝织工艺确实是从亚洲内陆和中国转移至一些有代表性的意大利城市的。

12世纪（或更早），从中亚或中国传入意大利的丝绸中，最受追崇的是特结锦（lampas，织锦），即一种较为复杂而精致的织物，且纹样特殊。特结锦的风靡促使意大利织工弄清其生产过程，以便快速仿制，满足市场对高质量丝绸面料的需求。这极有可能促使织工改进织机以仿制这类面料。

事实上，要编织出特结锦需要一台复杂的织机。四川最近的考古发现证实，自汉代以来，这种名为阿泰尔（成都老官山汉墓出土的织机是滑框式一勾多综提花织机）的织机在中国就很普遍，但直到 12 世纪才被引入欧洲。这种织机和在蒙古统治下的纺织中心传播的特结锦工艺，可能是同时从东亚传播到欧洲的。

12 世纪后半叶，意大利卢卡城开始生产高品质的丝绸织物，这些织物无论是在价格上还是在精湛的工艺上，都能与著名的近东丝织中心（如拜占庭的君士坦丁堡及其他丝织中心）的老生产商生产的织物竞争。即使卢卡的几位丝织大师移居至意大利其他城邦以发展贸易，并在佛罗伦萨、威尼斯、热那亚等其他城邦开展高品质丝绸的生产业务，卢卡在丝织制造业中的领先地位至少持续了两个世纪。到 16 世纪，意大利已经成为欧洲最重要的丝织物生产地区。

丝质纱线

有关 13 世纪和 14 世纪卢卡的档案资料显示，卢卡使用的丝线大部分来自里海沿岸的波斯（今伊朗）和中亚地区，还有很大一部分来自中国。很多史料提到，早在 12 世纪末，意大利丝织中心就从中国和中亚进口大量纱线卷（即生丝），这也正是蒙古人统治下的元朝向西扩张的时期。

众所周知，当时蒙古人统治着亚洲大陆的大片地区，以及欧洲内陆、里海地区以及地中海盆地的东海岸，因此，欧洲和远东之间的货物交换变得更容易、更快、更安全，成本也因此更低廉（图 18-4）。

在 12—14 世纪，高品质的欧洲丝绸面料（通常被订制成华丽长袍）主要在一些特定的意大利城邦生产，如热那亚、威尼斯、佛罗伦萨，尤其是卢卡。当时的丝织商使用的丝线（生丝，包括无捻和加捻的）大部分来自亚洲，多为中亚地区和中国，以及里海沿岸的波斯地区，如马赞达兰。

意大利商人通常是大型贸易公司的成员，这些公司的分支机构遍布中欧、北欧及地中海沿岸。在这些地方，他们销售高价值的丝织品，并获得可观的利润。这些商人率先向东扩展生意，数次远至中国，且在途中建立了永久的分支机构（例如今伊朗大不里士）。

图 18-4　18 世纪早期，欧洲商人在里海的俄罗斯海岸打开了来自波斯的生丝卷
进行检查

图片来源：J. Hanway, *An Historical Account of the British Trade over the Caspian Sea*
(1754), Vol. 1.

　　几位学者根据一些档案和中世纪的文史资料发现，卢卡丝织中心大量使用
了从中亚和中国进口的生丝。热那亚的长途商旅为内陆城市卢卡提供了这些急
需且贵重的物品。威尼斯远洋贸易商除供给威尼斯亚洲生丝以外，也为其他意
大利丝织中心供给亚洲生丝，当然，佛罗伦萨商人也是如此。

　　巴杜奇·裴格罗蒂（Balducci Pegolotti）于 14 世纪初撰写的《通商指南》
（*Pratica della Mercatura*）是最明确地表达意大利对中国生丝的需求的文本之
一。裴格罗蒂是巴尔迪公司的一名商人，巴尔迪公司是佛罗伦萨最大的贸易公
司之一，在国外有多个分部。裴格罗蒂一直很受人尊敬，他收集了公司合作伙
伴积累的实用性贸易知识，而且这些知识已经经过了验证，他很可能还收集了
其他知名商人的商贸知识。这本书非常实用，详细列出了贸易地点、贸易商
品、贸易路线、要承担的风险，以及用来交换所列物品的国内商品或黄金，且

附有它们的预估价值。书中列举了当时已知的意大利商人可以贸易获利的几十个地点。最有趣的是，书中正文第一行描述了一次通过陆路去往中国的旅行经历。到了当时的契丹国之后，商人们购买了大量的丝产品，尤其是丝线，因为这是最赚钱的商品之一。裴格罗蒂详述了里程长度（以牛车为交通工具）和最便利的行程。旅程中也不需要武装护送。关于用于销售或易货的国内商品，裴格罗蒂建议商人们只需携带超精细纺织品（羊毛或植物织物），因为这些纺织品仅在咸湖边（现乌兹别克斯坦）出售。然而，在许多地区，尤其是在中国，售卖任何欧洲商品都无法盈利，另外，金条类的物品（主要是白银和黄金）是必备的，因为当地所有商人和行会都能接受用金条交换商品。

在现存的关于意大利与元朝进行丝绸贸易的文献中，提到了 1330 年热那亚商人安东尼奥·萨莫尔（Antonio Sarmore）在北京（当时称为大都）去世时的遗产。萨莫尔去世后，他在北京的合作伙伴将大约 5000 意大利磅（1 意大利磅约等于 330 克）的生丝运送给了他在热那亚的亲属，这些生丝代表了萨莫尔在中国的商业合作中所占份额的价值。按当时的市场价格计算，中国生丝的价值约为每磅 3 个金弗罗林，因此萨莫尔的遗产总值相当于 15000 个金弗罗林。萨莫尔在北京的三位热那亚合伙人一定持有类似的个人股份，此外肯定还有他们为国内一些匿名合伙人购买的生丝，这些合伙人为最初募集的黄金资本做出了贡献。保守估计，该集团的生丝业务总价值不低于 10 万金弗罗林。由于来自不同城邦（如威尼斯和佛罗伦萨）的一些类似的意大利贸易集团在今天的北京、杭州以及中国其他地区开展业务，因此可以估计，中国向意大利各个丝织中心出口的生丝总价值平均在 30 万—50 万金币，相当于大约 10 万—15 万磅的生丝。

尽管迫切需要更多的资料研究，但这个估算得来的数值与裴格罗蒂在《通商指南》中建议的佛罗伦萨商人单次从中国购买生丝所需的黄金价值是吻合的。这也反映了文献中所记录的卢卡丝织公司使用了大量来自中国和中亚的生丝。1368 年元代灭亡后，蚕丝生产以及丝绸贸易遭到了巨大的破坏。主要原因之一，是帖木儿军队在中亚、中东和近东的军事突袭导致中国、中亚和欧洲之间的陆路贸易急剧减少。事实上，此后很长一段时间，海上航线取代了陆路路线，所以中国丝绸仍能源源不断地流向欧洲。以下两个例子值得关注。

16 世纪 80 年代，佛罗伦萨商人菲利波·萨塞蒂（Filippo Sassetti）在欧洲飞地即位于印度南部的港口城市科钦（Cochin）生活了数年。1588 年，萨塞蒂在写给佛罗伦萨其他商人的一份报告中，详细描述了每年从中国抵达科钦的巨大贸易流量，商品中包括许多精美的丝绸刺绣长袍和其他丝绸制品，这些商品通过科钦运往地中海沿岸国家，供外国商人购买。约 20 年后，一位佛罗伦萨商人弗朗切斯科·卡莱蒂（Francesco Carletti）乘坐西班牙船只抵达了广州。返回欧洲后，他向托斯卡纳的美第奇大公和法国女王（同为美第奇家族的成员）汇报了大量华丽的丝绸品类，包括原料、织物和长袍，而这些可以在广州以极低的价格购买，并极易出口到意大利及其他欧洲市场。卡莱蒂认为丝绸贸易是一个有利可图的贸易，因此提议他们与中国开展丝绸业务。

　　卡洛·波尼（Carlo Poni，最著名的丝绸史学者之一）表示，17 世纪初，一些先进的意大利丝线加工公司开始转向制作更细的精练过的丝线，尤其是在博洛尼亚城和皮埃蒙特城。获得更细的纱线所需的工业流程要求以乡村为基础来进行纱线生产，以便使用新型、高质量的缲丝机制丝，其丝籰直径比以前使用的大筒子直径小得多。旧机器（如图 18-5）每天生产的纱线数量比新机器多得多，但纱线较粗且不均匀，而新的缲丝机生产的纱线更细，因此质量也更高。细纱线更适合织成奢华的织物，里昂尤其青睐细纱线，大量优质的意大利生丝被送往那里。图 18-6 和图 18-7 展示了意大利和中国小型缲丝机之间的相似之处。意大利决定开始使用标准化的缲丝机和小直径丝籰来生产更细、成本更高、质量更好的丝线，这是其国内丝绸产品与数量日益增长的中国进口珍贵丝绸产品展开竞争的必要一步。

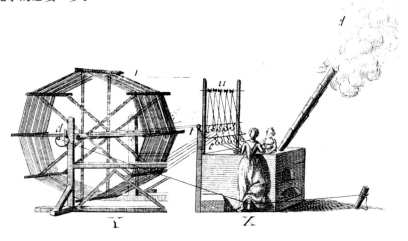

图 18-5　18 世纪中叶，两位女士正在操纵一台大直径丝籰的缲丝机
图片来源：1773 年发行于意大利中部的一本私人财产册

图 18-6　一幅绘画作品的细部，画中一名妇女正用一个小直径丝篗在缫丝机上操作

意大利北部，16 世纪中叶，私人收藏

图 18-7　用小直径丝篗在缫丝机上操作的中国妇女

19 世纪末。中国南方。图片来源：《中国皇家海关》，1881 年第 3 期

小　结

总之，中世纪时期，中亚和东亚丝绸制品在 200 多年的时间内持续不断地流入了意大利，显著提高了丝绸在意大利和欧洲精英阶层中的流行度，并提升了他们对丝绸的鉴赏能力，这也有助于意大利在整体上提高丝绸生产技术。此外，基于中国生产模式的丝织品生产技术的改进一直持续到近代早期。

16 世纪末，通过好望角进入亚洲的欧洲船只（最初是西班牙和葡萄牙船只，不久之后是荷兰、英国和法国船只）掌握了这种进口贸易。在南印度和印度洋进行贸易的亚洲当地船只也掌握了这些进口贸易，它们将包括丝绸在内的远东货物运至奥斯曼或伊朗港口，这些港口又通过红海或波斯湾与地中海相连。其中相当一部分商品，包括中国的丝绸，被运往热那亚、威尼斯和其他意大利港口。

在一定程度上，陆上丝绸之路上的骆驼商队将中国和中亚生产的丝绸运往地中海东部港口，并最终运送至欧洲，包括意大利。之后，这些商品将用于意大利国内贸易或丝绸产业的再加工。

此外，先进的小型缫丝机的投入使用完全基于女性"大师"（意大利语为"maestre"）的熟练经验和专业知识。这最后一点加强了意大利和中国在丝线生产方面已经存在的密切联系，因为中国的丝线生产也是以女性为主进行的。

参考文献

Allsen, Thomas T. 1997. *Commodity and Exchange in the Mongol Empire: A Cultural History of Islamic Textile*. Cambridge: Cambridge University Press.

Allsen, Thomas T. 1989. Mongolian princes and their merchant partners, 1200–1260. *Asia Major,* Vol.2, No. 2, pp. 83–126.

Balard, Michel. 1978. *La Romanie génoise (XIIe-debut du XVe siécle)*. Rome: École française de Rome. (In French.)

Bernardini, Michele and Veronica Prestini. L'epoca mongola e il commercio dei Panni Tartarici. *The Bruschettini Foundation for Islamic and Asian Art* (forthcoming).

Carletti, Francesco. 2008. *Ragionamenti del mio viaggio intorno al mondo*. Milan: Ugo Mursia Editore. (In Italian.)

Desrosiers, Sophie. 1993. Les soieries comme sources historiques (Europe, XIIIe-XXe). In Simonetta Cavaciocchi (ed.). *La seta in Europa secc. XIII-XX*. Istituto Internazionale di Storia Economica F. Datini. Florence: Mondadori Education, pp. 487–506.

Evans, Allan (ed.). 1936. *Francesco Balducci Pegolotti: La pratica della mercatura*. Cambridge, Mass.: The Mediaeval Academy of America.

Hanway, Jonas. 1754. *An Historical Account of the British Trade over the Caspian Sea*. London: T. Osborne.

Inspector General of Customs. 1881. *Silk, China*. Imperial Maritime Customs. (Special Series II, No.3). Shanghai: Statistical Department of the Inspectorate General.

Jacoby, David. 2004. Silk Economics and Cross-Cultural Artistic Interaction: Byzantium, the Muslim World, and the Christian West. *Dumbarton Oaks Papers,* Vol. 58, pp. 197-240.

Jacoby, David. 2016. Oriental silks at the time of the Mongols: Patterns of trade and distribution in the West. In J. von Firks and R. Schorta (eds.). *Oriental Silks in Medieval Europe.* Riggisberg, Abegg-Stiftung, pp. 92-123.

Lopez, Roberto Sabatino. 1952. Nuove luci sugli italiani in Estremo Oriente prima di Colombo. *Atti del Convegno Internazionale di Studi Liguri,* pp. 337-398. (In Italian.)

Lopez, Roberto Sabatino. 1977. Nouveaux documents sur les marchands italiens en Chine à l'époque mongole. *Comptes rendus des séances de l'Académie des Inscriptions et Belles-Lettres*, Vol. 121, No. 2, pp. 445-458. (In French.)

Marini, Paola, Ettore Napione and Gian Maria Varanini. (a cura di). 2004. *Cangrande della Scala. la morte e il corredo di un principe nel Medioevo europeo.* Venice: Marislio. (In Italian.)

Molà, Luca. 1994. *La comunità dei Lucchesi a Venezia. Immigrazione e industria della seta nel tardo Medioevo.* Istituto veneto di Scienze, Lettere e Arti. (In Italian.)

Paviot, Jacques. 1991. Buscarello de' Ghisolfi, marchand génois intermédiaire entre la Perse mongole et la chrétienté latine (fin du XIIIe-début du XIVe siècle). In *Atti del Convegno di Studi sui ceti dirigenti nelle istituzioni della Repubblica di Genova* 11, pp. 107-117. (In French.)

Petech, Luciano. 1962. Les marchands italiens dans l'Empire Mongol. *Journal Asiatique*, pp. 549-574. (In French.)

Poloni, Alma. 2009. *Lucca nel Duecento. Uno studio sul cambiamento sociale.* Pisa: Edizioni Plus-Pisa University Press. (In Italian.)

Qiu, Yihao. 2020. Gift-Exchange in Diplomatic Practices during the Early Mongol Period. In F. Fiaschetti (ed.). *Diplomacy in the Age of Mongol Globalization.* Leiden: Brill, pp. 202-227.

Rosati, Maria Ludovica and Alberto Viganò (eds.). 2019. *Perugia: Museum of Blessed Benedict XI.*

Rosati, Maria Ludovica. 2012. Nasicci, baldacchini e camocati: il viaggio della seta da Oriente e Occidente. In M. Norrell et al. (eds.). Italian section: L. Molà et al. (eds.) *Sulle Via della Seta. Antichi Sentieri tra Oriente e Occidente.* Turin: Codice Edizioni, pp. 234-270.

Rossabi, Morris. 1997. Introduction. In James C.Y. Watt and Anne E. Wardwell (eds.). *When Silk was Gold. Central Asian and Chinese Textiles.* New York: Metropolitan Museum of Art, pp. 3-5.

Rossabi, Morris. 2015. The Mongol Empire and its impact on the arts of China. In Reuven Amitai, Michal Biran and Anand A. Yang (eds.). *Nomads as Agents of Cultural Change: The Mongols and Their Eurasian Predecessors.* Honolulu: University of Hawai'i Press, pp. 214–227.

Sassetti, Francesco. 1995. *Lettere dall'India (1583–1588).* Roma: Salerno.

Wardwell, Anne E. 1989. *Panni Tartarici: Eastern Islamic Silks Woven with Gold and Silver (13th and 14th Centuries).* Genoa: Bruschettini Foundation for Islamic and Asian Art; New York: Islamic Art Foundation, pp. 95–173.

Watt, J. C. Y. and Wardwell, A. E. 1997. *When Silk Was Gold: Central Asian and Chinese Textiles.* New York: Metropolitan Museum of Art.

第 19 章

丝绸、棉花及拉菲草之路
——撒哈拉以南非洲地区及全球纺织贸易

莎拉·菲（Sarah Fee）

　　随着当今全球化合作日益紧密，人们对于全球化的起源更加关注。目前关于全球化的起源可以追溯到数千年前智人第一次从非洲走向世界的时候。当时，纺织品是人们保持联系的枢纽。从新石器时代起，出于对品质优良、款式新颖的服饰的一贯渴望，人们开启了漫漫长途贸易之路。迄今为止的研究主要集中在连接欧洲与中亚和东亚的"东西"陆上路线，而本文旨在汇集对连接撒哈拉以南非洲的"南北"和"南南"分支，以及非洲人从古到今如何参与非洲—欧亚大陆的各条海上及陆上"纺织之路"的新研究。非洲的消费者和商人积极加入全球化时尚潮流，对于从中世纪的金色布料到奥斯曼天鹅绒，再到英国工业印花布的织物，他们都非常热衷，他们常常用自己的设计来塑造进口布料，而当地的织工也在不断整合新的纤维材料和时尚元素。最后，本章还探讨了鲜为人知的拉菲草纺织品贸易。拉菲草是非洲本土一种酒椰属棕榈叶制成的纤维。在中非和马达加斯加，编织的拉菲草布料的热销促使人们建立了密集的区域贸易网络，这种布料甚至远销亚洲与欧洲。由于消费者的需求和本土纺织品的出口，撒哈拉以南非洲地区在很大程度上引领着偏远大都市的设计、技术及时尚。

家庭工坊：树皮布、兽皮和早期织布

撒哈拉以南地域辽阔，占地约 940 万平方英里，该地区生活着说数百种语言的群体，该地域的特质是不断的迁徙和变革。纺织品本身易损，考古发现中很少有保存完好的纺织品，尤其是在大部分气候都很潮湿的撒哈拉以南地区，因此，对历史上这一地域的特色纺织品以及传统服装进行概括是颇具挑战性的。不过新的考古研究仍在深入挖掘过去的秘密，而中世纪以来丰富的文献、传统习俗、所发现的纺织品都可以更全面地呈现该地区的潮流风尚，包括本土及舶来的时尚。历史上的"纺织之路"，无论是海上的还是陆地的，自古以来都有许多支线，不仅包括亚欧东西线，还有南北、南南等线路，这些路线使非洲与地中海各国、印度、中国以及东南亚各国相连。

有必要回顾一下，历史上在撒哈拉以南非洲的大部分地区，人体本身就是审美关注的主要媒介。皮肤是文身、绘画和划痕的"画布"，而头发则需要精心编织，设计造型。这些身体上的修饰往往能进一步传达出年龄、生活变迁、群体隶属关系和阶级等信息。相较于服装，有些群体更中意首饰，如金、银、铜、珊瑚、白贝或珠子；而有很多人喜欢穿像纱笼一样的长方形服装，将它们裹在腰部、胸部及（或）肩部；有些部落会用"现成的"材料来包装自身，譬如树皮或者兽皮等。在森林区，有些树种的树皮可以通过敲打或制成毡状来最终制成大块的精美织物。兽皮则是华美服饰的另一种丰富来源，鞣制过的羚羊皮、豹皮或猴子皮在某些地区用于制作贵族服饰或皇室御用服装。像肯尼亚的马赛人和南非的祖鲁人都是牧民，他们习惯于使用鞣制的牛皮或山羊皮来制作包装和配饰。尽管有这些"现成的"材料，但织布机还是在次大陆的大部分地区已经普及了 1000 年或更久。

马达加斯加岛位于莫桑比克附近，1 世纪早期便有居住者，他们是从约 3000 英里外（今天的印度尼西亚地区）而来的商人，他们很有可能参与发展了香料贸易。有语言学证据及其他证据表明，他们带来了织布机和新的纺织染料，比如青黛。编织自古有之，努比亚这个通往撒哈拉以南非洲东部的"门户"也不例外。努比亚的织布工最初使用的是尼罗河沿岸普遍生长的亚麻，从 500 年开始，他们转而使用棉花编织，并创造出一种独特的蓝白棉质长袍以及带有复杂流苏和镂空的裹布。早期有研究认为这种棉纤维是从印度进口的，但新的研究表明，它来自一种非洲本土棉花品种——草本棉。近期，努比亚南部引进并普及了该品种。最近的考古研究发现棉布早在 10 世纪就已经是莫桑比克内陆地区流行的商品了。

近期，人们在西非找到了早期编织的部分证据，因此加深了对服装和贸易的认识。手工织物出现于数千年前，有证据表明，最早的织布机可能来自布基纳法索（Burkina Faso），来自约 1 世纪至 4 世纪的不明动物毛发碎片或羊毛织物碎片，如 Z 型纬纱、S 型经纱以及纬面平纹织物等都为此提供了佐证。当今学者一致认为，西非的编织真正兴起于 10 世纪左右，这可能与贸易增长以及伊斯兰教文化的传播息息相关。人们在马里班贾加拉洞穴（Bandiagara Caves of Mali）中发现了一大块碎片，该碎片有力地证明了 11 世纪西非编织的复杂性和特殊性（图 19-1）。这种特殊的特勒姆纺织品（Tellem textiles）以对当地居民的称呼命名，展现了复杂的挂毯编织技艺、纬纱补充法以及在西非窄型双综织机的上靛蓝染编法。这些碎片有的来自成衣，有的来自一片式裹布。羊毛是最古老的特勒姆纺织品传统原料，后来和布基纳法索的发掘物一样，逐步被棉花取代。不过羊毛也没有消失，因为尼日尔河地区的富拉尼牧民一直在养殖独特的绵羊品种，直到现代，这种绵羊仍是热带地区唯一的绵羊品种。他们的彩色羊毛挂毯和被褥（kasa，arkilla）从撒哈拉沙漠风靡至大西洋沿岸的非洲西大陆，对礼仪服饰和纺织艺术产生了深远的影响。

图 19-1　11—12 世纪织于现马里特勒姆所在地的棉布碎片
12 cm×20.5 cm，编号：RV-B237-2729。©荷兰国立世界文化博物馆，莱顿

非洲最早使用的两种本土纤维是野蚕丝（也称作柞蚕丝）和拉菲草。西非和马达加斯加是多个野生蚕蛾品种的家园，它们的幼虫以林木的叶子为食，并在森林里织茧。茧纤维很短，需要用手纺锤将其纺成米色线。人们对这种野生蚕丝的光泽和耐用度评价很高，马里、马达加斯加和尼日利亚的织工用该蚕丝为上层阶级制作的服饰颇具盛名。该地区既有布料的交易，也有蚕茧的买卖。而拉菲草的服务对象则更加广泛。早在公元前 5 世纪，希腊作家希罗多德（Herodotus）就记录了非洲使用棕榈纤维制作成衣的现象。酒椰树是非洲独有的树种，它只生长在马达加斯加和中非热带地区从安哥拉的卢安果海岸到坦噶尼喀湖岸的范围。国际术语"拉菲草"一词来源于马达加斯加语"rofia"。人们刮掉酒椰的长叶，用梳子梳成细丝，制成长纤维。织工生产的素色布既可以给普通民众穿，也可以作为当地的交易货币。此外，他们还会生产色彩绚丽、款式新颖的布料，为皇家和贵族阶层制衣（图 19-2）。强大的刚果王国统治者头戴帽，肩披网，身穿着由拉菲草、刺绣和绒毛编织精巧的布料。16 世纪的葡萄牙观察家们称赞它们"无比美丽，且技艺精湛，这是意大利天鹅绒所无法超越的"，还赞道"染料的视觉效果和亮度远超欧洲制品"。编织拉菲草的村庄和贸易网络遍布中非内陆，并使中非内陆与罗安达海岸产生了联系。

图 19-2　制于 1674 年前的刚果王国的帽子

由植物纤维所制，高 18 cm。编号：EDc123。摄影：阿诺德·米凯尔森（Arnold Mikkelsen）。© 丹麦国家博物馆，哥本哈根

图 19-3　穿着长袖长袍的女子的雕像，袍上带圆形或玫瑰花结

高约 33 cm，发现于埃塞俄比亚的阿尔玛加神庙，时间约为公元前 5—6 世纪。©DAI。摄影：彼得·沃尔夫（P. wolf）

　　尽管自古以来，撒哈拉以南的非洲人民在服饰方面能自给自足，但他们一直在寻求与国际航线和国际纺织业接轨的机会。数千年前，西非人齐心协力开辟了著名的跨撒哈拉陆线，该线路从南到北穿过沙漠到地中海，并延伸至欧亚大陆的丝绸之路，从而使当时所有的奢侈类型纺织品都能到达西非。据我们所知，古时候非洲大陆东部的一些精英喜好国外的服饰。在埃塞俄比亚发现了一些公元前 5—6 世纪的神或精英的雕像，他们身着剪裁得体的长袖长袍，衣服上装饰有条纹或圆形花纹，下摆有流苏，显示出与当时波斯阿契美尼德帝国（Achamenid Empires）的潮流风尚存在联系（图 19-3）。写于公元 30 年左右的《伯里浦鲁斯游记》（*Periplus*）记载，居住在非洲之角的国王从古吉拉特邦和恒河流域进口埃及制造的亚麻、羊毛布以及精美的印度棉花。6 世纪，位于今埃塞俄比亚地区的阿克苏姆帝国（Axumite Empire）的商人积极加入海上贸易，到斯里兰卡的商场寻找丝绸，并加入了拜占庭控制通过也门的丝绸之路的尝试。

中世纪和近代早期（约 1200—1800 年）的纺织贸易之路

在中世纪晚期和近代早期，撒哈拉以南地区与国际纺织时尚之间存在联系的证据更加充实和丰富。读者可能知道这段时期非洲出口的商品有黄金、香料、象牙以及可怜的奴隶，但并不知道非洲进口的货物主要是纺织品。文字、图像、术语和一些现存的珍贵服装表明了非洲消费者是如何有选择地赞助和影响那些著名的非欧亚时尚和路线的。这些线路包括连接东亚和欧洲的东西向丝绸之路、沿南向海运路线运送印度布料的"棉花路"，以及其他支线。非洲消费者是出了名的要求苛刻，甚至各港口、各地区的要求都各异并随时变化，商人和制造商只能竭尽所能满足他们的需求。

非洲之角和东非海岸，即从今天的厄立特里亚到莫桑比克，及其深入中非和津巴布韦的内陆地区，增强了其与印度洋海上丝绸之路的联系（参见第 11 章）。阿拉伯和欧洲都有文字记录了大东非地区的上层阶级个个身着当时的国际奢侈纺织品，如索马里海岸的统治者穿着来自埃及的"提拉兹"（一种饰有铭文的纺织品）服饰，以及来自其他众多伊斯兰纺织中心的衣服。在 16 世纪，斯瓦希里海岸和埃塞俄比亚的上层阶级特别喜欢葡萄牙人所说的"麦加天鹅绒"，它们实际上是来自奥斯曼帝国的丝绒，是从阿勒颇通过陆路运至阿拉伯，然后从吉达水运至印度洋地区进行贸易。埃塞俄比亚的统治者甚至派遣代理商前往意大利和东南亚寻找奢侈面料。当时穿着进口印度棉布（用靛蓝染色，有条纹和印花等样式）的普通民众空前之多。因此，当葡萄牙人在 1498 年绕过好望角，并试图向东非消费者提供欧洲亚麻布和羊毛制品时，东非消费者并不感兴趣。为了在东非成功地进行贸易，葡萄牙人——其次是荷兰人、英国人和法国人——首先需得航行到印度，以购买适合东非贸易的尺寸和色彩的纺织品。印度古吉拉特邦的整个纺织产区，例如贾姆布萨尔镇和曼德维港，开始以供应非洲出口市场为主，并专门为其设计图案和商品。与此同时，来自比沙（Bisa）等内陆的非洲贸易商开辟了新的贸易路线，从而将他们最喜爱的外国面料带入港口。

西非与其他国际纺织路线成功接轨。骆驼的引进提高了运力，促进了横贯撒哈拉的贸易，它们在地中海甚至更远的地方，如今天的毛里塔尼亚、尼日利亚、尼日尔、马里、乍得和布基纳法索之间运输货物。贸易所得的财富催生了内陆地区的大城市和帝国，例如廷巴克图城（Timbuktu）和桑海帝国（Songhai Empire）。中国丝绸即蚕丝制品也是传入非洲的奢侈品之一。事实上，近期马里出土了最古老的中国丝绸锦缎，其生产时间可追溯到 14 世纪。有文字记载，当时世界上的首富、马里帝国的统治者曼萨·穆萨（Mansa Musa）的千名侍从在 14 世纪初期就穿着波斯丝绸。前往麦加的朝圣之旅，包括穆萨本人的朝圣，使通往开罗和麦加这两个重要纺织中心的道路更加畅通。从 15 世纪中叶开始，陆路沙漠航线面临着来自葡萄牙人的新竞争。葡萄牙人正在寻找前往印度的海上航线，他们开始在大西洋沿岸的港口停靠，招商引资。很快，荷兰、英国和法国商人纷纷效仿，大肆搜寻俘虏，并将其贩卖到美洲的殖民地，纺织品是他们用俘虏交换的重要贸易商品。西非人喜欢某些品种的欧洲亚麻布和毛织物，也喜欢印度的棉花和丝绸。在许多地区，进口布料往往模仿当地编织品的风格，以吸引消费者。

非洲大陆不仅进口纺织品，也出口纺织品。14 世纪时，旅行学者伊本·白图泰（Ibn Battuta）发现索马里摩加迪沙编织的布料享有盛名，并被销往世界强国兼纺织品制造国之一埃及。约同一时期，马达加斯加的拉菲草布料被运往纺织品制造大国也门。据报道，马达加斯加精美的拉菲草布料以及印度印花棉布等亚洲纺织品威胁到了欧洲当地的纺织品制造业，18 世纪的法国禁止进口这些布料。19 世纪初，拉菲草漂洋过海从马达加斯传到了英国。1837—1838 年，马达加斯加大使访问伦敦后，英国时尚圈中掀起了对拉菲草布料的狂热追求，使得中非的拉菲草布料在欧洲随处可见。从 1498 年刚果王国的第一位特使首次前往里斯本开始，奢侈的拉菲草布料就被制成室内织物陈设，如地毯、靠垫和被子，进入了葡萄牙精英家庭；有些还被做成弥撒制服。拉菲草布料的设计也影响了葡萄牙本地的草席制造商。

总之，撒哈拉以南非洲地区的纺织品进口并没有使当地去工业化，反而刺激了当地的生产和创新。从 10 世纪开始，跨撒哈拉路线的开通、伊斯兰教的传播以及斯瓦希里海岸通往内陆的象牙和金矿路线的开通等活动，都带动了棉花种植和纺织业的蓬勃发展。欧洲人都依赖非洲制造的贸易纺织品，欧洲本地的纺织品或维持原样或开发新产品，来填补亚洲和欧洲的进口空缺。外国纤维刺激了创新。17 世纪，西非的织工非常喜爱色彩鲜艳的欧洲羊毛纱线。大量被称为 "al-hariri"（阿拉伯语中指 "丝绸"）的丝线（其中大部分来自意大利工厂）

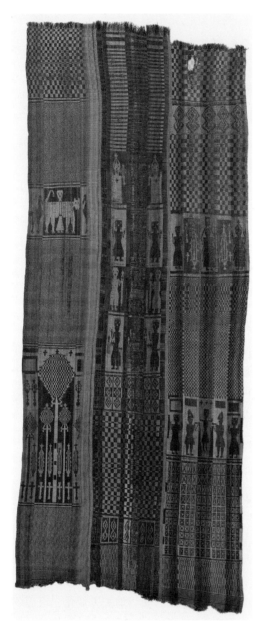

图 19-4 埃塞俄比亚贡达尔壁挂
18 世纪，绢丝，卡片织。乔治·A·斯维尼（George A. Sweny）上校遗产。©加拿大皇家安大略博物馆藏，多伦多，编号：922.26.1

被运往撒哈拉以南非洲地区，丝线的进口给当地传统纺织业带来新的活力。在斯瓦希里的佩特岛（Swahili Island of Pate）上，织工将印度进口的丝绸面料拆解，将拆出来的丝线重新织成新纹样。佩特岛丰富的丝绸纺织品在沿海地区以及远至津巴布韦的内陆地区都备受追捧，甚至当地的葡萄牙移民都有购买。18 世纪，埃塞俄比亚人使用进口的桑蚕丝线制作巨大的教堂挂饰。专业的纺织工匠运用卡片织（综扳织）技术创造了世界上已知的最大的卡片织纺织品，长达 9 米，宽至 3 米（图 19-4）。马达加斯加人也用进口的蚕丝创造了新的布料风格。到了 19 世纪 20 年代，他们已经掌握了家蚕养殖技术，英国政府将蚕种和桑树作为礼物送给马达加斯加的国王拉达玛一世（Radama I）。拉达玛一世推动了新式养蚕业的发展，直到今日，养蚕业仍然在岛上蓬勃发展。

19 世纪进口的印花、格子、天鹅绒面料和时尚新款

与前几百年一样，19 世纪的撒哈拉以南非洲地区与全球纺织品生产、贸易和消费的深刻变化有着密切的联系，而最重要的改变是全球棉花产业中心从印度转移到了欧洲。英国率先发明了电力织机和棉布印花机，并向美洲、非洲和亚洲大量出口纺织品，荷兰、瑞士、法国、日本和美国也在进行小规模尝试。事实上，历史学家约瑟夫·伊尼科里（Joseph Inikori）在 20 世纪 90 年代就提过，非洲对棉织物的需求最初推动了欧洲的工业革命，但今天人们已经认识到非洲只是众多全球消费者之一（参见第 3 章），这种说法的说服力已大大减弱。但随着全球时尚趋势的趋同，非洲地区越来越多地用进口工业棉取代麻类、树叶和皮革，但该地区对非洲本土织物的需求和对亚洲制造的格子花呢、天鹅绒及其他特色面料的需求一样持续存在。

现今非洲最著名的时尚面料之一便是印花棉布，统称为"非洲印花布"（参见第 14 章），过去称为"荷兰蜡染布"（Dutch wax）。研究表明，在 19 世纪之前的西非，无论是来自印度还是欧洲的印花和彩绘棉布，都只在小范围内畅销，只有当今塞内加尔和尼日利亚地区的小众消费者青睐这些布料。18 世纪的设计风格多样，有抽象形状的想象中的非洲小花饰及风靡全球的中国风。即使非洲对印花棉布的需求有限，也足以促进法国南特以出口为导向的人工印花业的发展，也为英国利物浦的印花业提供了发展动力。到 19 世纪末，欧洲商人开始销售印度尼西亚蜡染印花布时，西非对彩色印花棉布的需求开始与日俱增。西非消费者对色彩和图案的需求催生了一种流行至今的时尚面料——"非洲印花"面料。与此同时，南非的消费者与其他路线和商人团体建立了联系，为印花棉布带来了独特的风格。尤其是蓝白色的非洲棉织印花面料（shweshwe），其早期设计深受德国传统蓝白棉花拔染印花的影响。

在非洲大陆的东部，进口的工业印花棉布从 19 世纪 70 年代开始发展为高级时装面料，但此时的印花棉布与印度的设计和商贸网络存在密切关系。从 19 世纪 40 年代开始，许多东非消费者开始青睐北美新工业棉纺厂生产的纯白棉布，这种面料被称为"梅里卡尼"（merikani）。为满足东非的需求，美国在马萨诸塞州建立了第一家蒸汽动力厂。而其他区域的非洲人则依然喜欢古吉拉特邦制造的靛蓝染色和条纹服装面料。19 世纪 70 年代，东非消费者对欧洲印

图 19-5　2009 年肯尼亚马赛妇女身披工厂印莱纱裹布的图片
©阿拉米图库/波莱特·辛克莱（Paulete Sinclair）

花棉布的需求高涨，这种需求始于当时的主要商业中心、坦桑尼亚附近的桑给巴尔岛。印花面料的纹样设计是斯瓦希里妇女、印度店主和欧洲棉布印刷商的合作产物。不同于西非印花的循环样式，被称为"肯加"（kanga）和"莱纱"（leso）的东非印花被设计为长方形裹布，用作腰围布和头巾（图 19-5）。其纹样一般有多个外框，内部纹样有佩斯利纹（漩涡纹）、一些具象图案等，下摆还会印有文字。众所周知，时尚的保质期不超过 6 周，因此学者们很好奇，这些设计是如何从印度木刻印花或防染头巾中脱颖而出，并从 19 世纪风靡至今的。

　　虽然工业印花棉布在某些群体中越来越受欢迎，但依然有许多人偏爱南亚和西亚的条纹、格子棉布和丝绸。在尼日利亚南部，消费者仍喜欢购买印度制造的用金属线刺绣的天鹅绒、条纹丝绸以及棉质刺绣，这种趋势在欧洲大陆的东部甚至更为普遍。斯瓦希里海岸的阿拉伯裔非洲妇女还是喜欢古吉拉特邦制造的印度丝棉交织物（如 mashru、dusamali）。这些织物很可能是在古吉拉特邦的港口曼德维生产的，该港口很可能是 19 世纪为东非提供服务的。斯瓦希里海岸的上层阶层男子以及内陆地区的男女都偏爱条纹棉布，其中最奢华的是用丝带点缀的棉布。19 世纪初，这些条纹织物都是手工织造的，主要来自古吉拉特邦和阿拉伯南部的阿曼。阿曼的主要港口城市如苏尔、苏哈尔和马斯喀特的织工使用本地和进口的纤维和染料，特意为东非市场设计生产了带有彩色条纹和格纹的裹布、头巾、腰带和臀部裹布。从 19 世纪 60 年代起，欧洲的工厂开始仿制阿曼和古吉拉特邦的条纹棉织物，但大部分都由于不含丝绸而无法与亚洲的亮丽色彩相媲美，因而滞销。

与此同时，"非洲之角"（非洲东北部，The Horn）继续利用其处于印度洋和红海间的地理优势从各地进口布料。在 19 世纪，运往红海的印度货物通常在亚丁和摩卡转运，然后运往马萨瓦、伯贝拉以及今厄立特里亚和索马里兰的其他小港口。商队从这里，尤其是从开市长达数月的柏培拉集市装载进口布料，并将其送到埃塞俄比亚的高地甚至非洲大陆上更远的地方。尽管英国于 1839 年吞并了亚丁，并于 1884 年吞并了索马里北部，但它无法强行销售自己的工业棉布。"非洲之角"的消费者拒绝接受英国纺织品，转而青睐印度的薄纱、印花和条纹棉布，埃及的"尼罗河材料"或埃塞俄比亚自己生产的手工面料。埃塞俄比亚高原的人们喜欢各色各样的印度丝绸，包括织金锦（kincaub）和轻质天鹅绒，以及来自苏拉特和孟加拉国的红黑色丝绸手帕。埃塞俄比亚贵族、基督教神职人员和军官脱下了名贵的豹皮披风，换上了丝绸天鹅绒披风，而当时最负盛名的便是印度金丝刺绣天鹅绒。在当地的妇女和亚美尼亚裁缝中兴起了另一种时尚，他们用彩色丝线在女装上刺绣。在穆斯林贸易中心哈勒尔以南地区的人们则喜欢印度的其他布料，如艾德莱斯丝绸和头巾。在也门裁缝的宣传下，女装上的刺绣也越来越受欢迎。

尽管欧洲在 19 世纪对撒哈拉以南非洲大部分地区的殖民化破坏了一些原有的纺织品运输线路，但也有一些线路沿用至今，并新建了很多线路。尽管欧洲列强的目标是让殖民地人民穿上他们制造的服装，但他们永远无法完全支配消费。例如，尼日利亚南部的人们仍然喜欢"马德拉斯手帕"（Madras handkerchiefs），这是一种印度手工织造的格子棉布，也有手工刺绣的精美版，这一需求为 3 万位印度织工提供了生计。与此同时，位于马达加斯加西海岸的波赫拉贸易商们开始了拉菲草伊卡特拜毯的小规模交易，并将其出口到他们的

图 19-6　饰有山茶花的拉菲草编织帽
克里斯汀·迪奥，1951 年，纽约。ⓒ伊
凡·范德尔/迪奥（Ivan Vandel/Dior）

家乡古吉拉特邦。在 20 世纪 20 年代，中非的拉菲草布料（现在由库巴人制
作）为欧洲的时尚设计师们提供了灵感，包括很有影响力的巴黎设计师如玛
德琳·薇欧奈（Madeleine Vionnet）和可可·香奈儿（Coco Channel）等（如图
19-6）。

小　结

　　学者们对"非欧亚大陆"这一地理术语的日益认可，迫使人们意识到非洲
大陆通过陆地和海洋与欧亚大陆相连，并通过纺织品作为贸易的主要纽带，参
与了人类历史上的庞大贸易网络。一个世纪的欧洲殖民使人们误认为，撒哈拉
以南的非洲地区是一片停滞落后、自给自足的土地，这片土地上的人们被迫接
受外国商人销售的廉价粗制的纺织品。然而，新的考古学和语言学研究证实

了非洲本身有着悠久的纺织历史，在技术开发和当地纤维（如本土棉花纤维）应用方面有其独创性。此外，最新的研究和展览，如"非洲路线"（L'Afrique des Routes）（布兰利博物馆，Musée du Quai Branly，巴黎，2017年）和"黄金商队：碎片"（Caravans of Gold: Fragments in Time）（布洛克艺术博物馆，Block Museum of Art，伊利诺伊州，2019年）等，展示了撒哈拉以南的非洲地区与外部交流的历史，包括其曾参与并为之做出贡献的古代国际时尚趋势和贸易。

参考文献

Antonites, Alexander. 2019. Fiber spinning during the Mapungubwe period of Southern Africa: Regional specialism in the Hinterland. *African Archaeological Review,* Vol. 36, No. 1, pp. 105-117.

Berzock, Kathleen B. 2019. *Caravans of Gold, Fragments in Time: Art, Culture, and Exchange across Medieval Saharan Africa.* Princeton, NJ: Princeton University Press.

Bouchaud, Charlène et al. 2018. Cottoning on to cotton (*Gossypium* spp.) in Arabia and Africa during Antiquity. In Anna Maria Mercuri et al. (eds.). *Plants and People in the African Past. Progress in African Archaeobotany.* New York: Springer International Publishing, pp. 380-426.

Campbell, Gwyn. 2005. *An Economic History of Imperial Madagascar, 1750–1895: The Rise and Fall of an Island Empire.* New York: Cambridge University Press.

Desrosiers, Sophie. 2017. Note sur le damas et sur le 'voile' de soie d'Essouk-Tademekka.. In D.J. Mattingly et al. (eds.). *Trade in the Ancient Sahara and Beyond.* Cambridge: Cambridge University Press, pp. 393-399.

Douny, Laurence. 2013. Wild silk textiles of the Dogon of Mali: The production, material efficacy, and cultural significance of Sheen. *Textile,* Vol. 11, No. 1, pp. 58-77.

Eicher, Joanne B. 2005. Kalabari identity and Indian textiles in the Niger Delta. In Rosemary Crill (ed.). *Textiles from India. The Global Trade.* New Delhi: Seagull Books, pp. 153-171.

Fee, Sarah. 2017. "Cloths with Names": Luxury textile imports in Eastern Africa, ca. 1800–1885. *Textile History,* Vol. 48, No. 1, pp 49-84.

Fromont, Cécile. 2021. The taste of others. finery, the slave trade, and Africa's place in the traffic. In Paula Findlen (ed.). *Early Modern Things: Objects and Their Histories, 1500–1800.* 2nd edn. Abingdon: Routledge, pp. 273-292.

Gibb, Hamilton A.R. (ed.). 1962. *The Travels of Ibn Battuta AD 1325–1354,* Volume II. London: The Hakluyt Society.

Hannel, Susan. 2006. "Africana" textiles: Imitation, adaptation, and transformation during the Jazz Age. *Textile,* Vol. 4, No. 1, pp. 68-103.

Inikori, Joseph. E. 2002. *Africans and the Industrial Revolution in England: A Study in International Trade and Economic Development.* Cambridge: Cambridge University Press.

Kreamer, Christine M. and Sarah Fee. (eds.). 2002. *Objects as Envoys: Cloth, Imagery, and Diplomacy in Madagascar.* Washington: University of Washington Press.

Krebs, Verena. 2021. *Medieval Ethiopian Kingship, Craft, and Diplomacy with Latin Europe.* London: Palgrave Macmillan.

Kriger, Colleen E. 2006. *Cloth in West African History.* Lanham, Maryland: AltaMira Press.

Lutz, Hazel. 2005. Changing twentieth-century textile design and industry structure in the India-West Africa embroidery trade. In Rosemary Crill (ed.). *Textiles from India. The Global Trade.* New Delhi: Seagull Books, pp. 173-194.

Machado, Pedro. 2014. *Ocean of Trade: South Asian Merchants, Africa and the Indian Ocean, c. 1750–1850.* Cambridge: Cambridge University Press.

Magnavita, Sonja. 2020. The early history of weaving in West Africa: A review of the evidence. In Chloe N. Duckworth et al. (eds.). *Mobile Technologies in the Ancient Sahara and Beyond.* Cambridge: Cambridge University Press, pp. 183–208.

Pankhurst, Richard. 1974. Indian trade with Ethiopia, the Gulf of Aden and the Horn of Africa in the nineteenth and early twentieth centuries. *Cahiers d'Études Africaines*, Vol. 14, No. 55, pp. 453-497.

Phillipson, David W. 2012. *Foundations of an African Civilisation: Aksum and the northern Horn, 1000 BC–AD 1300.* Oxford: James Currey.

Prestholdt, Jeremy. 1998. As artistry permits and custom may ordain:the social fabric of material consumption in the Swahili world, circa 1450–1600. *PAS Working Papers* 3. Evanston, IL: Northwestern University.

Ryan, MacKenzie Moon. 2017. A decade of design: The global invention of the Kanga, 1876–1886. *Textile History,* Vol. 48, No. 1, pp. 101-132.

Spring, Chris and Julie Hudson. J. 2002. *Silk in Africa.* Seattle, WA: University of Washington Press.

Vansina, Jan. 1998. Raffia cloth in West Central Africa, 1500–1800. In Maureen F. Mazzaoui (ed.). *Textiles: Production, Trade and Demand.* London: Routledge, pp. 263-281.

第 20 章

织物与纸币——材质与图案

汪海岚（Helen Wang）

在历史上的各个时期，纺织品一直是一种支付和交换手段，例如，在中国唐朝（618—907 年），铜钱和绢帛是货币的主要形式；纺织品的使用也是一种社会习俗和文化，如用作嫁妆。纸币起源于唐朝的"飞钱"，"飞钱"是有书面记录的官方凭证，持凭证可以去异地提款购货。现存最早的纸币是元朝（1271—1368 年）发行的纸币，据马可·波罗（Marco Polo）的著作记载，该纸币由桑树[其叶用于喂蚕（图 20-1）]的韧皮纤维制成。纺织品与货币有着千丝万缕的联系并一直延续至今，不仅用于制作货币，而且也用于货币的图案设计中。

图 20-1　元至元通行宝钞二贯
由桑树韧皮纤维制成，至元年间
©中国上海博物馆，上海

纺织品与纸币——不同种类的货币

不论是纺织品还是纸币，它们都满足了经济学家定义的货币的四种功能：交换媒介、价值尺度（或记账单位）、贮藏手段和延期支付手段，还满足了保罗·艾因齐格（Paul Einzig）定义的货币的八个重要特点：实用性、便携性、不可破坏性、同质性、可分割性、价值稳定性、可认知性和流动性。考虑到现存的所有不同形式的货币，钱币研究者乔·克里布（Joe Cribb）将货币定义为"任何根据法律保证其价值并确保其可接受性，经常用于支付的对象（或等同记录）"。但作为货币的纺织品和纸币，其功能和作用却不同。

纺织品是一种商品货币，具有内在价值，可以作为商品，也可以作为货币。在不同情况下，纺织品作为货币的用途会有所不同；例如，精致又著名的纺织品可能会作为货币用于交易，而那些普通的纺织品（定期大规模生产的，且质量稳定的纺织品）更适用于织物通常的用途。

纸币是法定（fiat）货币。其价值由发行当局或政府决定。拉丁语"fiat"意思是"批准、颁布"，换言之，法定货币是通过命令或法令规定而有效的。纸币的内在价值远远低于其票面价值。典型的例子如2021年生产的美国纸币，每张票面价值为1美元和2美元的纸币的成本为6.2美分，每张票面价值为100美元的纸币成本是14美分。

并非所有纸币都由政府机构发行，私人银行发行的纸币也数不胜数，私人发行纸币成功的关键在于大众对发行者和纸币流通系统是否有信心，是否信任，由此产生了一个术语——信用货币（来自拉丁语"fiducia"，意思是"信心"或"信任"）。

到了19世纪中叶，在英国，人们认为纸币所需的关键条件是易于识别、（每张纸币的）编码和不可模仿性。这时，纸币印刷开始机械化，精密印刷机逐渐取代技艺精湛的印刷工人，艺术与工艺开始结合。1854年，格伦威尔·夏普（Granville Sharp）认为纸币理想的"完美水平"是"一张纸币可以做得完全不可能被模仿，没有人工技术可以复制它"，这样纸币"无法给伪造者带来利润"。

由于纸币的生产成本远低于其票面价值，纸币的成功发行在于其公信力，即人们相信发行机构会生产防伪技术最高的纸币，并保护它们正常流通。

一个主要的破坏因素是伪造。美国内战期间，伪造纸币事件高发，因此1865年美国财政部成立特勤局，主要职责是保护金融和支付系统。由于其重要性，2003年特勤局被归入国土安全部，并继续调查和帮助查封全球范围内的纸币造假团伙。2014年，当臭名昭著的"俄罗斯–以色列伪币"（之所以这么称呼，是因为其四名成员是会说俄语的以色列人）背后的造假团伙被一网打尽时，这个组织已经制造了超过7,000万美元的假币。

如今，纸币的安全印刷正处于技术前沿。克莱恩公司（Crane & Co）是一家与世界各地的50家中央银行合作的企业，自1879年以来一直是美国联邦储蓄券的防伪纸供应商，其在网站上宣称：

> 提供纸币技术、设计一站式服务，无论是制作技艺还是艺术设计、设计草图、文化背景、制作、介绍等，本公司通通都有。

纸币的面料

当今的纸币主要由纸（因此称为"纸币"）或聚合物制成。然而，历史上也有用纺织品剪裁而成的纸币，通常是在缺乏常规形式货币（例如硬币和纸币）、材料、设备和（或）专业知识的情况下使用。如 1902 年布尔战争期间阿平顿边境（Upington Border）童子军使用印在窗帘、床单和桌布等物上的应急货币；又如 20 世纪 20 年代初在比勒菲尔德（Bielefeld）发行的由真丝制成的德国临时货币（notgeld），这样的货币可能更适合收藏而不是用于流通。在中国，20 世纪 20 年代和 30 年代，新疆迪化（今乌鲁木齐）、和田，以及共产主义革命根据地之一、中华苏维埃共和国的川陕苏区（1933—1935）都发行了布票（油布票，"用油布制成的票"）（图 20-2）。

今天的纸币大多由"棉纸"制成，使用的是纺纱副产品——柔软的棉短纤维，被称为精梳落棉。在美国，纸币原料由约 75% 的棉和约 25% 的亚麻混合而成，确切的比例是保密的。棉制纸币重量轻，可以印刷，具有防伪特征，纤维虽然柔软，但坚固而灵活，赋予了钞票特殊的手感和耐用性。纸币生产中所选材料的特殊触感也有助于纸币防伪。

图 20-2　川陕省苏维埃政府工农银行发行的三串布票
1933 年。©中国上海博物馆，上海

例如，"二战"期间，纳粹在萨克森豪森集中营伪造的英格兰银行纸币，在触感上与真正的纸币不同，因为这些伪造纸币是用新亚麻布而不是旧亚麻布制成的。

因为纸币需要长期流通，因此纸币的耐用性也很重要。在美国，美联储纸币的使用寿命估计为4.7年（5美元面额纸币）至22.9年（100美元面额纸币）。

纺织品也可以在视觉上作为纸币的防伪特征。1844年，克莱恩公司（美国马萨诸塞州道尔顿的防伪纸制造商和印刷商）的泽纳斯·马歇尔（Zenas Marshall）注册了一项将丝线垂直嵌入纸币的专利。这项技术能够使纸币上显示面额的地方凸起，从而防止人们在币面的数字末尾添加零。银行很快就意识到了这种新的防伪功能的作用，克莱恩公司进一步改良工艺，特别是在纸币中嵌入两条平行丝线。该公司于1879年赢得美国财政部的合同，为其提供发行纸币所需要的纸张，后来仍继续为美国纸币提供防伪纸张。

政府印刷和雕刻部生产的所有纸币上都嵌有两条蓝色平行线，两者纵向穿过纸币表面，相距仅一英寸多，这样的工艺非常有利于防伪。1891年，财政部特勤局局长A. L.德拉蒙德（A. L. Drummond）说："首先，在工厂制造纸币时，需要将丝线放入其中，这有技术难度。其次，制造美国政府使用的这种纸币需要有大型工厂和大量资金，因此造假者成本太高。对于已经拥有生产纸张的工厂的造纸商来说，即便他们有这么多资金，他们也不会傻到为了制造假钞去冒险，因为制造假钞是一种犯罪行为。"

克莱恩公司还生产币坯纸，这是一种较便宜的无丝线的棉质防伪纸张，以提供给其他国家使用。20世纪末和21世纪初，克莱恩公司还研究了其他植物纤维，如亚麻和大麻，以作为树木纤维的替代品。

亚麻目前用于乌克兰国家银行发行的纸币中。该国纸币由两层无甲醛印花纸坯制成，并用NBU纸币造纸厂生产的亚麻纤维加固。亚麻经久耐用且价格低廉，比棉花、稻草和香蕉纤维更受人们青睐。

较硬的植物纤维可能被用于生产早期钞票纸上的水印，并被手工缝制（贴线缝制）到制造纸币的模具上。

纸币设计中的纺织

弗朗西斯·罗伯逊（Frances Robertson）在对 19 世纪的纸币印刷和当时人们对纸币态度的研究中总结道："对技术和机械化的信任被用于生产、控制并使用这些短暂的物品。在 19 世纪，作为货币的印刷品开始作为工业财富的产品和认证而推出，旨在产生一种独特的认知方式——如果这是这种潜意识活动的正确说法的话——目的是实现这种一致性：正确的反应就是缺乏反应。"

如今，使用纸币的人很少仔细去观察它们，也很少意识到或想当然地认为它们具有夏普所说的三个基本特性：易于识别、（每张纸币的）编码和不可模仿性。然而，那些委托制作纸币和生产纸币的人却非常重视观察纸币——每个标记都是有意的，重要的，其中有些很容易就可以看到，而另一些需要高倍放大才能看到，有时还需要指点、告知才能被注意或理解。

无论是在前景的小插画中，还是在背景的图案中，纺织都是纸币设计中一个常见主题。复杂的纺织图案可以成为纸币上的防伪特征，也可为隐藏秘密标记提供空间。

正面的装饰图案可以传达、强化或验证发行人希望传达的任何信息，例如，图案重点可能是关于农业、工业、生产力、妇女解放或某种身份的，也可能是关于地方、区域、国家、种族、宗教或政治的。

19 世纪早期，美国纸币上有一系列装饰图案都与纺织业有关，从田间的棉花种植到采摘、家庭缝纫，再到与纺织业相关的建筑物和地点，都有涉及。图案"棉花工厂"[其设计师和雕刻师不详，为纸币雕刻公司丹弗斯莱特公司（Danforth, Wright & Co）工作] 被多家纸币发行商使用，特别是在南部各州。在南部各州的记载中还发现了一个罕见的图案——"棉花田"[设计师和雕刻师不详，为罗登（Rawdon）、赖特（Wright）、哈奇（Hatch）和埃德（Edson）工作]。图案"缝纫机"，也被称为"缝纫女郎"，描绘的是一个女人坐在缝纫机前的画面，由弗朗西斯·W. 埃德蒙兹（Francis W. Edmonds）（艺术家）和欧文·G.汉克斯（Owen G. Hanks）或路易吉·德尔诺斯（Luigi Delnoce）（雕刻师）为美国钞票公司设计。位于俄亥俄州富兰克林县的富兰克林丝绸公司发行了带有富兰克林丝绸厂图案的纸币（图 20-3）。该公司成立于 1836 年，但三年后就进入破产管理阶段，因为该公司种植的桑树和蚕都死亡了，河流也没有为工厂提供足够的水力。著名的"洛威尔纺织女工"（纺织革命期间马萨诸塞州洛威尔市的纺织厂工人）也成为出现在美国钞票公司的纸币上的图案（图20-4）。

20世纪中国的纸币上也有一系列与纺织相关的纸币图案。1928年，中国兴业银行的两角纸币，以宁波老城为特色，以棉田为前景——该设计改编自托

图20-3　俄亥俄州富兰克林的富兰克林丝绸厂
19世纪30年代的纸币。汪海岚私人收藏

图20-4　美国钞票公司的纸币图案中的洛威尔纺织女工
米里亚姆和艾拉·D.瓦拉赫艺术设计、印刷品和照片部（MEM A512b）。发行时间：1800—1899
年。纽约公共图书馆印本收藏。图片来源：https://digitalcollections.nypl.org/items/8c13297a-9844-
ebf5-e040-e00a180626fd.

马斯·阿罗姆（Thomas Allom）的画作《宁波棉花种植园》（Cotton Plantations in Ningpo），该画于 1845 年出版于《图说中国》（*China Illustrated*）。1939 年中国新疆工商银行的 100 元纸币，描绘了一幅男耕女织的传统劳动分工图。1943 年西北农民银行的 50 元纸币上印有一个纺织女工、一个牧羊人和其羊群的图案。

自 1949 年以来，中国人民银行发行的许多纸币上都印有与纺织业相关的图案。1949 年第一版 5 元面额的纸币上面印有两名妇女在从事传统腰机整经工作场景的图案。发行于 1975 年的 1972 年版（第三版）人民币纸币，其 5 角面额纸币的正面是纺织女工在纱线络丝车间工作的场景，背面印有棉花的图案（图 20-5）。这一图案代表着得到解放的妇女在工业生产中能顶半边天。图中推着落纱机（推纱锭）的姑娘是十九路军淞沪抗战名将、首任纺织部长蒋光鼐（1888—1967 年）的女儿蒋定桂。蒋光鼐将军逝世后，蒋定桂写信给周恩来总理寻求帮助，并在三个月后被安排到中国纺织科学院所属的棉纺厂工作。

在第四版和第五版人民币纸币图案中，纺织都占有非常重要的地位。第

a

b

图 20-5 中国人民银行发行的 5 角纸币上的纺织厂妇女（正反面）
©中国丝绸博物馆，杭州

四版人民币图案以中国少数民族为主题，七种纸币（面额从 1 角到 5 元）的正反两面都印有纺织图案，其中正面印有两个穿着传统服饰的少数民族人物。面额为 50 元的纸币上印有农民、工人和知识分子三人，都各自穿着代表其身份的典型服装。面额为 100 元的纸币上印有毛泽东、刘少奇、周恩来和朱德四位革命家的头像，这几位领导人穿着的中山装（也称为毛装）仅露出衣领部分。

其他国家的纸币上也有很多与纺织品相关的图案。例如，通常由女性进行但偶尔也由男性进行的纺纱生产活动的场景，出现在了 1920 年奥地利阿尔滕费尔登 10 海勒纸币、1958 年缅甸 5 缅元纸币（图 20-6）、1964 年印度尼西亚 50 卢布的纸币、1993 年立陶宛 5 立泰纸币，以及苏格兰克莱兹代尔银行发行的 50 英镑纸币的图案中。

a

b

图 20-6　缅甸联合银行发行的 5 缅元纸币上的纺织女工（正反面），1958 年

汪海岚私人收藏

a

b

图 20-7　加纳银行发行的
20 赛地纸币上的织工（正
反面），1982 年
汪海岚私人收藏

　　在 1861 年美国缅因州桑福德银行发行的 2 美元纸币、1959 年比属刚果的
50 法郎纸币、1982 年加纳的 20 赛地纸币（图 20-7）、1973 年柬埔寨的 100 里
尔纸币，以及 2008 年美国佐治亚州的 10 拉里纸币上，都可以看到人们在各种
织布机上纺织的场景；在 1964 年阿尔巴尼亚的 10 列克纸币上，纺织机器已成
为其独特的标志。

　　一般情况下，大家对于纸币的描述通常会突出其中的主要图案，而忽略其
背景中的纺织图案（要么直接无视它们，要么简单地将它们称为纺织图案或刺
绣设计）。然而这些图案都有其特定的含义，并强化了身份和传统的信息，比
如，出现在 2021 年乌兹别克斯坦的 2000 索姆纸币上的霍纳特斯拉（honatlas）
图案（图 20-8）。在现实生活中，人们还会注意到纺织品的展陈，如 1975 年
老挝的 100 基普纸币上的纺织品商店场景。

a

b

图 20-8　乌兹别克斯坦中央银行发行的 2000 索姆纸币（正反面）上的丝路形象，2021 年
2021 年"丝路"主题系列纸币描绘了乌兹别克斯坦地图上的商队路线的霍纳特斯拉图案。汪海岚私人收藏

小　结

　　纸币是大规模生产和流通的，因此，纸币艺术家和雕刻家的作品是世界上最引人注目和最受认可的艺术品之一。纸币制作的技术是最先进的，而纸币上图案设计的主题往往与历史或传统有关。本章介绍了一小部分以纺织生产或纺织设计为主题的纸币，这些纸币似乎显示了早期的纸币图案设计主题是面向未来的，特别是纺织厂的机器生产及作为生产力解放代表的纺织女工的主题。相比之下，近期纸币中与纺织品有关的设计似乎突出了传统纺织品。由于样本量太小，因此这一观察结果并不完全可靠，但仍然引出了这样一个问题：纸币的未来会怎样呢？随着数字货币和无现金支付系统越来越普遍，纸币的使用也正在逐步减少。在早期纸币的设计中，交通（如蒸汽火车）和工业（如带有冒烟烟囱的工厂）等主题标志着人类的进步。而近期纸币的设计似乎更多地聚焦当

代的问题：保护环境（包括濒危物种）及保护有形和无形的文化遗产。联合国教科文组织将非物质文化遗产定义为"社区、团体，以及（在某些情况下）个人认为是其文化遗产的一部分实践、表现形式、表达方式、知识、技能，以及与之相关的工具、物品、人工制品和文化空间。这种代代相传的非物质文化遗产，由社区和群体根据其所处的环境、历史和他们与自然的互动，不断重新创造，并为他们自己提供一种认同感和连续性，从而增加对文化多样性和人类创造力的尊重。"纺织与货币的联系依旧存在。

　　将联合国教科文组织对非物质文化遗产的定义与人类学家玛丽·道格拉斯（Mary Douglas）对 20 世纪中叶非洲传统和现代货币体系中的隐喻、仪式的深刻研究相比，是很有趣的。她写道："金钱的比喻令人钦佩地总结了我们想要维护的仪式。金钱为那些混乱的、矛盾的操作提供了一个固定的、外部的、可识别的标志；仪式使内部状态的外部标志可见。金钱为交易提供中介；仪式为经验提供中介，包括社会经验。金钱为衡量价值提供了标准；仪式使情况标准化，从而有助于评估它们。金钱将现在和未来联系起来，仪式也是如此。我们对这个隐喻的反思越多，就越清楚这不是隐喻。金钱只是仪式的一种极端的、特殊的形式。"

参考文献

Anon. 1891. The silk threads in paper money: An effective stumbling block in the way of counterfeiters. *New York Tribune, Daily Alta California* 84/141, 21 May 1891, 6.

Bender, Klaus W. 2006. *Moneymakers: The Secret World of Banknote Printing.* Weinheim: Wiley-VCH Verlag.

Bower, Peter. 2001. Operation Bernhard: The German forgery of British paper currency in World War II. In P. Bower (ed.). *The Exeter Papers.* London: The British Association of Paper Historians, pp. 43–65.

Cribb, Joe. 2005. The president's address: Money as metaphor I. *The Numismatic Chronicle 165*, pp. 417–438.

Cribb, Joe. 1986. What is money? In J. Cribb (ed.). *Money: From Cowrie Shells to Credit Cards.* London: British Museum Press..

Douglas, Mary. 1958. Raffia cloth distribution in the Lele Economy. *Africa,* Vol. 28, No.2. pp. 109–122.

Durand, Roger H. 2006. *Interesting Notes about Vignettes II* (1996) and *Architecture.*

Einzig, Paul. 1948. *Primitive Money*. London: Eyre and Spottiswoode.

Hewitt, Virginia. 1995. *The Banker's Art: Studies in Paper Money*. London, British Museum Press.

Hewitt, Virginia. 1994. *Beauty and the Banknote: Images of Women on Paper Money.* London: British Museum Press.

Hills, R. L. 2015. *Papermaking in Britain 1488–1988*. London: Bloomsbury Publishing.

Jones, Chris. A hundred bucks says you won't read this story. *Esquire*, 14 August 2013. (Accessed 23 March 2022).

Liao, Tim F. and Cuntong Wang. 2018. The changing face of money: Forging collective memory with Chinese banknote designs. *China Review*, Vol. 18, No. 2, pp. 87–119.

Ludington, Shannon. 2014. Painted clouds: Uzbek ikats as a case study for ethnic textiles surviving and thriving culturally and economically in the 21st Century. *Textile Society of America Symposium Proceedings*, No. 906.

Robertson, Frances. 2005. The aesthetics of authenticity: Printed banknotes as industrial currency. *Technology and Culture*, Vol. 46, No. 1, pp. 31–50.

Sharp, Granville. 1854. *The Gilbart Prize Essay on the Adaptation of Recent Discoveries and Inventions in Science and Art to the Purposes of Practical Banking*. London: Groombridge and Sons.

Sheng, Angela. 2013. Determining the value of textiles in the Tang Dynasty: In memory of Professor Denis Twitchett (1925–2006). *Journal of the Royal Asiatic Society*, 3rd series, Vol. 23, No. 2, Special Issue: Textiles as Money on the Silk Road, pp. 175–195.

UNESCO Convention for the Safeguarding of the Intangible Cultural Heritage, 2003. https://ich.unesco.org/en/convention#art2. [Text of the 2003 Convention] (Accessed 23 March 2022).

Wang, Helen. 2013. Textiles as money on the Silk Road? *Journal of the Royal Asiatic Society*, 3rd series, Vol. 23, No. 2. Special Issue: Textiles as Money on the Silk Road, pp. 165–174.

Wilber, Del Quentin. Fantastic fakes: Busting a $70 million counterfeiting ring, *Bloomberg,* 27 April 2016. https://www.bloomberg.com/features/2016-counterfeit-money/ (Accessed 23 March 2022).

Yule, Henry. 1871. *The Book of Ser Marco Polo*. London: John Murray.

马飞海，吴筹中，张瀛，1989. 中国历代货币大系 11: 新民主主义革命时期人民货币 [M]. 上海：上海人民出版社：115-123.

董庆煊，蒋其祥，1991. 新疆钱币 [M]. 新疆：新疆美术摄影出版社；香港：香港文化教育出版社.

第 21 章

17—19 世纪欧亚纺织品的染料和颜色研究 ——以中国丝绸博物馆九种织物为例[①]

刘剑、金鉴梅

亚欧大陆是一个连续贯通的大陆板块，因此，自青铜器时代起，东西方的文化和技术便开始传播与交融。且不论冶金制铁、彩陶玻璃的传播方向是从东往西，还是从西往东，毋庸置疑，闻名于世的丝绸之路是从东方走向西方的。同样，在纺织品生产中，羊毛的使用起源于西亚，而棉花的使用则起源于印度地区，如今这两者均已享誉世界。尽管天然羊毛已有白色、棕色、黑色和黄色几种颜色，但随着时间的推移，它们逐渐无法满足人们对自然界丰富颜色的追求。偶有一天，有人的手指染上了植物的汁液，脚掌踩在了赤铁矿上，或是海浪携来的一只破壳的骨螺，被第二天的阳光晒成了紫色。这些偶然事件的发生为染色工艺的发展创造了契机。

[①] 本文转载自：刘剑，王业宏. 2020.乾隆色谱：17—19 世纪纺织品染料研究与颜色复原.杭州：浙江大学出版社.

确切地说，早期的染色工艺应属于"彩绘"的一种，通常采用可直观地看到颜色的矿物颜料。这些矿物颜料后来被天然染料所取代。最早的天然染料可能是茜草和靛蓝，在印度、埃及和秘鲁的考古纺织品中均有发现。约公元前11世纪，用作红色、黄色和蓝色染料的植物在整个亚欧大陆都有使用。至中世纪晚期（15世纪），亚欧大陆各地区对染料的使用已经比较模式化了。本文将讨论17—19世纪欧洲和亚洲纺织品中检测到的染料，这些染料反映了亚欧大陆染色工艺的特点，以及它同其他地区的联系。

本文的研究对象为位于浙江省杭州市的中国丝绸博物馆中的部分纺织品藏品（以丝织品为主），这些藏品分别来自欧洲、西亚、中亚、东南亚各国和中国。研究人员采用了高效液相色谱－质谱（HPLC–MS）技术来检测这些织物所含染料成分，并鉴别了其中天然染料的来源。

欧洲的染料和染色工艺

16世纪中后期，西班牙传教士偶然在墨西哥发现了用作红色染料的胭脂虫（*Dactylopius coccus Costa*），并将其带入了欧洲。起初，西班牙人对胭脂虫的饲养及相关染色技术秘而不宣，且殖民地当局在墨西哥建造了仙人掌种植园，用于大量培育胭脂虫。西班牙人通过向欧洲出口质量高于野生胭脂虫的人工培育胭脂虫而获得了巨额利润。18世纪中叶，胭脂虫的年出口量达到350吨，该垄断直到19世纪80年代才被打破。生产胭脂虫染料的过程中，需要在雌性介壳虫产卵前将其杀死并晒干，这使得胭脂虫红染色的纺织品价格昂贵，仅供贵族专用。殖民地区胭脂虫红的生产和采集都是由奴隶来完成的，因此大大降低了劳动力成本。这种生产和销售成本的差异意味着墨西哥胭脂虫在一定程度上取代了欧洲本土的克玫兹胭脂虫（*Kermes vermilio*），并成了一种主流产品（见第5章红色染料部分）。欧洲南部、近东及亚洲部分地区均有克玫兹胭脂虫分布，其主要成分是胭脂虫酸。

人们在藏于中国丝绸博物馆的西班牙贴花织物（图21-1、图21-2）上检测出了克玫兹胭脂虫红，在法国红色织锦（图21-3、图21-4）上则检测出了胭脂红酸，其中的红色纱线即为美洲胭脂虫所染。这两种胭脂虫都是媒染染料，往往使用明矾媒染得到绛红色，同时会添加酒石酸作为染色助剂。美洲胭脂虫还可以使用锡媒染获得鲜红色。

图 21-1　西班牙红地贴花织物

编号：2017.4.6；尺寸：58 cm×54 cm；年代：18—19 世纪。©中国丝绸博物馆，杭州

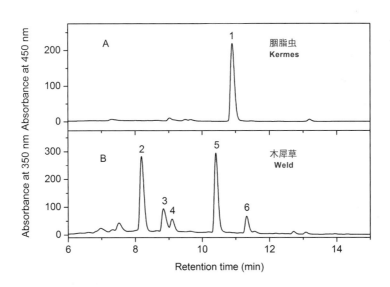

图 21-2　图 21-1 中所示红地贴花织物中红色染料（A）和黄色染料（B）的高效液相色谱

化合物 1：胭脂虫酸；化合物 2—6：木樨草素 -7-O- 葡萄糖苷、芹菜素 -7-O- 葡萄糖苷、木樨草素 -3'-O- 葡萄糖苷、木樨草素、芹菜素。©刘剑

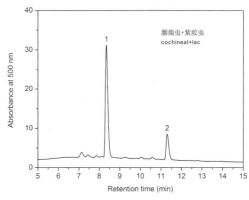

◀ 图21-3　红色中国风织锦

编号：2016.18.24，尺寸：191 cm×72 cm。年代：18世纪中期。©中国丝绸博物馆，杭州

▲ 图21-4　图21-3所示红色中国风织锦中红色染料的高效液相色谱

化合物1：胭脂虫酸；化合物2：紫胶虫酸A。©刘剑

　　欧洲进口的苏木（*Biancaea sappan*）也是一种红色染料。苏木的主要色素是巴西木素。巴西红木（*Caesalpinia echinata*）是欧洲人在探索美洲大陆时发现的，主要分布于巴西和牙买加地区（见第5章）。

　　由于殖民地众多，海外贸易繁荣，英国和荷兰在16世纪末17世纪初成为重要的金融市场和染色工业中心。在一件荷兰绿地妆花织物上就检测出了氧化巴西红木素（图21-5和图21-6）。巴西红木素在染色过程中很容易氧化，因此苏木染色纺织品中通常含有氧化巴西木素。苏木也是一种媒染染料，得到的色度可以根据媒染剂（明矾、铁等）和染浴的pH值而变化。苏木出现在荷兰的纺织品上，很可能与荷兰在东南亚的殖民地同欧洲之间的苏木贸易有关，这些贸易带来了高额利润。

欧洲历史上最为重要的红色染料是西茜草（*Rubia tinctorum L.*）。这种红色染料广泛分布于亚欧大陆，在法国至中国西部地区均有种植，地中海至中亚地区也有野生西茜草存在。14世纪最好的西茜草产自荷兰和法国南部的阿维尼翁地区。18世纪时，红色调的印花棉布在欧洲相当流行。这种独特的红色被称为"土耳其红色"，由西茜草粉和牛或羊的血混合制成。血液中的蛋白质与茜草相互作用，产生一种浓郁的棕红色。西茜草的主要染料成分是茜素和茜紫素，它们存在于西茜草的根部。西茜草需在种植三年后才可收割，然后将根

图21-5　荷兰绿地妆花织物
编号：2016.18.31；尺寸：93.5 cm×39 cm。年代：1720年。©中国丝绸博物馆，杭州

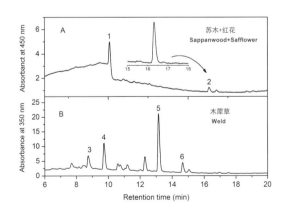

图21-6　图21-5所示荷兰绿地妆花织物中的玫瑰红染料（A）和黄色染料（B）的高效液相色谱
化合物1：氧化巴西红木素；化合物2：红花红色素；化合物3—6：木樨草素-3'、7-O-葡萄糖苷、木樨草素-7-O-葡萄糖苷、木樨草素、芹菜素。©刘剑

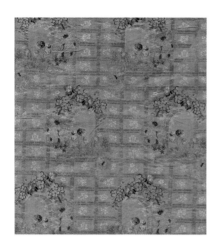

图 21-7　意大利绿地花卉纹妆花缎
编号：2016.18.36，　尺寸：66 cm×53 cm。
年代：18 世纪。©中国丝绸博物馆，杭州

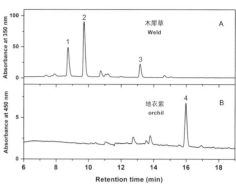

图 21-8　图 21-7 所示意大利绿地花卉纹妆花缎
（2016.18.36）中黄色染料（A）和绛色染料（B）
的高效液相色谱
化合物 1—3：木樨草素-3'、7-二-O 葡萄糖苷、木
樨草素-7-O-葡萄糖苷、木樨草素；化合物 4：α-
羟基地衣红。©刘剑

部晒干，再压碎筛分。这是一种媒染染料，经常用于染羊毛和棉织物，因此在
中国丝绸博物馆所藏的欧洲丝绸面料中没有鉴别出西茜草。

　　欧洲地区出产的红紫色染料是地衣紫（Cudbear），是一类真菌类染料，
最常见的品种为 Roccella tinctoria，生长于地中海和北大西洋沿岸的礁石峭壁
上。中世纪时期，这种地衣染色技术为意大利人所垄断，并经常用于生产鲜
艳的紫红色佛罗伦萨织物。18 世纪，苏格兰化学家卡思伯特·戈登（Cuthbert
Gordon）也发明了一种使用该染料的方法，并将其命名为地衣紫。它在碱性
条件下呈现蓝紫色，酸性条件下则呈红色，其主要成分为地衣红的羟基和氨基
衍生物。在一件意大利绿地花卉纹妆花缎的绛紫色纱线上曾检测到 α-羟基-
地衣红（图 21-7 和图 21-8），可以证明它是由地衣染色而成的。

　　欧洲纺织品上使用最广泛的黄色染料来源于木樨草（Reseda luteola），在
欧洲西南部、地中海和北非均有栽培和野生分布。木樨草不仅可以用作黄色染
料，还可以用茜草套染得到橙色，或与菘蓝套染得到绿色。其主要成分为木樨
草素、芹菜素及其糖苷。本章介绍的大多数欧洲纺织品上的黄色和绿色纱线中
都存在木樨草素。

亚洲的染料和染色工艺

伊朗的地毯举世闻名，其上便有中亚地区特有染料的染色痕迹。地毯产业的兴衰史也反映了染料的发展史。萨法维王朝时期（16世纪中期—18世纪中期），伊朗由波斯人统治，当时是一个织毯盛行的时代。地毯上精细的图案和鲜艳的颜色需要使用高品质的染料。染匠们以茜草为红色染料，黄花飞燕草（*Delphinium semibarbatum*）为黄色染料，石榴皮（*Punica granatum*）和没食子（一种产于中亚橡树上的球状虫瘿）为黑色染料，同时还使用了来自印度的紫胶（*Kerria lacca*）和木蓝（*Indigofera tinctoria*）。在馆藏的一件波斯雷什特壁挂上就发现了黄花飞燕草、单宁、紫胶虫等染料（图21-9和图21-10）。

黄花飞燕草是中亚和印度北部特有的一种黄色染料，使用铜媒染剂可以染出明亮的柠檬黄。印度北部地区也有在染浴中加入碳酸钠来染得金黄色的做法。伊朗人则会使用硫酸铜作为媒染剂来获得绿色。

图21-9　波斯雷什特壁挂
编号：2016.27.4，尺寸：230 cm×160 cm。
年代：19世纪中期。©中国丝绸博物馆，
杭州

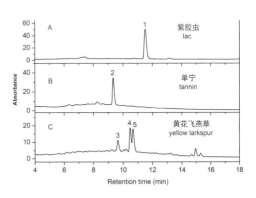

图21-10　图21-9所示波斯雷什特壁挂（2016.27.4）中的红色染料（A）、黑色染料（B）和黄色染料（C）的高效液相色谱
化合物1：紫胶虫酸A&B；化合物2：鞣花酸；化合物3—5：槲皮素-7-O葡萄糖苷、茨菲醇-3-O葡萄糖苷、异鼠李素-3-O葡萄糖苷。©刘剑

紫胶是一种重要的昆虫染料，源于东南亚及南亚地区。使用该染料染色的古代织物在中国的西藏、新疆和青海地区也有出土，其年代可以追溯到汉唐时期。尤其是在唐代的粟特织锦上还发现了紫胶虫和西茜草套染的现象。17—19世纪的欧洲和中亚纺织品中也发现了紫胶虫染料。

含单宁的植物或昆虫虫瘿可以染黑色。亚欧地区的染匠们使用寄生在盐肤木（*Rhus chinensis*）上的五倍子，橡树（*Quercus infectoria*）上的没食子，或栎树（*Quercus spp.*）果实的壳斗与铁媒染剂作用来获得黑色。中亚地区的染匠们则会使用当地特产，如石榴皮和核桃皮来染黑色。而东南亚和南亚地区的人们则利用油柑和儿茶的芯材来提取单宁酸染料。黑色染料在吸收了织物纤维后大多含有鞣花酸，因此很难鉴别其植物来源。

茜草不仅生长在欧洲，在中亚也有生长。在中国丝绸博物馆中一件带有花卉图案的染色织物（图21-11和21-12）上发现了茜素和茜紫素，这两种色素是西茜草的主要成分。除西茜草外，亚洲染工常用的茜草还有印度茜草（*Rubia cordifolia*）和东亚茜草（*Rubia akane*）两种。印花绵织物属于中亚风

图 21-11　中亚花卉纹染经织物
编号：2016.18.40，尺寸：232 cm×151 cm。
年代：19世纪中期。©中国丝绸博物馆，杭州

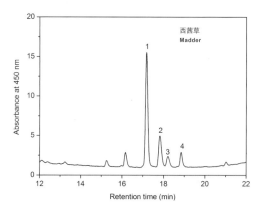

图 21-12　图 21-11 所示中亚花卉纹染经织物（2016.18.40）红色染料的高效液相色谱
化合物 1—4：茜素、茜紫素、伪茜紫素、茜草酸

图 21-13　印度尼西亚典礼用船布

编号：2014.61.15；尺寸：232 cm×56 cm。年代：19 世纪。©中国丝绸博物馆，杭州

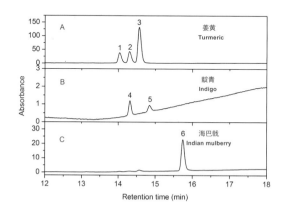

图 21-14　图 21-13所示印度尼西亚典礼用船布（2014.61.15）中黄色染料（A）、蓝色染料（B）和红色染料（C）的高效液相色谱

化合物 1—3：姜黄素及其衍生物；化合物 4：靛蓝；化合物 5：靛玉红；化合物 6：巴戟醌。©刘剑

格。除了西茜草，研究人员经染料测试，还在黄色和绿色的纱线上发现了靛蓝和黄色飞燕草。

　　东南亚的纺织技术虽受到了印度和中国的影响，但又具有其地方特色。中国丝绸博物馆藏品中有一块典礼用的船布（图 21-13 和图 21-14），研究人员在其所用的纱线上发现了靛蓝、海巴戟天（Morinda citrifolia）和姜黄（Curcuma longa）等染料。后两种染料是典型的东南亚产染料品种。海巴戟天广泛分布于印度、斯里兰卡和太平洋波利尼西亚群岛，在中国的台湾和海南也有栽培，其主要成分为蒽醌类化合物。17 世纪和 19 世纪，姜黄是东南亚和中国南方使用最广泛的黄色染料，其主要成分是姜黄素及其两种衍生物。该染料易着色，但耐光色牢度低。

　　清朝（1616—1911 年）是中国最后一个封建王朝，它沿袭了明朝的礼仪制度和纺织印染技术。明代宋应星所著的《天工开物》介绍了当时的染料品种和染色方法。清朝的《布经》则记载了江浙两省布料印染的方法和染料配方。

而特别重要的历史文献则是清代宫廷内务府京内织染局的销算档案，其不仅记录了颜色名称，还记载了染料配方。此外，当时的丝绸及棉花染色产业都集中在江南地区。

中国丝绸博物馆藏有大量清代丝织品，本章展示了其中的两件，通过染料鉴别能够基本反映当时使用的常见染料品种。

第一件是一块来自清朝宫廷的明黄地五彩云龙妆花缎（图 21-15）。尽管织物的部分区域已经褪色，研究人员还是在红色、粉色、绿色、蓝色和棕色的纱线中检测出了 6 种植物染料，分别为红花（*Carthamus tininctorius*）、苏木、靛蓝、黄檗（*Phellodendron amurense*）、槐米（*Sophora japonica*）和姜黄（图 21-16）。据推测，红花最早是在地中海地区种植的，包括埃及和近东地区。随后经中亚传入中国新疆，并进一步向东传入中原地区。唐朝时期的许多文献都对红花及其染色织物有所记载。从那以后，红花一直是染"真红"的主要染材。《尔雅翼》（1174 年）中有记载，"谓之真红，赛苏方木所染"；《云麓漫钞》（1206）中也有"收其花，俟干，以染帛，色鲜于茜，谓之真红"的描写，说明用红花染成的织物颜色尤其鲜艳，胜过其他红色染料。红花花瓣中主要的红色成分是红花红色素，其含量不足花瓣质量的 0.5%。

使用红花染色包括三个步骤：首先，浸泡去除黄色素，其次，于碱性溶液中提取红色染料，最后将染液调节成酸性后染色。做染料的红花很可能在采摘之际便集中浸泡以洗去黄色素，并晒干为散红花或者红花饼以便储存，即《齐民要术》（约 533—544 年）中所记载的"杀花法"。明代末期，染工曾使用过一种取巧的红花染色方法。据《天工开物》（1637 年）记载，先将织物以黄檗染底，再以红花套染，如此再通过调整黄色染料的用量，便能得到更多色度的红色。下面这件妆花缎上的红色纱线即为此方所染。黄檗是东亚特有的黄色染料，在中国主要有关黄檗和川黄檗两种，它们的主要色素成分均为小檗碱。另一种黄色染料是槐米（*Sophora japonica*），这是原产于中国的一种常见植物。槐米中含有的色素主要是芦丁，属于类黄酮。无论是黄檗还是槐米，都可以与靛蓝套染，得到不同饱和度及明度的绿色。

图21-15 明黄地五彩云
龙妆花缎
编号：0289，尺寸：85 cm×
42.5 cm。年代：17—19 世纪。
© 中国丝绸博物馆，杭州

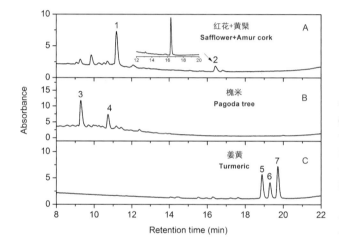

图21-16 图21-15所
示明黄地五彩云龙妆花缎
（0289）中红色（A）、棕
色（B）、黄色（C）纱线
的高效液相色谱
化合物 1：小檗碱；化合物
2：红花红色素；化合物 3：
芦丁；化合物 4：type-C；
化合物 5—7：姜黄素及其
衍生物。© 刘剑

另一例为石青缎绣团鹤料（图21-17和图21-18）。这幅精美的刺绣
中除了用到苏木、靛蓝、黄檗和姜黄等染料，还使用了一种从黄荆（*Vitex
negundo*）中提取的罕见黄色染料。《大元毡罽工物记》中就有黄荆叶用于毛毡
染色的记载，但其他文献中则鲜有对其用作染料的记载。然而，中国敦煌莫高
窟和吐鲁番出土的丝绸织物上也发现了类似的染料。黄荆主要生长在长江以南
地区，其主要的染色物质为异荭草素和木樨草素–O–葡萄糖醛酸苷。

图 21-17　石青缎绣团鹤料

编号：302，尺寸：29.7 cm×22.2 cm。
年代：17—19 世纪。©中国丝绸博
物馆，杭州

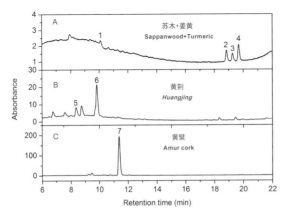

图 21-18　图 21-17 所示石青缎
绣团鹤料（302）中橙色（A）、深
绿色（B）和浅黄色（C）纱线的
高效液相色谱

化合物 1：巴西红木素；化合物
2—4：姜黄素及其衍生物；化合
物 5：异荭草素；化合物 6：木樨草
素-7-O-葡萄糖醛酸苷；化合物
7：小檗碱。©刘剑

　　在欧洲和亚洲，天然的蓝色染料几乎都是从含靛植物中提取的。中国幅员
辽阔，世界上主要的四种含靛植物在中国均有生长。其中蓼蓝的历史最为悠
久，据《诗经》记载，至少在 2500 年前，中国的祖先就有使用蓝色染料的经
历了。宋代《尔雅翼》中记载："诸蓝之类，菘蓝惟堪染青，蓼蓝不堪为淀，
雅作碧色，故以马蓝为作淀之蓝。"明代《天工开物》则有："凡蓝五种，皆可
为淀。"清代光绪年间《容县志》有记载："蓼蓝、大蓝、槐蓝皆可为淀。"由
此可推测宋代及之前蓼蓝主要是生叶未经发酵直接使用，随着染色技术的发
展，到明清时蓼蓝也可以发酵做靛，染得更深的蓝色。此外，自明清以来使
用最广泛的是马蓝（*Strobilanthes cusia*），它产自中国南方地区（浙江、福建、
广东、广西）和西南少数民族地区（云南、贵州等）。木蓝原产于印度，在中

国台湾也有栽培。靛蓝的英文名称 "indigo" 原指 *Indigofera tinctoria*（木蓝），其前缀 "indi" 表明了含靛植物和产地印度之间的关系。由于木蓝中靛蓝的含量高于菘蓝，因此在 17—19 世纪，木蓝不断被出口到欧洲，由此成为印度出口商品中最为常见的农产品（见第 5 章）。为了保护欧洲市场，法国颁布了对木蓝进口的禁令。然而，这依旧无法阻止木蓝取代菘蓝。

蓝色在清代服饰中应用广泛。英国商人艾丽西亚·E.涅瓦·利特尔（Alicia E. Neva Little）更将其在中国的游记命名为《穿蓝色长袍的国度》(*The Country Wearing Blue Robes*)，这表明蓝色在清朝平民服饰中的普遍性和影响力。清代乾隆时期织染局染作销算档案中记载的月白、宝蓝、深蓝、红青、石青等色均由不同配比的靛蓝染制而成。这说明当时的染色工艺已达到一定水平，已经可以较为准确地控制蓝色的色度。

参考文献

Balakina, G. et al. 2006. HPLC and molecular spectroscopic investigations of the red dye obtained from an ancient Pazyryk textile. *Dyes and Pigments,* Vol. 71, No.1, pp. 54–60.

Cardon, D. 2007. *Natural Dyes, Sources, Tradition Technology and Science*. London: Archetype Publications.

de Graaff, J. H. 2004. *The Colourful Past: Origins, Chemistry and Identification of Natural Dyestuffs*. Riggisberg, Abegg-Stiftung; London: Archetype Publications.

Evans, G. 2019. *The Story of Colour: An Exploration of the Hidden Messages of the Spectrum*. London: Michael O'Mara Books.

Ferreira, E.S.B et al. 2004. The natural constituents of historical textile dyes. *Chemical Society Reviews*, Vol. 33, pp. 329–336.

Harris, J. 2011. *5000 Years of Textiles*. Washington DC: Smithsonian Books.

Laufer, B. 1919. *Sino-Iranica: Chinese Contributions to the History of Civilizations in Ancient Iran*. Chicago: Field Museum of Natural History.

Manhita, A. et al. 2013. Ageing of brazilwood dye in wool–a chromatographic and spectrometric study. *Journal of Cultural Heritage*, Vol. 14, No. 6, pp. 471–479.

Marques, R. et al. 2009. Characterization of weld (*Reseda luteola* L.) and spurge flax (*Daphne gnidium* L.) by high-performance liquid chromatography-diode array detection-mass spectrometry in Arraiolos historical textiles. *Journal of Chromatography A*, Vol. 1216, No. 9, pp. 1395–1402.

Mouri, C. and Laursen, R. 2012. Identification of anthraquinone markers for distinguishing *Rubia* species in madder-dyed textiles by HPLC. *Microchimica Acta,* Vol. 179, pp. 105–113.

Pastoureau, M. 2016. *Blue: The History of Colour.* Princeton, New Jersey: Princeton University Press.

Splitstoser, J.C. el al. 2016. Early pre-Hispanic use of indigo blue in Peru. *Science Advances,* Vol. 2, No. 9.DOI: 10.1126/sciadv.1501623.

李斌. 1991. 清代染织专著《布经》考[J]. 东南文化,（1）:79-86.

刘学堂，李文瑛. 2012. 新疆史前考古研究的新进展[J]. 新疆大学学报（哲学人文社会科学版），（1）: 1-7.

罗愿. 2013. 尔雅翼[M]. 石云孙，校点. 合肥：黄山书社.

宋应星. 2015. 天工开物[M]. 北京：人民出版社.

杨建军，崔岩. 2018. 红花染料与红花染工艺研究[M]. 北京：清华大学出版社.

赵丰. 1987. 红花在古代中国的传播、栽培和应用——中国古代染料植物研究之一[J]. 中国农史（3）: 61-71.

赵翰生. 2013.《大元毡罽工物记》所载毛纺织史料述[J]. 自然科学史研究,（2）: 227-238.

赵彦卫. 1996. 云麓漫钞[M]. 傅根清，点校. 北京：中华书局.

结　语

丝路 "万维网"

玛丽·路易斯·诺施（Marie-Louise Nosch），

赵丰，彼得·弗兰科潘 (Peter Frankopan)

有人说，历史始于文字的使用，我们说，历史始于服饰的出现。最早的服饰是由兽皮缝制而成的。先民们从动物身上获取兽皮，对其进行一番处理，之后裁剪成适合人体的衣服，即使在 21 世纪，北极地区依然利用兽皮制衣物。随后，机织物和非织造物出现。最早的织工仿照兽皮结构制作衣物，将织物织成兽皮形状，或摩擦织物表面的绒毛，使其达到仿兽皮的效果，通过这种方式制作的织物既保暖又舒适。后来，将织物织成长方形成为一种规范。诸多古籍记载了人类的衣着从合体的兽皮衣物过渡到纺织纤维服装的过程。在巴比伦版《吉尔伽美什史诗》（*Epic of Gilgamesh*）中，野人恩奇都（Enkidu）生活在美索不达米亚高原，与羚羊为伴，巴比伦的自然与丰收女神伊什塔尔（Ishtar）手下的女祭司沙哈特（Shamhat）利用性、食物和衣服将恩奇都转变为文明人。犹太教、基督教和伊斯兰教的宗教故事开端同样与服饰有关。在《旧约》故事中，赤身裸体的亚当和夏娃被驱逐出伊甸园后做的第一件事是穿上衣服，之后才开始发展农业和畜牧业。考古证据表明，黏土上的纺织物印痕最早可追溯至 3 万年前左右，远远早于农业、制陶和冶金的出现。

目前存在大量关于古丝绸之路的研究，这些研究将古丝绸之路定义为"贸易网络""文化走廊"和"通过海陆进行交流的场所"。的确如此，大量图书、论文、纪录片、展览和研究项目都在探索丝绸之路。进入 20 世纪，尤其是冷战结束之后，多项国际倡议促进了全球艺术交流、学术交流和跨区域对话，在此背景下丝绸之路被视作交流合作的典范、联通全球的网络、重要的基础设施建设、军事要道和多元文化交流区。互联互通是丝绸之路的实质内涵。

然而，令人惊讶的是，鲜有重大项目探究"丝绸之路"名称中"丝"字的起源，以及丝织技术、蚕桑文化、服饰、纹样图案、纺织纤维、时装、技艺精湛的织工或裁缝、廉价的纺织劳动力、染料植物及染色技术等。本专题集项目由联合国教科文组织发起，探究了上述领域并且提供了新的研究角度。

服饰史历来能够促进图案和技术的跨文化和跨时代研究。艺术史和考古学界也从未停止对服装图案的对比研究。近年来，得益于消费模式、科学技术、创新创造和物质文化等方面的研究，该领域不断更新和进步，为纺织品和服饰研究提供了新的理论方法。

与纺织品和服饰文化相关的联合国教科文组织的世界遗产包括许多已列入名录的历史遗迹，比如：瓦伦西亚丝绸交易所、阿塞拜疆的历史名城舍基（城区的汗王宫殿和众多商人宅邸反映了从 18 世纪末到 19 世纪养蚕和蚕茧贸易创造的财富）、法国里昂（市内建有丝织工坊）、德文特河谷工厂区（工业区位于英格兰中部，展现了 18 世纪末至 19 世纪的纺织工业景观，区内建有当时兴起的棉纺厂和织工宿舍，说明在当时德文特的经济社会发展主要依靠全球纺织贸易）。另一项世界文化遗产是"丝绸之路：长安—天山廊道的路网"，包括悬泉置遗址和敦煌的莫高窟遗址。这些遗产地说明了织物生产和全球纺织贸易为城市结构带来了深刻的文化、经济和社会变化。

此外，传统服饰、纺织技术（如织造技艺、蕾丝制作和刺绣技艺）、图案纹样和世代相传的宝贵面料的质感识别诀窍均被列入联合国教科文组织世界非物质文化遗产名录。

丝绸之路构建了古老的交通网络，它既代表一个历史概念，也代表一个体系框架。同时，它也承载着诸多梦想和故事。进入 20 世纪，丝绸之路再次成为高度政治化的基础设施建设项目的代名词。但丝绸之路一直都是一条有争议的交汇交融之路。

我们将在本书中探索从史前到现代的丝绸之路上织品和服饰的发展历程。任何一本书都无法探究所有丝绸之路的重要地点、历史阶段等方方面面，但我们仍希望可以构建一幅全球图景，展现上述各方面的共时发展或各自发展的历程。通过对纤维、纹样、织物和服饰进行研究，我们揭开了紧密联系欧亚大陆乃至全球的关系网络。尽管无法完全消除一直横亘在欧、亚、非三大洲间的差异，但是纺织与服饰总是能轻易跨越地理界限和心理鸿沟，在三大洲之间架起沟通的桥梁（图1）。

历史年表和地理位置以政治和国家利益为标志，但服饰、织物的漫长发展史超越了国界、种族、语言和朝代的限制。因此，本书只有少数几处提及具体国家，即使提及，也多指地理位置含义而非国家身份含义。

同样，在时间方面，透过关于丝绸之路的相关研究，我们意识到欧亚大陆上存在不同的时区。例如，伦敦的正午时分却是（俄罗斯）堪察加半岛的午夜。丝绸之路上不同的政治文化也带来不同的计时方式：如以耶稣诞生为界，划分为公元前与公元后的公元纪年法，以先知穆罕默德率穆斯林由麦加迁徙到麦地那的一年为纪年开始的伊斯兰历，按照中国朝代划分的时间表。

图1　街上的波斯地毯经销商，1888年

绘画者奥斯曼·哈姆迪·贝（Osman Hamdi Bey，1842—1910年），著名的奥斯曼帝国行政长官、知识分子和艺术家，一生服务于奥斯曼帝国的文化和政治机构，与法国、美国有着很深的渊源，他对文化交流的见解体现在本画中。画上一个年轻的西方家庭正凝视年迈的地毯经销商手上的地毯，图上的地毯既代表双方共同的兴趣，也代表彼此的文化边界。德国柏林国立博物馆藏，普鲁士文化遗产，柏林。维基共享图片

丝绸之路是东方学家梦想的邂逅天堂，这里有冲突，也有美丽的爱情故事。劳累的旅行者在沿途繁茂的花园中歇息，接收远方的讯息。他们讲述所见所闻、奇闻趣事，如半犬半鸟的塞穆鲁、有双翼的飞马珀加索斯。这些神鸟和飞马出现在中国至地中海沿线的织物上。在希腊、罗马世界，珀伽索斯是艺术与诗歌的象征，但在丝路上，它又能让你联想到什么？

丝绸之路也激发了超越时空的无限想象，在这片想象的领域，关于丝绸之路的多方面遐想交相汇合。《一千零一夜》（*One Thousand and One Nights*）中的波斯公主穿的是用中国丝绸制作的衣服还是日本和服？系住恋人的丝带，来自中国还是法国里昂？

在山鲁佐德（《一千零一夜》女主人公）讲述的故事中，织物和服饰发挥了重要的叙事作用。《巴格达脚夫与三个神秘女郎》（*Tale of the Porter and the Young Girls*）讲述了年轻的巴格达脚夫的奇遇。有一天，（脚夫照例来市场做生意）一个女郎忽然走过来，女郎戴着一条罕见的饰有织金锦流苏的摩苏尔丝绸面纱，她微微撩起面纱，故事由此开始！在《阿里巴巴与四十大盗》中，只要高喊"芝麻开门！"，不计其数的宝藏——成匹的丝绸、织锦，堆叠成山的珍贵地毯，成千累万的金锭银锭，成袋成袋的钱币就会呈现在眼前。

相传，养蚕业的起源与传播均与中国女性有关：在中国的神话传说中，最早发现蚕丝的是黄帝的元妃西陵氏，史称嫘祖。有一次，嫘祖坐在桑树下喝水，树上有野蚕茧落下，掉入了茶碗中，并在热茶水中离解。由此，嫘祖发现野蚕居于桑树上，并以桑叶为食，自此开启了养蚕、缫丝的历史。还有传说是中原的公主将养蚕业传入于阗国。当她被派去嫁给于阗国国王时，她把蚕卵藏在了头发里。

"丝"字的传播

"丝"（si）字从中国经由中亚和伊朗传入欧洲北部，经历了近一千年的时间。汉语"絲sī"（蚕丝、细线，又特指琴、瑟、琵琶等弦乐器），常解构为中古汉语 *si（译者注：音义的相同）。语言学家认为，中国西部的游牧部落对 *si 进行了改造，从而促进了该词语的西传。如：蒙古语词语"sirkeg"，意为"丝织物"，满族语词语"sirge""sirhe"，意为"丝线""蚕丝"。这证实了游牧部落在知识传播和丝绸贸易方面发挥的积极作用。

对应的希腊语词语和拉丁语词语都在汉字词根*si*上添加了"*r*",比如希腊语词语"*sērikón*"（名词,意为"蚕丝"）。之后,该词由希腊语进入拉丁语,演变为"*sēricum*"。拉丁语"*Seres*"（音译:赛里斯）意思是"丝国人",之后该词词义延伸,指"生产丝绸的国度",意指"中国"。

而北欧语区的"丝silk",则在汉语词根*si*上添加"*l*",如:英语"*silk*"（丝绸）,古斯堪的纳维亚语"*silki*",丹麦语、挪威语和瑞典语"*silke*",后又派生出芬兰语和卡累利阿语"*silkki*",立陶宛语"*šilkas*"和古俄语"*šīlkŭ*"。

为什么中古汉语 *si* 会出现两种演变情况,原因有二。一是希腊语区添加"*r*"（*ser*-,拉丁语亦是）,二是北传时添加"*l*"（*sil*-）？

历史语言学家亚当·海勒斯特（Adam Hyllested）在中亚印度–伊朗语族体系下研究中古汉语 *si* 的两种衍生形式,该语族包括西塞亚语（Scythian）、萨尔马提亚语（Sarmatian）、奄蔡语（Alanic）、伊塞克语（Iassic）,奥塞梯语（Ossetian）。历史上,在中亚印度–伊朗语族中,*-ri*- 通常会演化为 *-l*-。诚然,被称为阿兰人（Alans）的当地人民,他们以古伊朗语（印度–伊朗与语族）中的自指词语*ariₐāna*-命名,*ariₐāna*-衍生出词语"Iran"（伊朗）和"Aryan"（雅利安人）。这说明在奄蔡语中,*sir* 或 *ser* 等"丝"的外来借用语中的"*r*"会变为"*l*",产生新的词语 *silka*-。来自北部的商贩,包括瓦兰吉人（Varangians）、罗斯人（Rus）、维京人等,无论是在拜占庭的丝绸市场,还是东行购置服饰时,都会听到"*silka*-"一词。9 世纪,奄蔡语中的"丝"（*silka*–）可能已经进入通行于斯堪的纳维亚地区的古诺尔斯语中,也是在同一时期,在斯堪的纳维亚地区的维京人墓穴中首次出土了震惊世人的丝绸织物。

丝绸经历一千年的时间,跨越一万千米的距离,从中国传至北欧,年行万米,说明丝绸在古代就已经是一件快速流通的商品了。

丝路开辟之前

早在丝绸之路全面开通之前,丝绸和织物就成为重要的经济手段,用以支付钱款、薪酬、租金和罚款。在丝绸之路上，人们使用织物换取和平、赢取支持和谋求合作。中国用丝绸安抚北方游牧部落匈奴。据说公元前 1 年，汉朝出锦绣缯帛三万匹、絮三万斤和衣三百七十件，以保北部边境太平。

历史上楼兰古国（鄯善王国）的佉卢文（Kharosti）简牍再现了 3—4 世纪塔里木盆地居民日常生活的概貌，其中经常涉及因马匹、骆驼、暴力侵害女性等而发生的冲突，纺织品和服饰也常出现在盗窃案的记录中。出土的文书中提及大量描述纺织品和服饰质量的专业术语，表明服饰在当时社会具有很高的价值。简牍提到，一名名唤马扎察（Maṣaġa）的男子称："被盗财物含粗制纺布四匹、羊绒布三匹、银饰一件，两千五百磨洒（māsa）（译者注：可直此方铜钱八十），夹克两件，萨莫塔服（soṃstamṇi）两件，皮带两条和中式袍服三件。"另有男子拉尔苏（Larsu）报官称，被盗珍奇衣物含"刺绣维达帕（vidapa）服一件，白丝夹克一件，萨米那服（ṣamiṃna）一件，彩色卢克马纳服（lẏokmana）一件，黄色夸纳（kuana）服一件，麻布夹克一件，哈拉瓦纳服（kharaᵛarna）一件，刺绣卢克马纳服（lẏokmana）一件，克雷梅鲁（kremeru）服一件，帕利亚纳察服（paliyarnaġa）一件，金色达尔服（dare）四件，萨卡服（varṣaġa）一件，呢绒哈斯特（hasta）五件，蓝染基西（kiġi）两件。被盗之物价值达[……]所丢之物均已找到。"

当时在一个寺院里，暴力行为、不服从行为、不良服饰习惯靡然成风，楼兰古国不得不干预该寺院的治理。楼兰王吉哈加·马哈吉里（Jiṭugha Mahagiri）规定违规者须以丝绸纳罚款。"僧众管理条例[……]。相传当时弟子不听从长老的教诲，违抗长老的命令。为此，楼兰王为僧众制定如下规则：尸罗钵颇长老（译者注：Śilaprabha，译曰戒光。道琳法师在梵之名也）和普特纳塞纳（译者注：音译，原文为Puṃñasena）长老（将）全权负责寺院事务[……]。众僧人，凡不参与僧团活动者，罚丝绸一匹；不参与布萨（译者注：posatha，属佛教僧团的持戒行为）者，罚丝绸一匹；应邀参加布萨不着法衣者，罚丝绸一匹。"对殴打僧众者，严惩不贷，依情节轻重处罚丝绸数匹，情节轻者，罚丝绸五匹；情节略重者，罚丝绸十匹；情节严重者，罚丝绸十五匹。

楼兰古国促进了汉朝和中亚地区的交往，它在文化上、语言上与印度有着紧密的联系。

西方对亚洲奢侈织品的不懈追求

印度一直是古希腊和古罗马世界的灵感源泉，不断激起人们的好奇心，古希腊、古罗马作家对这一遥远的东方国度展示出浓厚的兴趣。纺织品和服饰在古希腊、古罗马作家构想印度世界的过程中发挥了重要的作用。1世纪和2世纪，古希腊和古罗马作家创作了大量有关印度的作品，比如斯特拉波（Strabo）的《地理学》（*Geography*）、普林尼（Pliny）的《自然史》（*Natural History*）、阿里安（Arrian）的《印度行》（*Indike*）和库尔蒂乌斯（Curtius）的传记作品《亚历山大历史传记》（*The History of Alexander*）。但是，这些作者未曾到过印度，他们撰写著作时，主要参考希腊化时期的史料记载。这些史料现已遗失，其中一些由亚历山大大帝时期的历史学家所写，一些由使节或旅行家所写。事实上，这些优秀的作家描写印度时，只是参考了已经有200—300年历史的资料。很遗憾，这些作家都没有走出书房，亲自去码头询问当时到过印度的水手和商人，打听印度的文化、习俗，了解当地的产品、织物和风土人情。罗马人对印度新奇的植物染料惊叹不已，一是藏红花（*Crocus indicus*），藏红花是一种名贵的植物染料，可以染出明亮、不褪色的金黄色；二是深蓝色染料靛蓝，其英文形式源自希腊语 *indikos*，意为"印度的"，字面意思是"来自印度"。《厄立特里亚航海记》（*Periplus Maris Erythraei*）中提到，靛蓝染料是印度北部最有价值的商品之一，此外，长途跋涉而来的商人也可以在印度购买到丝布、丝线和生丝。

对于古希腊人和古罗马人而言，印度也是一个盛行奇装异服的国度。发生在希腊化时代的几件轶事可以证明这一点，这些轶事展现了印度与古希腊、古罗马截然不同的服饰习俗。这些轶事讲述了希腊人穿着印度服饰的体验。在这些轶事中，服饰作为一种创作手段，表达了身份认同、包容性和排外主义。其中一则轶事将古希腊的服饰习惯与印度的全裸习俗进行了对比：公元前326年春，亚历山大大帝派欧奈西克瑞塔斯（Onesicritus，东征军将士，来自斯坦帕利亚岛）拜访塔克西拉（今巴基斯坦）地区的一位印度空衣派智者（该智者终日不着衣物，以天为衣）。希腊人虽主张裸体运动，但在会谈时仍会身着衣物。奈西克瑞塔斯向亚历山大大帝汇报访问情况，称这名智者嘲弄了他一番，智者让他脱掉希腊的羊毛服饰，摘掉马其顿式圆帽（kausia），脱去短斗篷（chlamys）和克雷皮德靴（krepides），赤身裸体躺下听自己讲话。故事不仅呈现了希腊和印度在服饰习俗上的显著差异，也呈现了两种互相矛盾的古代理想男性形象：身着毛织品的普通希腊士兵的形象，与赤身裸体的印度灵修哲学家的形象。对于古典主义的观众来说，这种情况会引起共鸣，使人想起马其顿现实政治（Realpolitik）与东方哲学的差异，前者倡导简单、规矩的生活方式，后者强调异域风情和精神主体性。类似的强烈对比也在亚历山大大帝与其导师亚里士多德身上有所体现，前者生活奢靡，后者行事朴素。

改变着装打扮和穿衣行头是亚历山大大帝东征的重要一环。将士们甚至曾穿成当地居民的样子：公元前 326 年 9 月，历经数月的行军后，东征大军到达了今天的旁遮普。将士们的希腊式军装因为长时间穿着，已经磨损不堪，加之雨季行军和印度次大陆的潮湿气候，将士们不得不换上当地的服饰。狄奥多罗斯（Diodorus）称，"将士们的希腊式军装磨损严重，他们不得不穿上异邦服饰，改用印度人使用的裹布"。

而在征服亚洲期间，亚历山大大帝有意穿着兼具米底和波斯风格的服饰，以彰显自己"亚洲霸主"的新地位。

3 世纪，罗马帝国大部分地区陷入经济危机，物价激增。为缓解危机对民众的严重影响，保障士兵的购买力，罗马发布了关于大量商品、服务的最高定价的规定。尽管似乎无人恪守这些调整规则，但是我们由此可以清楚地知道，丝织品在当时的罗马是一种非常奢侈的物品。比如，301 年，罗马颁布《最高价格法令》（The Edict of Maximum Prices），规定 1 镑的生丝（约 327 克）定价为 1.2 万古罗马便士（denarii），1 镑的布拉塔赛里加丝（blatta serica，紫色生丝）价值高达 15 万古罗马便士（denarii），足够购买一头一级狮，或支付一名铁匠近 9 年的薪资。

所以，不难理解丝绸在罗马用来象征和比喻奢侈的生活方式、无节制甚至是反罗马化的行为。穿丝绸的男子很有可能不忠、卑鄙和缺乏男子气概，丝绸的这一象征含义成为抨击统治者常用的宣传手段。比如，皇帝埃拉伽巴路斯（Elagabalus，在位时间为 3 世纪）曾遭同时代的赫罗狄安（Herodian）讽刺，"他讨厌希腊和罗马的服饰，因为它们由羊毛制成，在他眼里，羊毛是不入流的材料，只有赛里斯人的布匹（丝绸）才能让他满意。"

图 2 湿壁画，两位年轻罗马女性身穿
衣料透明轻薄的服装
罗马，公元 1—75 年，芭芭拉·弗莱施
曼（Barbara Fleischman）和劳伦斯·弗
莱施曼（Lawrence Fleischman）赠。美
国保罗·盖蒂博物馆藏，洛杉矶。数字
图像由盖蒂开放内容项目供图

人们批评克丽奥佩特拉（Cleopatra）身着不得体的中国服饰，袒胸露乳，这同时也袒露出她的狂妄、轻浮和贪婪。据说丝绸薄如蝉翼，穿在身上后暴露的部分多于遮盖的部分，所以穿丝绸衣物的罗马女性往往被贴上不守妇道、轻浮随便的标签（图 2）。正如罗马诗人贺拉斯（Horace）所言："你见她，身着科斯丝（Coan），如一丝不挂般，面对这样的她，你就不会单单关注到她那丑陋的腿、难看的脚，而是以眼丈量她的全部。"

在古希腊、古罗马世界，将丝绸视作品行不端的标志的道德话语和隐喻，直接源自持怀疑的态度审视身穿紫色衣物或异域服饰的人的早期传统。

织品创新和织机技术

平纹重经织物在中国被称为平纹经锦。人们在中国和丝绸之路沿线其他国家的考古挖掘中发现过这种精美的织物，但是其织造技术和使用的织机机型一直不为人知。成都老官山汉朝女墓（前 2 世纪）的重大考古发现，从根本上改

图 3　成都汉墓出土的织机模型
© 中国丝绸博物馆，杭州

变了这一现状。该女墓出土了 4 部木质提花机模型（图 3）、若干玩偶大小的织工俑和整经装置，所有物件置于一个微缩的纺织作坊模型中。提花机是一种纺织工具，整套提花杆上有多片综片，用于安装提花程序，从而使织机可以循环织出同一图案。成都汉墓多综片连动机构的出土，以及使用踏板、踏脚杆驱动织机技术的发现，将复杂的提花织机技术的出现时间向前推移。这一先进的东亚多综多蹑织机技术在 1000 多年后才在欧洲开始使用。

这充分说明多综多蹑织机和织锦技术源于中国，且出现时间早于之前的推测时间。踏板织机技术似乎成为公元前 2 世纪成都手工业和高雅文化不可分割的一部分，成都汉墓出土的织机模型是当时织锦手工业最高技术的实物体现。

尽管在丝绸之路的另一端——中亚存在几种提花方法，但是最能代表中亚纺织技术的只有平纹纬锦和斜纹纬锦。平纹纬锦，现称为塔克特（taqueté），组织结构效仿中国经锦，唯一的区别只是将经纬线的运动轨迹对换，都旋转 90 度。最早的平纹纬锦发现于地中海附近的遗址，如以色列的马萨达（Masada）和叙利亚的杜拉–欧罗普斯（Dura-Europos）。马萨达遗址的历史具体可追溯至公元 1 世纪 70 年代，所以可以推断平纹纬锦最初在黎凡特以羊毛织造，随后向东传播。斜纹纬锦，又名萨米特（samite）或萨米（samie），由平纹纬锦发展而来，最早用于波斯和中亚其他地区。"samite"或"samitum"源自拜占庭时期的希腊语"hexamiton"，意为"六根纱线"，可能用于形容织物织造的复杂性。在阿拉伯对外征服战争之前，斜纹纬锦一直是丝绸之路西部路线上的主要商品，价值连城、珍贵非凡。斜纹纬锦织造工艺沿着丝绸之路向东传播，斜纹纬锦本身也成为珍贵的国际商品。

834 年，两名女性葬于奥塞贝格号（Oseberg）大型维京船墓。船上载有大量物品、器具、雪橇、诸多丝织品以及一辆货车。随葬品还包括 110 余件斜纹纬锦残片，斜纹重纬显花，被裁剪为窄带状，可能作装饰和服饰镶边之用（图 4）。几件纬锦上饰有萨珊风格的鸟衔珠冠图案，可能制造于粟特、拜占庭或黎凡特。但是船上的带状丝织物残片主要产自中亚地区，这些织物被葬入这一巨大的船墓时，可能已经经历过好几代人的历史了。瑞典维京小镇比尔卡出土的丝绸则主要来自拜占庭地区，只有一块 10 世纪出土的丝缎可能产自中国，但是总的来说，在西欧发现的中世纪早期的丝织物有三分之二来自拜占庭。古老的斯堪的纳维亚传说中也提到一些精美的织物，如："silki"（丝织物）、"pell"（珍贵织品）和"guðvefr"，后者字面意思是"神织物"，专指最上等的丝绸，可能指的就是斜纹纬锦。

尽管斜纹纬锦生产可能源于中亚和拜占庭，但是在这些地区只发现了少量丝织品，反而今天欧洲和北美地区的博物馆中藏有一些，还有部分斜纹纬锦丝织物出土于阿希姆和埃及的埃尔–谢赫·伊巴达地区（古安蒂诺地区）。

船墓出土的斜纹纬锦带可能是在与俄罗斯河流沿岸的罗斯部落密切交往过程中传入斯堪的纳维亚的。当时罗斯人已站稳脚跟，能够在与拜占庭的谈判中赢取有利条件。若罗斯商人在希腊境内失去一名奴隶，则可获得两块丝绸作为赔偿，这一条写在拜占庭皇帝与罗斯谈判代表达成的保留协议中。但是，罗斯人在拜占庭最多可购买价值 50 个拜占庭帝国金币的丝绸。拜占庭的丝绸多来自安提俄克、阿勒波和大马士革等叙利亚城市，这些城市均拥有悠久的织品织造历史。

时尚、奢侈的丝织衣物北传的同时，北部人民也开始出口皮毛制品，这促进了拜占庭和中亚的奢侈品消费，北方出口的毛皮制品不仅包括毛皮大衣，还

图 4　奥塞贝格号 1 号织物的丝绸残片，索菲·克拉夫特（Sofie Krafft）绘制
摄影：安·克莉斯汀·伊克（Ann Christine Eek）。©挪威文化史博物馆（奥斯陆大学），
奥斯陆。图源：Vedeler，2014

有精致的靴帽毛边装饰、长袍毛边和时尚毛领。毛皮丰富了衣物的色彩搭配，
催生出新式设计，使服装愈加漂亮。毛皮和丝绸的组合多见于贵族服饰，并深
受文艺复兴时期欧洲国王的青睐，今天仍然用于皇室貂袍设计中。

图 5　萨曼王朝伊斯玛仪陵墓
该陵墓证明了所在地区的富有程
度，是早期伊斯兰建筑的典型
代表，其砖面为编织结构。萨
曼王朝在 10 世纪统治河中地区。
乌兹别克布哈拉。维基共享图
片，无改动。图片来源：https://
ru.wikivoyage.org/wiki/%D0%A4
%D0%B0%D0%B9%D0%BB:UZ_
Bukhara_Samanid-mausoleum.jpg

在倭马亚王朝（661—750 年）、阿拔斯王朝（750—1258 年）、伊尔汗国（1256—1335 年）和马穆鲁克王朝（1250—1517 年）时期，衣物成为百姓间的一种简单支付手段，而外交服饰礼物则演变为"荣誉礼袍"（阿拉伯语：khil'a，tashrīf）。这种礼袍一般是珍贵的织物或者服饰，由统治者赏赐给臣下扈从，受赏者会穿戴这些织物以表忠心。哈里发、埃米尔和国王试图控制丝绸生产与贸易，并努力招纳最优秀的工匠为宫廷效力。古籍中也提到了一种名为"ibrism"的上好丝织物，但"ibrism"的含义至今仍是未解之谜。与此同时，一个庞大的私营纺织企业部门也在稳步发展，以满足日益扩大的丝绸和其他奢侈织物的市场需求。10 世纪后期，仅巴格达的丝绵制造业规模就达 4000 余人。9—10 世纪，大规模私营皇家丝绸产业在巴格达蓬勃发展，但是只有少部分考古遗迹可以证明这一点。中世纪早期基督教修道院和教堂中存有少许伊斯兰织物遗迹，这些织物经过重新设计成为教堂织物的一部分。

亚美尼亚的胭脂等中亚的珍贵染料为生产独特的鲜红色丝绸和羊毛织物提供了条件。此外，早期伊斯兰地理、历史学家不仅在作品中赞美中亚丝绸，也对中亚的羊毛、亚麻和毛皮，尤其是优质棉花赞不绝口。这一情况的影响力不限于欧亚地区，学者一致认为，西非纺织业在 10 世纪左右开始快速发展，这很有可能与日益增加的贸易活动和伊斯兰教的传播有关（图 5）。

阿拔斯王朝尤为青睐萨曼织物，因此出资成立宫廷纺织作坊，发展纺织技术，织造具有精美纹样的织物，如著名的"第拉兹"绣织物（tirāz）。"第拉兹"历史悠久，拥有多重含义："tirāz"原是波斯语借词，意为装饰或刺绣，后发展为术语，专指织物铭文，或饰有铭文的织物、服饰。铭文可以是织入或者绣入衣物的统治者、哈里发的名字，或者对真主安拉的颂词。"第拉兹"后来成为第拉兹织物工坊的代名词，今天用来指代其他带有书法题铭的实物（石头、木材、陶瓷和玻璃）。

织造"第拉兹"的目的，至少在最开始时，可能是将其作为中亚各省在统治者登基时进贡的贡品或缴纳的税赋。14世纪，阿拉伯作家伊本·赫勒敦（Ibn Khaldūn）曾在著作《历史绪论》（*Muqaddimah*）（一部关于14世纪早期的政治史著作）中专辟一节介绍"第拉兹"织物。他在下面这段文字中充分解释了织物如何体现并适应政治、文化和宗教变革。

> "第拉兹"：为了彰显王室和政府的威严，体现王朝礼俗，常将统治者的名字或他们的独特标志绣在统治者要穿的衣服上。这些衣服由绢绸、锦缎制成，并使用金丝线，或其他与布料颜色不同的彩线，利用经纬线条将铭文绣出来，这要求织工具有高超的设计水平和精湛的绣工技术。宫廷服饰常绣有第拉兹铭文，穿上这样的服饰，可以彰显统治者的高贵身份。此外，统治者想褒奖或委派臣子当职时，会将自己的衣物赐给大臣，以表示对他们的青睐，提升他们的威望。

> 前伊斯兰时代的非阿拉伯人统治者的"第拉兹"朝服往往饰有历代帝王的图像和形象，或（其他）专门设计的形象和图案。后来穆斯林统治者改变了这一设计，他们将自己的名字和其他表示吉祥或祈福的文字一同绣在"第拉兹"上。倭马亚王朝和阿拔斯王朝时期，"第拉兹"是上好织物，代表无上荣耀。宫中专设"第拉兹绣坊"，生产"第拉兹"锦袍。工坊监督官署被称为"第拉兹绣坊管事"，负责管理工匠、器具和监督（工坊）织工，以及发放薪酬、保养器具和管控工作进度。（"第拉兹"管事一职）由阿拔斯指定的心腹大臣和信任的下属担任。西班牙的后倭马亚王朝和后来的"诸侯国时期"、埃及的法蒂玛王朝，以及同时期东部非阿拉伯人统治的王朝也采用同样的第拉兹生产管理传统。当奢侈之风和文化多样性随着繁盛的王权一同衰退，当小王朝日益增多，"第拉兹绣坊管事"一职在大多数

王朝消失，专人管理绣坊的现象也不再存在。伊斯兰历6世纪（12世纪），穆瓦希德王朝取代后倭马亚王朝。王朝初期并无"第拉兹"织物，这是因为伊斯兰伊玛目穆罕默德·伊本·突迈尔特·麦海迪（Muhammad b. Tumart al-Mahdi）教诲臣民崇尚伊斯兰教淳朴的教义。他们崇尚简朴苦修，不穿丝绸和金丝衣物。因此，王朝未设"第拉兹绣坊管事"一职。但是，继任者们在王朝末期恢复了部分"第拉兹"绣坊管理制度，但却没有达到昔日的繁盛景象。

伊本·赫勒敦（Ibn Khaldūn）还概括了"第拉兹"的传播情况，以及在他生活的14世纪，"第拉兹"如何为地中海地区的精英文化服务：

> 目前，在马格里布的马林王朝，"第拉兹"生产呈现出一派欣欣向荣的景象。王朝正处于繁荣发展的时期，他们从同时代的奈斯尔王朝（伊本·艾哈麦尔创立，位于西班牙）习得"第拉兹"生产工艺。而奈斯尔王朝则是借鉴了"诸侯国时期"统治者们的做法，并取得辉煌的成就。今天，在埃及和叙利亚的突厥人王朝，"第拉兹"的制作水平与该国的地位和文明程度相关，但是宫廷内并无专门生产"第拉兹"的绣坊，也未专设"第拉兹绣坊管事"一职，而是根据当朝的需要，由工艺娴熟的工匠利用丝绸和纯金线织造。他们称之为"扎尔卡什"（zarkash，波斯语，一种绣金织物），绣文体式包括统治者或埃米尔的名字。它是工匠专为王朝织造的，此外，工匠们还会织造其他上乘织物。

图6中精致的缂丝团窠可能是由伊尔汗国时期的伊朗或伊拉克的"绣坊"工匠大师制作。1258年，蒙古人占领巴格达，阿拔斯王朝统治结束。当时的征服者是成吉思汗之孙旭烈兀，他接受了"伊尔汗"的头衔，以表明自己效忠大蒙古国大汗们的决心。伊尔汗国执政几代后，于1335年前后覆灭。图6织物上的几位男子拥有不同的身份地位、服饰和民族特征，他们环绕着位于织物中心的统治者——可能是伊尔汗国的君王。蒙古贵族和士兵未蓄胡，戴头盔状帽子，波斯、阿拉伯人士戴精致的头巾，身穿彩色的阿拉伯长袍。这件缂丝织物融合了伊斯兰和中国的两种艺术源流的象征意涵和审美理念，织物上的男子代表蒙古、波斯和阿拉伯等不同民族、政治群体的融合。这一团窠纹织物突显了缂丝技术带来的重大技术突破。14世纪，缂丝工艺主要盛行于中国，但这幅织锦以带包覆棉质芯线的金线织成，表明其制造于中国境外的产棉国家，但该织

图6 丝线和金属包芯线缂丝团窠，14世纪上半叶

经线为未经染色的Z捻丝质纱线。纬线部分为彩色丝质无捻纱线，部分为包覆棉质芯线的金纬纱。图案中，高贵的统治者穿着蓝、金双色长袍（或为阿拉伯长袍，即kaftan），腰间束金腰带，神态自若地端坐在王位上。统治者蓄胡，头戴波斯样式王冠。两名男子端坐在统治者两侧，均着阿拉伯长袍。其中一男子身着红色长袍，头戴蓝色头巾，可能为阿拉伯或波斯贵族。另一侧，一男子坐于折椅上，无蓄胡，头戴头盔状帽子，可能为蒙古王子或将军。两名士兵站在统治者身后，头戴同样的头盔式帽子。在重要人物的下方，是一只蓝色的乌龟，这是典型的中国图案，代表长寿和持久力。这一圆形织物的最外圈饰有金线织就的阿拉伯文祝福语，里面几圈饰有动物和虚构的生物。©丹麦戴维德基金会，哥本哈根。维基共享图片，佩妮莱·克伦普（Pernille Klemp）摄

物可能由境外的中国工匠织就，也可能是境外的当地织工在中国工匠大师的指导下制造完成。

丝绸和织物是创新的源泉

中世纪时，欧洲人对中国和中亚的生丝愈发感兴趣。他们首先通过拜占庭首都君士坦丁堡进行生丝贸易，之后从黑海、埃及和黎凡特的各个港口进口生丝。1099年，在第一次十字军东征的骑士们占领耶路撒冷后，丝绸贸易迅速发展，促进了欧洲与亚洲的交往。意大利城邦是当时丝绸贸易的最大受益者，它们很快开始从中国和中亚进口更多的生丝（和其他商品）。成吉思汗及其继

任者们领导的蒙古帝国西征也加强了欧洲与亚洲的联系，降低了区域内和远距离贸易的成本，提升了交易的速度和便捷性。

从亚洲进口的丝织物推动了欧洲的创意和创新革命，催生了新的工艺、图案、技术。特别是欧洲特结锦织物，促进了中世纪欧洲多综多蹑织机的提花技术和织机技术的创新发展。当时，中国使用提花织机织就经锦的历史已长达1000余年。

据中世纪文献记载，中国主导全球生丝市场长达1000余年，而南亚一直以来也是丝绸生产和出口的重要来源，其通过印度洋的贸易网络与罗马商人建立联系。

14世纪，受政治形势影响，亚洲在丝绸市场的主导地位开始发生变化：不断加剧的政治矛盾中断了千年来中国丝绸的向西出口，这导致欧洲市场的生丝价格飙升。14世纪后期，丝线几乎与黄金同价。

政治危机演变为贸易危机和经济危机，但是创新接踵而至：15世纪初期，中国白桑传入欧洲，并培育成功。在随后的几个世纪，蚕丝培育在意大利兴起，19世纪初期，蚕桑生产达到顶峰。19世纪前半叶，仅伦巴第的生丝产量就翻了一番多。

意大利以外也出现了新型丝绸机构，例如，瓦伦西亚于1482—1533年建造了丝绸交易所（图7），以管控和推动当地的丝绸贸易。该丝绸交易所既是金融中心，也是解决商业冲突的法院，同时也是债务监狱，用于关押违约的丝绸商人。

几个世纪以来，意大利一直是丝织物和丝线的主要生产国，其先是生产丝绸面料，然后是生产丝线。20世纪30年代前，意大利是全球第二大丝线出口国，仅次于中国。因此，我们不应该将欧洲的产丝和丝绸织造视为短期的商业活动，或仅仅是中国或亚洲主导地位下的附属品，实际上，中亚和欧洲将在未来几个世纪适应中国外贸政策变化和亚欧政治动荡带来的机遇。

针织是又一大创新，与纺织技术和时尚的发展都有关系。针织物由织针织成的互锁纱线圈组成。目前普遍认为，针织源于公元1000年左右，可能来自意大利，但在中国西北部发现了公元前1000年的针织物，其结构与几种意大利针织物的构造非常相似，所以针织技术很有可能是在世界各地独立发展的。

目前，至少存在三种针织技术可以印证以上论断，这三种针织技术都有各自的文化发展历史。一是阿拉伯针织技术，其起初可能由倭马亚王朝传入伊比利亚半岛南部，随后由西班牙和葡萄牙人带入南美。二是欧式大陆针织，流行于北欧至意大利北部之间的地区。三是英式针织，源于不列颠群岛，后传入北美。全球的织物结构相似，但是各个大陆的织造技术却各不相同。针织在亚洲并不流行，可能是因为针织物并不符合亚洲人的着装理念。

在欧洲，尤其是在温度略低的"小冰河期"（1600—1850年），针织发展成为一个非常重要的行业，连指手套、帽子、短袜、长袜的市场需求量逐年上升。编织可以将廉价的原料羊毛变成有价值的商品，而且不需使用其他器具，也无需雇佣员工或租赁工坊，织工甚至可以在照看绵羊或小孩的同时进行编

图 7 瓦伦西亚丝绸交易所建造于1482—1533年，被联合国教科文组织列为世界文化遗产，其"具有突出普遍价值，是晚期哥特式风格的世俗建筑杰作，充分诠释了地中海地区商业城市的权力和财富"，图上气派的旋转圆柱形似Z捻向纱线。维基共享图片，无改动。图片来源：https://commons.wikimedia.org/wiki/File:Spain_Valencia_-_Lonja_de_la_Seda.jpg

织。紧身袜和针织毛毡帽在欧洲中产阶级男性中流行，这进一步推动了编织生产，从路德（Luther）或鹿特丹的伊拉斯谟（Erasmus）的画像中，我们可以看到，他们身着紧身袜，佩戴针织毛毡帽。据估算，伊丽莎白女王一世时期，英格兰拥有一百万名在岗专业针织工，每名针织工一年可编织100双短袜、100双连指手套或100双长袜，总产量达1亿双。市场对粗支羊毛制品、上好的丝绸针织手套和长袜的需求巨大。

20世纪，针织服装成为休闲和运动的象征，其穿着和生产随处可见。针织是少数可以在工厂外进行的用于娱乐的纺织生产工艺，比如为新生儿编织个性化的针织服装，它也可以代表一种行动主义，或是成为一种DIY手艺。

间谍活动、仿制物与纺织物

赠送礼物可以出于多种原因：签署和平协议、赎取囚犯、促进谈判、行贿、联姻、大使间互赠礼物以促进外交。丝绸和织物在以上方面均可发挥作用，甚至还有"丝绸外交"之说。据《阿拔斯朝廷规则条例》（*Rules and Regulations of the Abbasid Court*）载，977年，富有的阿杜德·道莱（Adud al-Dawla）向哈里发进贡衣物500件，从上好丝绸到粗布衣服一应俱全。

然而，贸易往来和礼物互赠并不是获取珍贵织物和技术的唯一手段。各国一直小心翼翼地保护本国的技术优势，并采用保密体系以保护本国的市场、设计和技术。部分早期丝路故事就是在技术保护主义和保密行为的背景下展开的。

丝路开通初期就已存在间谍活动。相传，中国人一直严守养蚕和丝绸生产的秘密。据说，打破这一秘密，使中国的养蚕和丝绸生产技术流向国外的是两名僧侣，他们将蚕种藏入中空的手杖中带到欧洲。将蚕种秘密带出中国需要胆量和智慧。这些故事运用了文学创作的常用主题：胆识过人的男性冒险者战胜体制，收获财富与名望。

在纺织制造业中，间谍是常见的角色，他们穿梭于丝绸之路。基督教传教士前往印度南部，他们在宣扬基督教的同时，也获取了当地染匠的染棉方法。染棉技术被证明具有重要价值，促进了德国图林根州的商业发展，使该州成为欧洲地区利用菘蓝制蓝的重要地区。

从古至今，在丝绸之路上，与织物和服饰相伴而生的还有复制品、赝品、仿制品，以及制造廉价品的工匠。这一现象一直蔓延至美洲地区。

1707—1708 年，尚·德·蒙塞古尔（Jean de Monségur）任西属北美殖民地——墨西哥（新西班牙）的总督。他的任务非常明确，即受法国国王路易十四和其孙子西班牙国王腓力五世之命进行工商业间谍活动。在北美洲最大的城市墨西哥城，蒙塞古尔详细收集了所有有关合法和非法贸易的情报，尤其收集了印度、中国、墨西哥与欧洲国家间的织品贸易往来情报。他记录了墨西哥城从欧洲进口的货物种类、当地原住民和西班牙人的消费模式、商品售价、腐败情况、贸易情况和销售网络。这份密报侧重于反映织品、服饰、时尚品和当地进口的假发、扇子等奢侈品的消费和销售情况。

17 世纪下半叶，巴黎成为欧洲时尚之都，生产、设计和工艺处于领先地位，精品店、时装商店等奢侈品购物场所开始出现。《风流信使》（Le Mercure Galant）等时尚杂志发布时尚风格评论、介绍宫廷时尚走向。巴黎最大的时装公司如高缇耶（Gaultier）家族企业专为皇室和贵族提供服饰，并入股法国东亚公司。法国国王路易十四和大臣让·巴蒂斯特·柯尔贝尔（Jean-Baptiste Colbert）为展示法国雄厚的国力，投资时尚产业，大力发展织物生产，将其作为法国重要的创新领域。柯尔贝尔看到了时尚和纺织品的双重潜力：一来可以作为战略出口商品，打入欧洲和全球市场，二来能够以可视化的形式展现君主制度的政治力量，因此他坚定地将美轮美奂的设计与技术创新相结合。

不过，非法进口国外织物和奢侈品历来是法国国内生产和贸易面临的一大挑战。限制进口、扩大出口的重商主义政策只能在粮食、金属进出口方面勉强实行，而在奢侈品和时尚业，限制进口则是难上加难。民众对国外奢侈品的需求巨大。随着色彩丰富、物美价廉的进口织物涌入市场，法国等欧洲国家采取法律手段，禁止进口和使用亚洲印染织物，以保护本国纺织业，但是这一措施只能说成功了一半。

在新西班牙，亚洲平价时尚的仿制织物经由菲律宾贸易港口涌入市场，无论在价格还是质量上，都为欧洲市场带来了压力。蒙塞古尔在情报中写道：

　　过去，亚洲商品在墨西哥和秘鲁并不受欢迎。但如今，中国掌握了我们的图案和设计，并且很好地加以利用，尽管不是所有的中国制造品都可以达到欧洲标准，但是中国现在具备了生产高质量商品的能力……我们不能和以前一样，想当然地认为，中国人生来笨拙、毫无天赋、缺乏商业头脑，也不能想当然地认为，中国商品由于式样奇特，在欧洲没有市场。在墨西哥和秘鲁，乃至欧洲的大部分地区，中国产品大受欢迎，其销量已远远超过欧洲产品。中国已经掌握了欧洲时尚的发展趋势，我们可以在墨西哥市场上看到中国的商品，包括长袜、丝带等，品类繁多，一应俱全。过去 10 年，在印度科罗曼德海岸和孟加拉国，当地人也仿制欧洲织物，并且以更低的价格售卖。简言之，今天的墨西哥市场，即使不进口欧洲织物，同样可以运转良好，这是因为当地消费者缺乏品质意识，甄别不出欧洲产品和这些仿制品在质量上的差异。

尽管尚·德·蒙塞古尔坚持认为，法产和其他欧产织品质量更优、外形更美，但是他也明确表明，中国的丝绸因价格低廉而更具市场竞争力。他惊叹，在墨西哥，即使平民百姓也能穿得起中国的平价丝绸衣物。此外，中国的工匠精于仿制欧洲的织物样式和流行款式，比如提花缎带或针织长筒袜。中国仿制欧洲设计并且进行低成本生产。他在情报中提到，法、西两国应该联合起来，共同赢取市场优势，一道抵制来自中国和印度的仿制品。今天，法国时尚业年营业额已超 300 亿欧元，但仍然面临着亚洲制品带来的市场压力。

工匠流动和织品生产

流动工匠是家庭以外的纺织品生产的一部分。技艺娴熟的织工会离开家乡，寻找工作机会。在更大的范围内，纺织业劳动力可以应邀或作为强迫劳工，从一个地区转移到另一个地区。

在蒙古人统治区域内，曾出现大规模的纺织劳动力被强制迁移现象。蒙古人征服新领地后，会精心挑选工匠，尤其是纺织工匠，并留下他们的性命，这是因为手工艺人在满足国家生活需要和助力未来发展方面至关重要。如托马斯·爱尔森（Thomas Allsen）所言，织工因其能"给帝国穿上礼袍"，所以对新统治者而言至关重要。

近代早期，出现了有史以来最大规模的强制劳动力迁移现象。西非人民遭受奴役，被迫迁往北美大陆。这场跨大西洋奴隶贸易强制近 1300 万名工人迁

图8 西印度群岛的圣诞祝福

丹麦明信片，来自圣克洛伊岛上的"贝蒂的希望"棉花种植园，圣克洛伊岛在1917年前属于丹麦殖民地，现属于美属维尔京群岛岛屿。贺卡上为此前被奴役的采棉工人，主要为女性。为了拍摄这一照片，她们特意穿上精致的白色裙子，头戴稻草帽。©丹麦皇家图书馆，哥本哈根

移，这些工人成为北美纺织业的主要劳动力，主要负责种植棉花和生产靛蓝。

　　和一个世纪以前的情况一样，今天的棉花采摘仍然需要大量的劳动力。如今，每年9—10月，土库曼斯坦、乌兹别克斯坦、巴基斯坦、印度、美国和中国仍需数百万名采棉工人（图8）。

　　如今，全球服装业共有4000万名雇员，其中60%在亚太地区。服装业是劳动密集型产业，能够创造数百万就业岗位。但是，纺织业的工作环境问题仍然需要我们为之奋斗和谈判。工人的工作环境往往很恶劣——部分原因是企业不断寻求最低的生产成本，以达到最低的消费价格。恶劣的工作环境威胁着工人的健康、卫生条件，乃至基本的人身安全。2013年，孟加拉国拉纳广场楼群由于建筑质量不佳，顷刻倒塌，导致超过1100名制衣厂工人丧生。

权力和身份

服饰彰显权力，它可以作为一种政治手段，体现权力、传承和荣耀。服饰的象征意义在欧亚政治舞台上广为使用，成为表达民族认同、国家身份以及理想抱负的一种方式。

从亚历山大大帝，到中国的帝王，乃至西方的国王和君主，这些古代欧亚统治者，无一不利用服饰来标识权力。服饰成为一种用来表达高贵、荣耀和雄心的轻型便携手段。在男性统治时代，我们可以观察到在历史长河中衣物是如何突出统治者的头部、肩部和躯体部分，腰带又是如何彰显统治者的身体力量的。珠宝、武器及皇家徽章则为穿戴者的整体外观添姿添彩。

大部分欧亚地区的精英阶层将穿着西式服饰看作思想进步的象征（图9）。17世纪后期，彼得大帝（Peter the Great）要求朝臣们穿着西式服饰。日本明治时期，明治天皇和皇室成员全盘采用西方着装（图10）。日本天皇常穿着"背广"（sebiro），这是一个日语术语，意为"西装"，专指伦敦萨维尔街出品的定制西装。萨维尔街汇集了一批专为英国绅士制造西服的能工巧匠。

在印度和阿富汗等地，统治者会时而穿着西式，时而穿着当地服装。穿着传统服饰确保了稳定和合法性，而穿着西式服饰则标志着进步与现代性。印度大君会时而穿着西方正装、时而穿着华美的印度服饰。阿富汗埃米尔兼国王阿曼努拉汗（Amanullah Khan）（在位时间：1919—1929年）为了在阿富汗推行现代化和西式化运动而穿着西方服装。

20世纪初期，服饰逐渐发展成为身份的象征。在当时，因为衣物价廉易得，所以统治者限定臣民的穿衣方式，使之符合国家的政治发展需求。纵观历史，虽然统治者的服装是其身份、地位和政治抱负的体现，但进入20世纪，奢侈、昂贵的面料不再是首选，普通的面料和设计开始大行其道。而这一转变为之后的服装制式变化奠定了基础。民众需要效仿统治者的着装打扮，彰显统治者的价值观念、政治理念和抱负。部分统治者会对服饰进行高度干预，比如，希腊独裁者塞奥佐罗斯·潘加洛斯（Theodoros Pangalos）发布着装伦理法，规定妇女裙子的长度距地面不应超过30厘米。1925年，阿塔图尔克（Ataturk）颁布土耳其帽子法，再次体现了服装是如何作为政治手段，指引、

图9 布哈拉酋长国的最后一任
埃米尔阿利姆汗（Alim Khan,
1880—1994）

他身着饰有郁金香和鸢尾花的深
蓝色丝袍，头戴包头巾，腰间配
金色宽腰带。摄影：谢尔盖·米
哈伊罗维奇·普罗库金·戈尔斯
基（Serge Mikhalovich Prokudin-
Gorskii）。维基共享图片，无改
动。图片来源：https://commons.
wikimedia.org/wiki/File:Alim_Khan_
(1880%E2%80%931944),_Emir_of_
Bukhara,_photographed_by_S.M._
Prokudin-Gorskiy_in_1911.jpg

图10 1873年的明治天皇

他身着配有海军上将帽子的西式
阅兵制服。内田九一（1844—1875
年）摄，运用玻璃底片上的色彩，
呈现出蛋白银版影像。©美国大都
会艺术博物馆，纽约

纠正甚至改变整个社会的意识形态的。佩戴西式帽子，摒弃奥斯曼帝国和伊斯兰教传统的头饰包头巾和土耳其毡帽，成为拥护凯末尔建立的土耳其共和国的政治行为象征。男子佩戴的头饰成为彰显意识形态的有力标志。凡佩戴错误帽子者，轻则罚款，重则死刑。

　　进入20世纪，军事技术的发展使得战士越来越需要额外的装备保护自身。因此，迷彩设计应运而生，以满足穿着者对人体安全的新要求。尽管迷彩统一的配色和图案适应了本国当地的环境，但是其设计和裁剪还需与同盟国的样式和理念保持一致，这清晰地体现在冷战时期欧亚地区的迷彩服设计中，如以苏联或中国为代表的共产主义风格和西方同盟国的资本主义北约风格（图11）。

　　欧洲冷战结束时，出现了两个与纺织有关的新词："天鹅绒革命"（1989年，发生于前捷克斯洛伐克布拉格）和"铁幕政治瓦解"（形容北约阵营和苏

图 11　雅尔塔会议上的三类绅士着装

这一经典照片拍摄于 1945 年 2 月 4 日雅尔塔会议期间，展示了三类绅士的穿衣风格。左边的丘吉尔，穿着米灰色双排扣羊毛大衣，佩戴军衔肩章，手拿波斯风格毛皮帽，但衣服裁剪风格平民化。正中间是罗斯福，身穿西服，外披美国海军军官用斗篷，斗篷上饰有流苏和毛领。右边是斯大林，他身穿苏联灰色双排扣羊毛军大衣，佩戴军衔肩章。苏联军服设计兼具早期沙皇时期和当代欧洲制服风格。站在三位政治家身后的男子身穿西方同盟国的深灰蓝色平驳领军服。世界三大国家领袖，脚着光亮的皮鞋，踏在精致的波斯栽绒地毯上。这条产自伊朗西部的地毯将三位领袖联接在一起。维基共享图片。https://en.m.wikipedia.org/wiki/File:Yalta_Conference_1945_Churchill_Stalin_Roosevelt.jpg

联阵营对峙结束）。两个新词分别借用了布料（天鹅绒）的柔软平滑与幕布（铁幕）的覆盖和隐藏的特点。透过大众媒体可以看到，东方年轻人追求的不再是西方的天鹅绒和幕布，而是蓝色牛仔布和牛仔裤。蓝色牛仔布和牛仔裤象征青春、政治自由和道德自由。这两个纺织术语在被赋予这些价值理念前，就已经有着悠久的发展历史：蓝色牛仔布的英文为"demin"，源自法语"de Nîmes"，意即"尼姆产"，普罗旺斯的尼姆市是利用菘蓝制蓝的主要城市，所以"demin"代表蓝色平纹棉布或斜纹布；牛仔裤的英文名字"jeans"，源自意大利城市热那亚的法语发音"Gênes"，热那亚是牛仔裤的出口地区。

冷战结束后，新制服的设计需要反映新的权力平衡关系、政治和军事抱负，以及对各自国家的历史遗产的传承。

久而久之，欧亚地区乃至全世界的统治者都尝试通过规范着装管控人民。服装规定可能是规定性的，也可能是禁止性的，每一种规定都有性别化的社会意义和影响。规定性着装规则常用于政治和社会结盟，大到军装，小到校服，这些统一着装在视觉上表达统一、忠诚和坚持的理念。相比之下，禁止性着装规则则是禁止、约束或羞辱某些个人或团体的着装习惯。

着装规定可能源自社会习俗，也可能源自国家立法。在欧亚大陆，人们曾多次试图通过规范着装来实现特定的理念，或是保护本国生产不受国外商品的影响。禁奢法（Sumptuary laws, Sumptuary来自拉丁语 sumptus，意为"花销"）调控生产制造、贸易及国家道德、经济，并影响消费模式和消费观念。尽管禁奢法也管控珠宝首饰、琼筵盛宴、丧葬白事等方面的奢侈浪费，但其主要目标始终是管控着装，更重要的是管控面料、质地、织造和装饰，而非裁剪和剪裁。禁奢法强化了社会、性别和种族阶层的区分，并以可视化的服装语言进行表达。大明开国皇帝朱元璋 1368 年登基时，废除了元朝蒙古人的胡服，下令恢复汉朝的服饰风格。禁奢法本质上趋于保守，其目的在于维持传统秩序、阻止新变化的出现。在利马，在富有的西属美洲，禁奢法规定非裔或非欧混血女性不得穿戴羊毛、丝织及蕾丝衣物。

然而，历史学家一致认为禁奢法令带来的直接影响是有限的，被禁止的奢侈品只会以更便宜的仿制品形式出现。随着贸易、分销和运输手段的提升，全球商品流通范围扩大，持有国际投资的商人和企业家成为倡导放宽进口限制的有力说客。但是，禁奢法的影响依旧存在，包括朴素、节俭和良好的道德风气，

图 12　撒马尔罕布料商人

谢尔盖·米哈伊洛维奇·普罗库金·戈斯基（Sergei Mikhailovich Prokudin-Gorski）摄于 1905 至 1915 年的某个时间。图中商人出售的货物包括饰有条纹的丝绸、印花棉布、毛织物和毛毯。木梁上贴着几张纸，上面可能写着商品的价格和质量，商人戴着白色包头巾，身穿饰有中国花卉图案的丝绸外套，右侧有量尺。维基共享图片，无改动。图片来源：https://commons.wikimedia.org/wiki/File:Gorskii_03948u.jpg

这些理念已应用在纺织服饰领域。

运输、通讯和商贸领域的技术突破，推进了全球化进程，进而促进了服饰标准化的发展。但是各地服饰标准化的发展并不同步。这个过程在时间上和地理上都不同步，但是相比于更偏远的地区，拥有紧密联系的地区的发展速度更趋于一致，地理位置相距较远的区域，发展速度趋于不同。在 19 世纪和 20 世纪之交，阿尔贝·卡恩（Albert Kahn）和谢尔盖·米哈伊洛维奇·普罗库金·戈斯基（Sergei Mikhailovich Prokudin-Gorskii）的经典影集，收录了欧亚大陆丰富多样的服装样式，展现了中亚以及世界人民丰富独特的服饰传统（图 12）。进入 20 世纪，这些传统服装样式开始消失，大多用于旅游业和博物馆展出。

服饰全球化

纵观丝绸之路的历史，我们发现了很多精英阶层的织品和服饰，其中不乏大使身着的织有联珠团窠纹的丝绸衣物、统治者间互赠的珍贵织物，以及上层

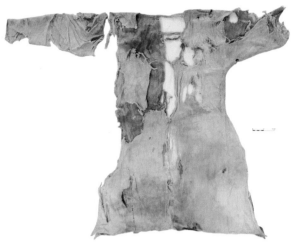

图13 伊朗切赫拉巴德（Chehrābād）盐矿出土的萨珊束腰外衣

该外衣可能为穿者家人手工纺织而成。经纱加z捻，纬纱加s捻，z捻经纱和s捻纬纱粗细略有不同，织物考古学家认为该外衣所用的4.5千米纺线可能由两人纺成。纱线纺制手艺很好，所以可以保存至今。纺纱之后便是织布，布料有好几处瑕疵，可能是因为织布者手艺不精或者没有用心纺织，织物貌似是匆忙赶制而成的，又可能是因为这毕竟只是一件工作服，所以织布者并没有十分用心。但是，布料整体质量依旧很好，因为上面的瑕疵也只有专业人士能看出来。©N.卡纳尼（N. Kanani），伊朗伊斯兰共和国盐矿矿工博物馆藏，赞詹。已得到出土者的许可

社会成员的墓穴或佛教神龛中保存的珍稀服饰。但关于丝绸之路上普通百姓穿着的衣物及相关的交易，我们却知之甚少。

有时，考古发现会为我们提供一些线索。伊朗切赫拉巴德（Chehrābād）盐矿出土的"束腰外衣"（图13），考古学家根据出土年代和出土位置，为其定名为"萨珊束腰外衣"，但是该织物并非织有珍珠团窠图案的丝织品，所以推断该织物并非萨珊国王所有。织物由单色棉织成，是一名矿工的服饰。这名矿工可能在矿井坍塌时被困身亡。其面料经过裁剪、缝制，成为衣长及膝的长袖束腰外衣。或许裁缝知道矿工的身材尺寸，或者知道他在盐矿做苦工，所以特意将腋窝和臀部用三角形布料加固，以便于穿者活动。

历史上织物和服饰因为生产颇为耗时，所以售价不菲。然而，随着工业化的推进，织物生产周期大大缩短，进而催生出生产成本和售价不断下降的全球大众市场。19世纪，即使是穷人也能买到相对优质的服饰。单单通过服饰，不再能轻易判断出一个人的社会经济地位，而这不仅从根本上改变了技术和手工艺的使用，而且对时尚产业、男女角色的认知、男女分工现状，以及社会流动性产生了重要影响。

织物生产发展史总是与廉价劳动力联系在一起。牧羊、养蚕、种植棉花、培育亚麻不仅耗时，而且需要大量的劳动力、不断的照料、高效率的工作，以及标准化工具和技术。因此，服装业和织物生产的机械化从根本上改变了庞大

的劳动力市场和传统手工艺的概念，机械化生产为社会带来了颠覆性变革。

德文特河谷位于英格兰中部，该地拥有最早的丝织厂，以及后来在克罗姆福德建设的棉纺厂。18 世纪，理查德·阿克赖特（Richard Arkwright）发明的棉纺织技术在克罗姆福德投入工业化生产。他引进了一种纺纱机"机架"，将其改造为用水力驱动，并取得旋转梳棉机的专利。德文特河水域提供电力，以驱动棉纺厂的机器。阿克赖特将电力、机械、半熟练劳动力和新原料——棉花结合，大批量生产纱线。德文特河谷的织工宿舍群（图 14）至今依然完好，展现了织物生产实现的经济社会发展成果。

1998 年，法国城市里昂被列入联合国教科文组织世界文化遗产名录，18—19 世纪，里昂成为经济高速发展的中心。红十字山上有工厂和织工住房，每条街道都回荡着织机的喧闹声。3 万名"卡尼"（里昂制丝工人的别称）集

图 14　克罗姆福德织工宿舍群，北街

德文特河谷工业区被联合国教科文组织列为世界文化遗产，位于英格兰中部。图片来源：阿莱特，知识共享图片，无改动。链接：https://www.wikiwand.com/en/Cromford_Mill.

图 15　法国宫廷礼服或长袍（细节），归王妃所有

菱形纹样，简单棱条，条纹，浮纬显花织物。丝绸，图上的绒球装饰名为"甲虫的睫毛"。丝绸，银包芯线。里昂（织物），约 1750 年，MT29831。©法国纺织和装饰艺术博物馆藏，里昂

中在红十字地区。18世纪的里昂发展成为一个主要的纺织生产中心，尤其是丝绸纺织中心，主要为了满足皇家宫廷的定制需求。进入19世纪，里昂主要为欧洲不断壮大的中产阶级群体供应织品（图15）。

尽管历史上只有少数权贵在服饰方面有多种选择，但进入19世纪，更多的人可以通过服饰直观地传达个性和理想。

时尚全球化

历史学家乔吉奥·列略（Giorgio Riello）认为，在现代早期，时尚是"空间中的创新"，即时尚的发展得益于具有异域风情的舶来品的使用，从而成为一种全球化的力量。

18—19世纪，欧洲中产阶级女性的穿着打扮充分诠释了丝绸之路对服饰穿着和图案纹样的影响。一些西方女性会穿戴时尚、柔软的佩斯利纹（paisley）羊绒披肩，这是一款从伊朗、中亚和印度向西传播，最后抵达欧洲时装店铺的时尚单品，诠释了帝国主义时期和殖民统治时代下英国与亚洲的紧密联系。19世纪早期，年轻前卫的欧洲皇室女性中掀起了一股时尚浪潮，将

图16 法国约瑟芬皇后（Joséphine）画像她身披红、白佩斯利花纹羊绒披肩。1808年，安托万·尚·格罗（Antoine Jean Gros）绘。法国马塞纳美术馆藏，尼斯。维基共享图片，无改动。图片来源：https://commons.wikimedia.org/wiki/File:Imp%C3%A9ratrice_Jos%C3%A9phine_Portrait_-_Mus%C3%A9e_Mass%C3%A9na_Nice.jpg

a   b

图 17a   1821 年丹麦皇室全家福

克里斯托弗·威廉·艾克斯伯格（C. W. Eckersberg）绘，玛丽女王（Queen Marie）和大女儿凯罗琳公主（Princess Caroline）身着柔软的上等佩斯利纹羊绒披肩。©丹麦皇家收藏，哥本哈根罗森堡宫

图 17b   小公主菲尔海明（Vilhelmine）

小公主延续了母亲和姐姐对佩斯利纹羊绒披肩的喜爱，这从她 10 年后的画像中可以看出，那时菲尔海明已经加冕成为"王储菲尔海明·玛丽"（1808—1891），她身着时尚的黑裙，头戴宽边檐帽，身披紫色佩斯利纹羊绒披肩。1831 年，路易斯·欧蒙（Louis Aumont）绘。©丹麦皇家收藏，哥本哈根罗森堡宫

这种色彩丰富、柔软细腻的佩斯利羊绒披肩作为一种新的配饰，其中最具"影响力"的时尚人物当属法国约瑟芬皇后（Empress Joséphine），她的裙装和披肩均体现了羊绒面料与佩斯利纹的结合（图 16）。在丹麦皇室，可以看到至少两代人对羊毛披肩上佩斯利纹的热爱（图 17）。

    西班牙帝国时期的女性会身披马尼拉披肩（mantón de Manila），亦称西班牙披肩。今天，身披"马尼拉披肩"的主要是弗拉门科舞者或为游客展现西班牙历史的人员。"马尼拉"这一西班牙语名字源自菲律宾马尼拉。披肩最初为丝绸织品，织造于中国南部，衣服上饰有刺绣，从 16 世纪晚期开始，这种披肩从中国经马尼拉跨过太平洋，一直向东传播，进入西班牙的美洲殖民地，

图18　1900年，即使在偏远的村庄，人们也可以获得工业化生产的彩色印花织物

这些衣物可能缝缝补补、穿了又穿，反而衬托出了染料的醒目效果。当时，染料通过化学反应合成，德国、法国、英国竞相为新型合成染料申请专利，这场工业竞争催生出新的染料种类。这种发展成果在全世界都可观察到，包括在图中三个女孩身上的衣物。照片摄于1909年，莫斯科以北约500千米处的农村地区。摄影：谢尔盖·米哈伊洛维奇·普罗库金·戈斯基（Sergei Mikhailovich Prokudin-Gorskii）。维基共享图片，无改动。图片来源：https://en.wikipedia.org/wiki/Sergey_Prokudin-Gorsky

然后通过西班牙深入欧洲。这条路线也是复杂的丝绸之路路线网络的一部分，丝绸之路不仅包括陆上线路或从东向西的通路，还包括跨太平洋和跨大西洋路线。丝绸贸易，同丝绸之路一样，在欧洲与美洲和亚洲建立贸易联系后，成为一种全球化现象（图18）。

服饰具有变革意义！

受法国革命影响，在法国革命共和二年雾月八日（对应公元1793年10月29日），服饰条例废除。新法令规定，按照自己的意愿穿衣成为法国公民的基本人权："人人可以自由穿戴符合自身性别特征和自己喜好的服饰和配饰。"但是，该法令同时规定，公民应该在显著位置佩戴法国帽徽，帽徽由蓝、白、红三种体现法国革命精神的颜色组成，并要求服饰应该符合性别特征，人们应遵循之前的服饰条例。以上就是当时的规定，但是事实证明，实施以上规定比发布规定更加困难。

意识形态塑造了丝绸之路，而在意识形态形成的环境中，纺织生产是财富和贸易的象征。亚当·斯密（Adam Smith）在1776年出版的《国富论》（*An Inquiry into the Nature and Causes of the Wealth of Nations*）中提到，贸易不仅能

1	coat	
10	lbs of tea	
40	lbs of coffee	
1	quarter of corn	= 20 yards of linen
2	ounces of gold	
½	a ton of iron	
x	Commodity A, etc.	

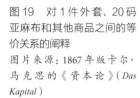

图 19　对 1 件外套、20 码亚麻布和其他商品之间的等价关系的阐释
图片来源：1867 年版卡尔·马克思的《资本论》(*Das Kapital*)

操作练兵为革命 纺纱织布为人民

图 20　《操作练兵为革命，纺纱织布为人民》
招贴画，1973 年。©丹麦皇家图书馆，哥本哈根

让贸易双方实现共赢，而且能够为整个社会带来福祉。为论证这一观点，他探讨了布匹与小麦相比的竞争优势，以及在买卖双方在货物、售价和预期等方面可以达成共识的贸易体系中如何实现互利。

　　两名拥有特定纺织、服饰背景的德国人改变了 19 世纪的政治格局。弗里德里希·恩格斯（Friedrich Engels）是德国北威州欧门·恩格斯纺织厂的小少爷，后定居于当时的世界棉花贸易和生产制造中心——曼彻斯特。他与挚友卡尔·马克思（Karl Marx）分享了自己的见解，马克思不仅深受恩格斯及其思想理念的影响，还受到纺织行业发展的影响。在《资本论》(*Das Kapital*)中，马克思利用亚麻布的码数和对等的外套件数做例证（图 19）。在例证中，外套自身成为衡量劳动力、资源和技术的标准。马克思和恩格斯创造了新的纺织词语"*Lumpenproletariat*"，意为"流氓无产阶级"，指代社会底层阶级（图 20）。

丝路在 20—21 世纪继续发挥带动作用

截至 2013 年，中国是最大的织物出口国（年出口额为 2740 亿美元），远远领先于印度（出口额为 400 亿美元）、意大利（出口额为 360 亿美元）、德国（出口额为 350 亿美元）、孟加拉国（出口额为 280 亿美元）和巴基斯坦（出口额为 270 亿美元）。但是，这些数据并不能体现纺织业创造的全部价值。在巴基斯坦，纺织品出口占全国出口总量的 70%，在孟加拉国，成衣出口占出口总量的 80% 以上，这两国的经济和社会稳定主要依赖纺织物品、纺织品生产和世界其他地区的消费模式。

丝路上纵横交错的小路、铺好的公路、陡峭的山路，形成了从欧洲西部到中国东部的陆路网络，途中常有各种关卡拦住去路。此外，还有海上丝路，这些海路形成了从地中海出发，穿过印度洋和中国南海，越过太平洋并返回欧洲的网络。

得益于有关航海、导航、化石燃料、货物和货运标准等技术的发展，以及国际法的引入，海上丝绸之路的交通量不断增加。自 1869 年起，苏伊士运河成了地中海和印度洋之间的最近航线，为丝绸之路开辟了一条新的通道。近几十年来，随着超大货船的引入，海上丝绸之路的航线范围不断扩大。

非洲也成为纺织品和服装的主要消费地区。中亚地区地处内陆，曾经是丝绸之路的交通要地。今天，随着海上丝绸之路主导地位的形成，中亚区域与国际贸易日益脱节。此外，自"二战"以来，一条空中丝路已经打开，在今天的欧亚大陆乃至全球，已经形成了繁忙的空中走廊网络。

21 世纪，气候问题迫在眉睫，但这很可能打开一条新的主干路。随着极地冰雪融化，欧洲、北美和东亚之间将形成一条新的向北通路。这条极地丝路会大大减少航运时间（进而降低成本），并会让世界各地联系得更加紧密。

其他新的交通航线和方法也在不断涌现，太空旅行便是其中之一。中国已将太空旅行纳入"一带一路"倡议，换言之，太空旅行将成为未来丝绸之路的一部分。尽管从地理角度分析，将太空探索与古丝绸之路联系起来有些牵强，但是有趣的是，研究织物和纺织历史的学者将会掌握"地外"旅行突破的关键因素，因为这些人员知道何种材料或设计最适合在太空中执行长期任务。无论在过去还是将来，这都是人类经验拓展的重要部分。

20世纪，政治巨变、经济条件和意识形态的更新，不仅对手工织造，也对各类传统工艺产生了消极影响。许多非物质纺织文化已经失传，造成这一现象的原因有很多：人们不喜欢从事烦琐的工作、手工艺品相比于机器制造的产品价格更高、城市化使得时尚变得标准化、小规模织工团体转而从事其他职业，又或是以上各种因素共同作用造成今天手艺失传的现象。教育和劳动力市场为女性带来了更多的就业机会，相比于以织物生产为中心的"传统"工作，女性有了更多的选择，这同时在很大程度上影响了工艺的代际传递方式。

联合国教科文组织等机构目前面临的挑战是：如何当机立断，保护宝贵的传统工艺技术？重点是寻找可持续的解决方法，去理解、欣赏和弘扬传统艺术，并通过帮助人们了解丝绸之路沿线上不同民族和文化的绚烂历史来实现这一目标。

小 结——沿"线"至今

有人说历史始于文字的使用。但是，英文"text"（文本）一词，源于拉丁文"texere"，含"编织"之意，无论从词汇形态学角度还是词源学角度分析，"text"都指代"纺织实物"。历史开始前，人类为裸态，因而，衣物的出现标志着历史的开始和社会的形成。这一基本的理解出现在古代文学、艺术，以及早期的历史和政治科学中。在这些资料中，裸态象征野蛮和未开化，裸态的象征意义反映了特定文化的基本人类学分类。欧洲殖民主义者将裸体人类视为"野性人"的观点就是基于这种想象力形成的。

纵观全球，我们仍旧利用兽皮、羽毛和纺织纤维制作衣服。目前主要有两种服装分类：按性别分类，有男装和女装；按风格分类，分为合体型服装和垂坠型/可以包裹身体的服装，前者与人体形态相适应、便于活动，后者常见的如罗马的托加长袍或印度的纱丽。合体型服装在全球占主导地位，尤其是"二战"之后，蓝色牛仔裤和T恤衫风靡全球。

如今，全球任何店铺售卖的衣物都是全球合作、贸易和政治密切配合的结果。从美国得克萨斯州或土库曼斯坦的棉田，到中国的纺纱厂、东南亚的服装厂、欧美的印染厂，最后到达非洲的二手服装市场，一件衬衫在达到消费者手上前，需要跨越千里、万里。斯堪的纳维亚人平均每年购买9件T恤衫，即使衬衫的寿命是可穿洗25到30次，但是一般消费者在穿洗11次后便会将其扔掉。绿色和平（Greenpeace）的一项分析指出，欧洲和北美人的衣物平均使用时间只有3年，这种情况在最近几十年才开始出现。如今，一些衣服只能穿一个季度，要么因为这些衣物过时了，要么因为布料、裁剪和缝制质量太差，衣服容易穿破。进入21世纪，快时尚带来的影响一直持续至今，使得服饰消费速度达到历史之最。一千年来，服饰一直售价不菲，值得缝缝补补，直至不能再穿。但是随着消费节奏加快，服饰价格下跌，利润空间越来越小。快时尚商业模式需要联系紧密的全球贸易网、低成本的长途运输和廉价灵活的劳动力。

过量生产和低循环率为纺织业带来了持续的挑战。此外，合成纤维衣物的洗涤每年会释放50万吨塑料微纤维进入海洋。根据2018年联合国环境规划署（UNEP）的报告，全球约2%—8%的碳排放来自纺织业，为全球废水处理带来极大影响。自2025年起，欧盟将实施新的垃圾管理条例，规定必须采取具体措施以促进纺织品的回收利用。

中文繁体字"機"（"机"），指的是织造丝绸的织机，描绘了织机的设计结构，后来，这个字逐渐用于指代技术、组织、精密性和机械。诚然，在21世纪，全球织物生产更加环环相扣、密不可分。

随着新冠疫情在全球迅速蔓延，纺织业受到严重冲击。2010年年初，中国采取管控措施，影响了中国纱线和织物向东南亚工厂的运送，导致北半球2020春夏时装生产延误。此外，2020年春季，欧洲和美国实施管控，暂停支付，使中国和东南亚公司遭遇低现金流等危机。2020年，全球北部地区消费率降低，随后，大部分消费者转向网络购物，一系列情况使得公司面临的危机加剧。全球金融和经济动荡，加上国际货运中断，导致千百万名服装厂工人失去工作和收入。尽管企业可暂时转向生产口罩、防护服等防护装备等新的商业机遇，但是孟加拉国等成衣业发达的国家仍受到巨大冲击。在全球大部分地区，千万名服装工人遭遇裁员。2020年春、夏两个季度，他们离开人口密集的工业区，投奔乡下的亲属，这进一步加速了病毒的传播。

今天，丝绸之路上的纺织和服饰处于新的发展节点。新冠疫情带来的冲击，以及对更加可持续的生产过程和消费流程的需求，将重新定义未来我们如何使用和运输丝路上的织品和服饰。

参考文献

Albaladejo Vivero, Manuel. 2011. El color en el vestido, símbolo de identidad en el mundo antiguo: el paradigma indio, *Herakleion,* Vol. 4, pp. 47–58.

Allsen, Thomas T. 1997. *Commodity and Exchange in the Mongol Empire: A Cultural History of Islamic Textiles.* Cambridge Studies in Islamic Civilization XVI. Cambridge: Cambridge University Press.

Burrow, Thomas. 1940. *A Translation of the Kharosthi Documents from Chinese Turkestan.* London: Royal Asiatic Society.

Ferreira, Maria João, Liza Oliver, Corinne Thépaut-Cabasset, Maria Ludovica Rosati. 2016. Les textiles à la période moderne: circulation, échanges et mondialisation. *Textiles. Revue Perspective,* Vol. 1, pp. 27–38. (In French.)

Frankopan, Peter. 2015. *The Silk Roads: A New History of the World.* London: Bloomsbury Publishing.

Galster, Kjeld, Katrina Honeyman and Marie-Louise Nosch. (eds.) 2010. *Textile History and the Military. Textile History,* Vol. 41, pp. 1–6.

Grömer, Karina, Abolfazl Aali. 2020. How to Make a Sassanian tunic: Understanding handcraft skills based on a find from the Salt Mine in Chehrābād, Iran. In L. Quillien and K. Sarri (eds.) *Textile Workers, Skills, Labour and Status of Textile Craftspeople Between the Prehistoric Aegean and the Ancient Near East.* Proceedings of the workshop, 10th ICAANE in Vienna, April 2016, pp. 59–72.

Hyllested, Adam. 2017. Word migration on the Silk Road: The etymology of English silk and its congeners. In B. Hildebrandt and C. Gillis (eds.) *Silk: Trade and Exchange along the Silk Roads Between Rome and China in Antiquity.* (Ancient Textile Series 29). Oxford: Oxbow Books, pp. 27–33.

Riello, Giorgio and Peter McNeil (eds.). 2010. *The Fashion History Reader: Global Perspectives.* London: Routledge.

Lüders, Heinrich. 1936. Textilien im alten Turkistan. *Abhandlungen der Preussischen Akademie der Wissenschaften*, Phil.-Hist. Klasse Nr. 3, pp. 3–38.

Monségur, Jean de. 1709. J-P. Duviols (ed.) 2002. *Mémoires du Mexique. Le manuscrit Jean de Monségur.* Paris: Éditions Chandeigne. (In French.)

Muhammed ibn Khaldun, Abd Ar Rahman bin. *The Muqaddimah.* F. Rosenthal (transl.).

Muthesius, Anna. 2008. *Studies in Byzantine, Islamic and Near Eastern Silk Weaving.* London: Pindar Press.

Needham, Joseph. 1988. *Science and Civilisation in China.* Cambridge: Cambridge University Press.

Nosch, Marie-Louise. 2016. What's in a name? What's in a sign? Writing wool, scripting shirts, lettering linen, wording wool, phrasing pants, typing tunics. In S. Lervad, P. Flemestad and L. Weilgaard Christensen (eds.). *Proceedings of the TOTh Workshop, 8 November 2013. Verbal and Non-verbal Representation in Terminology.* The Danish National Research Foundation's Centre for

Textile Research, University of Copenhagen, pp. 91–113. http://ontologia.fr/TOTh/Workshop/ Workshop2013/TOTh.Workshop.2013.pdf (Accessed 30 March 2022).

Nosch, Marie-Louise, Zhao Feng and Lotika Varadarajan (eds.) 2014. *Global Textile Encounters.* (Ancient Textiles Series, Vol. 20). Oxford and Philadelphia: Oxbow Books.

Peck, Amelia (ed.). 2013. *Interwoven Globe: The Worldwide Textile Trade, 1500–1800.* New York: The Metropolitan Museum of Art.

Riello, Giorgio. 2017. Governing innovation: the political economy of textiles in the eighteenth century. In E. Welch (ed.) *Fashioning the Early Modern: Dress, Textiles, and Innovation in Europe, 1500– 1800.* Oxford: Oxford University Press, pp. 57–82.

Riello, Giorgio and Ulinka Rublack (eds.). 2019. *The Right to Dress: Sumptuary Laws in a Global Perspective, c.1200–1800.* Cambridge: Cambridge University Press.

Rivoli, Pietra. 2014. *The Travels of a T-Shirt in the Global Economy: An Economist Examines the Markets, Power and Politics of the World Trade.* Hoboken, NJ.: John Wiley & Sons, Inc.

Roos, andra, Gustav Sandin, Bahareh Zamani, Greg Peters and Magdalena Svanström. 2017. Will clothing be sustainable? Clarifying sustainable fashion. In Subrananian Senthilkannan, M. (ed.) *Textiles and Clothing Sustainability.* (Textile Science and Clothing Technology). Springer.

Serjeant, Robert B. 1972. *Islamic Textiles*: *Materials for a History up to the Mongol Conquest.* Beirut, Librairie du Liban.

Vedeler, Marianne. 2014. *Silk for the Vikings.* (Ancient Textiles Series 15). Oxford: Oxbow Books.

von Folsach, Kjeld. 1996. Pax Mongolica: An Ilkhanid tapestry-woven roundel. *Hali*, Vol. 85, pp. 80–87.

Zhao, Feng, Yi Wang, Qun Luo, Bo Long and Baichun Zhang. 2017. The earliest evidence of pattern looms: Han Dynasty tomb models from Chengdu, China. *Antiquity,* Vol. 91, No. 356, pp. 360–374.

Zhao, Feng. 2020. The ever-changing technology and significance of silk on the Silk Road. In I. Gaskel and S. A. Carter (eds.). *The Oxford Handbook of History and Material Culture.* New York: Oxford University Press, pp. 222–236.

网络文章

(2022年3月30日前)

Redesigning the future of fashion: https://www.ellenmacarthurfoundation.org/our-work/activities/make-fashion-circular/report

Putting the brakes on fast fashion: https://www.unep.org/news-and-stories/story/putting-brakes-fast-fashion

About garment industry of Bangladesh: http://www.bgmea.com.bd/page/AboutGarmentsIndustry

Sweatpants sales are booming, but the workers who are making them are earning even less: https://www.vox.com/the-goods/22278245/garment-workers-bangladesh-unpaid-factories-sweatpants

"We're in a very grave situation": How the pandemic has affected garment workers around the world: https://www.vogue.com/article/how-pandemic-affected-garment-workers-around-the-world

Abdel-Salam, Mohamed（穆罕默德·阿布都–萨拉姆）·
第四部分 第 15 章

　　穆罕默德·阿布都–萨拉姆，埃及开罗伊斯兰艺术博物馆
藏品管理负责人，纺织品和地毯织品部门策展人。攻读硕士学
位期间研究方向是印度莫卧儿王朝时期的地毯织物。在开罗哈
勒旺大学获得博士学位，研究方向为中国的伊斯兰艺术以及
16—19 世纪中国对日韩艺术的影响。曾赴伦敦大英博物馆和
巴黎卢浮宫进修博物馆学，并获得奖学金前往德国和英国深造。可用阿拉伯语、英语
和波斯语教授伊斯兰艺术和博物馆学。

Acquaye, Richard（理查德·阿夸耶）·第三部分 第 14 章

　　理查德·阿夸耶，加纳塔克拉底理工大学纺织品设计与技
术系副教授，拥有英国南安普敦大学设计制作专业的博士学
位。其研究与实践的范围颇为广泛，主要通过现代的创新方
式，将一系列新技术、新型材料同各种色彩"融合"起来，进
而实现不同风格的织物设计。目前担任加纳塔克拉底理工大学
应用艺术与技术学院院长，也是英国纺织学会（位于英国曼彻
斯特）的研究员及特许会员。

Andersson Strand, Eva（伊娃·安德森·斯特兰德）·
第一部分 第 2 章

　　伊娃·安德森·斯特兰德，丹麦哥本哈根大学萨克索研究
所纺织考古学副教授，哥本哈根纺织品研究中心研究员，自
2017 年起任该中心主任。伊娃·安德森·斯特兰德重点研究纺
织品对古代社会经济和文化的影响，研究的历史时段和区域
包括斯堪的纳维亚半岛维京时代、爱琴海青铜时代及古代近东
等，其研究综合运用全面背景分析、实验和数字化考古学。

Buckley, Christopher（克里斯托弗·白克利）· 第二部分 第 6 章

　　克里斯托弗·白克利曾就读于牛津大学化学系，于牛津大学沃弗森学院获博士学位，为该院"学院活动中心"成员。1994 年移居亚洲之后对亚洲传统纺织产生兴趣，在中国西藏拉萨经营了数年的传统织造作坊。如今他的研究兴趣集中于织机设计的比较研究，原因在于织机的设计世代相传且相对稳定，为揭示传统织造的悠久历史提供了可能性。他现在居住于英国牛津和美国加州伯克利。

Coles, Peter（彼得·寇斯）· 第二部分 第 7 章

　　彼得·寇斯就职于伦敦大学金史密斯学院城市和社区研究中心，于 2019 年出版了关于全球植桑文化史的《桑树》一书。他也是屡获殊荣的"伦敦桑树"项目的董事和联合创始人，该项目旨在研究和保护英国年代久远的桑树遗存，并提高人们对此的保护意识。彼得·寇斯还是伦敦"都市树木节"的创始人之一。

Dode, Zvezdana（兹韦兹达娜·道蒂）· 第三部分 第 9 章

　　兹韦兹达娜·道蒂是俄罗斯联邦斯塔夫罗波尔市北高加索古代史与考古研究所首席研究员，获莫斯科市俄罗斯科学院东方学研究所博士学位。曾任斯塔夫罗波尔国立大学教授，任教期间讲授有关考古学与艺术史的研究生课程，同时任斯塔夫罗波尔国立博物馆研究员。2007—2008 年，她曾在大都会艺术博物馆安德鲁·W·梅隆基金会任职。她在俄罗斯科学院考古研究所答辩的论文主要探讨了 7—17 世纪北高加索地区居民的服饰修复和与之有关的民族学和社会史研究。她曾任俄罗斯科学院南方科学中心首席研究员。她的研究领域包括亚欧大陆历史与文化背景下北高加索地区中世纪的服饰研究，其研究工作均基于北高加索及伏尔加河地区出土的各类考古文物。同时，她还研究有关中世纪纺织品的书面文献及历史资料，并从经济发展、贸易联系、外交关系和社会结构等方面做综合分析。迄今为止，已撰写三部学术专著、一百余篇文章，还在中国、俄罗斯、爱尔兰、法国、美国、英国和德国等国的学术会议和专题研讨会上宣读过六十多篇论文。

Fee, Sarah（莎拉·菲）· 第五部分 第 19 章

　　莎拉·菲是加拿大多伦多皇家安大略博物馆全球时尚与纺织品馆的高级策展人，负责管理博物馆收藏的 15000 件来自非洲及亚洲地区的纺织类藏品。她的研究及出版物主要涉及马达加斯加地区的纺织品和服装，以及 19 世纪西印度洋区域的服装贸易和时尚风格。近期，她校订了《改变世界的织物：印度印花棉布的艺术与时尚》合集（2020）[the collective volume of *Cloth that Changed the World: The Art and Fashion of Indian Chintz* (2020)]，并参与了《印度洋流域的纺织品贸易、消费者文化和原料世界：织物的海洋》（2017）[*Textile Trades, Consumer Cultures and the Material Worlds of the Indian Ocean: An Ocean of Cloth* (2017)] 的编辑。

Frankopan, Peter（彼得·弗兰科潘）· 英文版序二、结语

　　彼得·弗兰科潘是牛津大学全球史教授，也是剑桥大学国王学院"丝绸之路"项目的副主任。他致力于丝绸之路的历史、民族和文化研究及地方性、区域性、洲际性乃至全球性的交流研究。他的著作包括《丝绸之路：一部全新的世界史》（ *The Silk Roads: A New History of the World* ）和《新丝绸之路：世界的现状与未来》（ *The New Silk Roads: The Present and Future of the World* ）。

Gyul, Elmira（埃尔迈拉·久尔）· 第四部分 第 16 章

　　埃尔迈拉·久尔毕业于国立塔什干大学（今为以乌鲁伯格命名的乌兹别克斯坦国立大学）历史系，现为乌兹别克斯坦科学院美术学院艺术史教授及首席研究员。她已出版多部专著，并发表多篇有关乌兹别克斯坦装饰和应用艺术方面的文章。埃尔迈拉还多次参加国际会议，并在会上发表探讨中亚织物历史的论文。此外，她还是国际项目"世界名录之乌兹别克斯坦文化遗产"学术委员会成员。

Jin, Jianmei（金鉴梅）· 第五部分 第 21 章

　　金鉴梅是东华大学服装与艺术设计学院的一名博士研究生，主要研究方向为古代染色工艺和传统色彩。她曾参与清朝乾隆时期 30 余种纺织品色彩的重建工作，并参与撰写了《乾隆色谱》（2020）一书的相关章节。

Kawlra, Aarti（阿尔蒂·卡夫拉）· 第三部分 第 12 章

　　阿尔蒂·卡夫拉是荷兰莱顿大学国际亚洲研究所全球网络和合作教育项目"跨国界人文学科"的学术主任，主要从事人类学和文化领域的历史研究，致力于从女性主义角度探讨殖民时代与后殖民时代文化遗产、发展和技术方面的全球话语体系。近年来出版了专著《莲花线编织：召唤南印度社区》（ *We Who Wove with Lotus Thread: Summoning Community in South India* ）；发表了论文《重生的魅力配方：印度天然染料与染方》（'Recipes for re-enchantment: natural dyes and dyeing in India'）（收录于《布料与印度：1947—2015 年的发展史》（ *Cloth and India: Towards Recent Histories 1947–2015* ），《文化与技艺之间：印度泰米尔纳德邦的纱丽和文化遗产图像展示》（'Between culture and technology: Theme saris and the graphic representation of heritage in Tamil Nadu, India'）（收录于《时尚传统：亚洲手工纺织品动态》（ *Fashionable Traditions: Asian Handmade Textiles in Motion edited* ）等。

Kazuo, Kobayashi（小林和夫）· 第一部分 第 4 章

　　小林和夫，早稻田大学全球经济史专业副教授，博士学位取得于伦敦政治经济学院。著有《1750—1850 年西非的印度棉纺织品：非洲机构、消费需求和全球经济的形成》(2019)（ *Indian Cotton Textiles in West Africa: African Agency, Consumer Demand and the Making of the Global Economy, 1750–1850* ）。小林和夫曾在期刊上发表有关大西洋奴隶贸易和 18、19 世纪经济全球化的文章。目前，他正在筹备一本有关西非经济全球化的新书（日文版）。

Kusi, Cynthia Agyeiwaa（辛西娅·阿吉耶瓦·库西）·
第三部分 第 14 章

　　辛西娅·阿吉耶瓦·库西是加纳纺织专家，也是加纳塔克拉底理工大学纺织设计与技术系的讲师，拥有 12 年任教经验。她还是加纳海岸角大学的一名研究员，发表了多部作品。目前主要研究洗衣粉、皂块及洗衣液对加纳黑白印花棉布织物的洗涤效果。

Liu, Jian（刘剑）· 第五部分 第 21 章

　　刘剑是中国丝绸博物馆技术部的一名研究员，主要致力于古代纺织品天然染料的分析与研究。2012 年以访问学者的身份进入波士顿大学化学系工作，使用高效液相色谱仪—连接二极管阵列检测器及质谱分析法（HPLC-DAD-MS）对新疆营盘遗址的纺织品天然染料进行了分析。2019 年进入浙江工业大学攻读博士学位，专攻基于科学和文献记载的历史色彩重建研究。

Mannering, Ulla（乌拉·曼纳林）· 第一部分 第 2 章

　　乌拉·曼纳林，丹麦国家博物馆的丹麦和地中海古代文化部研究教授，负责收藏丹麦史前考古纺织品，同时也是哥本哈根纺织品研究中心创始人之一。多年来，乌拉·曼纳林潜心研究北欧青铜和铁器时代的纺织品设计及其演变，以及斯堪的纳维亚半岛铁器时代晚期和维京时期的服饰设计、图像学及纺织生产情况。

Nosch, Marie-Louise（玛丽－路易斯·诺施）· 结语

　　玛丽·路易斯·诺施，哥本哈根大学古代史教授。2005—2016 年担任丹麦纺织品研究中心主任。发表了大量有关古织物、古希腊铭文和地中海世界古代史的论文，侧重研究纺织史、纺织术语和纺织技术。现兼任丹麦皇家科学与文学学院院长。

Prestini, Veronica（维罗妮卡·普雷斯蒂尼）· 第五部分 第 18 章

　　维罗妮卡·普雷斯蒂尼，2015 年毕业于那不勒斯东方大学，获博士学位，博士论文题为《16 世纪下半叶（1543—1609）托斯卡纳美第奇家族和奥斯曼帝国之间的经济、外交和文化关系》['Le relazioni economiche, diplomatiche e culturali tra la Toscana medicea e l'Impero ottomano nella seconda metà del Cinquecento（1543–1609）]。普雷斯蒂尼曾参加过巴黎法国社会科学高等研究院举办的各种研讨会（2005—2010）和法兰西公学院举办的各种研讨会。2011—2014 年，她在那不勒斯意大利历史研究中心攻读博士学位并获得奖学金；2017—2018 年，在英国剑桥大学纽纳姆学院斯科尔特奥斯曼研究中心做访问学者；从 2018 年开始，普雷斯蒂尼担任威尼斯大学人文学系的学科专家。她的成果包括《风景和海景》（2013：93–107）（*Paesaggi e proiezione marittima*, AA. VV. (2013), pp. 93–107）

中的《在佛罗伦萨与黎凡特交易的安科纳和利沃诺》（"Ancona e Livorno nei traffici fiorentini con il Levante"）、《蓬塔尼亚纳》（2014：123–141）（*Atti Acc. Pontaniana*, S, LXII (2014), pp. 123–141）中的《佛罗伦萨学者与奥斯曼外交官之间的对话》（"Dialogo tra un accademico fiorentino e un diplomatico ottomano"）、《美第奇大公和黎凡特》2016：9–17）（AA.VV. *The Grand Ducal Medici and the Levant* (2016), pp. 9–17）中的《科西莫一世奥斯曼政治中的经济和外交》（"Economia e Diplomazia nella politica ottomana di Cosimo I"），以及她与 M. 贝尔纳迪尼合著的《蒙古时代与鞑靼布贸易》（*L'epoca mongola e il commercio dei panni tartarici*）（出版中）。

Riello, Giorgio（乔吉奥·列略）· 第一部分 第 4 章

　　乔吉奥·列略，欧洲大学学院世界近代史系主任、英国华威大学世界历史与文化教授，著有《棉的全球史》（*Cotton: The Fabric that Made the Modern World*）（获 2013 年世界历史协会图书奖），《奢侈品：丰富的历史》（*Luxury: A Rich History*）（2016 年与彼得·麦克尼尔合著）及《回归时尚：中世纪至今的西方时尚》（*Back in Fashion: Western Fashion from the Middle Ages to the Present*）等。其著作涉及亚欧之间的全球贸易，以及近代的物质文化与时尚。近年，乔吉奥·列略还与他人合编了《着装的权利：1200—1800 年全球视角下的奢侈禁令》（*The Right to Dress: Sumptuary in a Global Perspective, c. 1200–1800*）与《全球着装》（*Dressing Global Bodie*s）两部作品。

Sardjono, Sandra（桑德拉·萨尔佐诺）· 第三部分 第 11 章

　　桑德拉·萨尔左诺是美国"图案溯源基金会"的创始人兼总裁，该基金会是一个文化性非营利组织，总部设在加利福尼亚伯克利市。通过国际合作，图案溯源基金会加大了纺织品研究力度，并增设了本土奖学金。桑德拉在加利福尼亚大学伯克利分校取得艺术史专业博士学位，学位论文题目为《古代爪哇纺织品图案溯源（8—15 世纪）》[Tracing Patterns of Textiles in Ancient Java (8th–15th century)]。2006 年至 2009 年，任洛杉矶县立艺术博物馆纺织服饰助理研究员，负责亚洲纺织收藏；2000 年至 2006 年，任纽约库珀·休伊特史密森尼设计博物馆纺织品修复师。

Sarkar, Surajit（苏拉吉特·萨卡尔）· 第三部分 第12章

苏拉吉特·萨卡尔是德里安贝德卡大学的副教授，同时也是社区知识中心的协调员，目前为国际农业博物馆协会执行委员会成员（2014年至今），曾担任印度口述史协会主席（2017—2019年），也曾是文化人类学学会公共咨询委员会成员（2008—2014年）。2004年，他首度提出"视频加艺术"的形式，成为弹射艺术车队的联合创始人，该表演团体由来自印度中部或东北部的艺术家和社区工作者组成。

Sawyerr, Naa Omai（娜阿·奥迈·索耶尔）· 第三部分 第14章

娜阿·奥迈·索耶尔，加纳塔克拉底理工大学纺织设计与技术系讲师、博士。拥有10余年任教经验，研究方向包括非洲本土织物、传统工艺、产品质量及消费者行为学。

Shamir, Orit（奥里特·沙米尔）· 第一部分 第2章

奥里特·沙米尔，以色列文物局博物馆展陈部主任。她在2001—2019年策划了有机文物方面的展览。奥里特·沙米尔是纺织品、重锤、纺轮、纺纱与织造、实验考古学、编筐工艺、制绳工艺及以色列新石器时代至奥斯曼时期出土陶器的纺织印痕等领域的专家。近期参与的纺织品研究项目包括库姆兰洞窟、提姆纳铁器时代冶炼遗址、7世纪的纳哈·欧梅尔地区、希腊化时期玛黎撒地区的纺锤等。

Stewart, Peter（彼得·斯图尔特）· 第三部分 第13章

彼得·斯图尔特是牛津大学古代艺术学教授，并担任古典艺术研究中心主任。曾任教于剑桥大学、雷丁大学以及伦敦考陶德艺术学院。他重点研究罗马雕塑及其地方艺术和古希腊罗马艺术传统在古代世界的传播，对犍陀罗等古亚洲文明与罗马帝国艺术之间的关系研究尤为感兴趣。他此前发表的作品包括《罗马社会雕像：表现与回应》（*Statues in Roman Society: Representation and Response*），《罗马艺术社会史》（*The Social History of Roman Art*），《威尔顿之家雕塑收藏集》（*A Catalogue of the Sculpture Collection at Wilton House*），以及与万纳蓬·连江（Wannaporn Rienjang）合编的犍陀罗艺术系列论文集。

Styles, John（约翰·斯泰尔斯）· 第一部分 第3章

约翰·斯泰尔斯，赫特福德大学历史系名誉教授、伦敦维多利亚和阿尔伯特博物馆荣誉高级研究员。他专门研究英国早期近代史及英国帝国史，深入研究纺织品、物质生活、制造和设计。最新著作包括《大众服饰：18世纪英格兰的日常时尚》(*The Dress of the People: Everyday Fashion in Eighteenth-Century England*) 和《丝丝情感：1740—1770年间伦敦育婴堂的纺织品信物》(*Threads of Feeling: The London Foundling Hospital's Textile Tokens, 1740–1770*)。斯泰尔斯策划的展览"丝丝情感"（"Threads of Feeling"）于2010—2011年在伦敦育婴堂博物馆展出，2013—2014年在美国弗吉尼亚州威廉斯堡的德威特·华莱士装饰艺术博物馆展出。目前，斯泰尔斯正在撰写一本有关时尚、纺织品和工业革命起源的专著。

Talbot, Lee（李·塔尔伯特）· 第二部分 第8章

李·塔尔伯特为美国乔治·华盛顿大学博物馆和纺织博物馆纺织藏品部研究员，研究东亚纺织史。自2007年入职乔治·华盛顿大学博物馆和纺织博物馆以来，李·塔尔伯特主持并参与策划了十余场展览，如近年展出的《晚清碎影：约翰·汤姆逊眼中的中国，1868—1872》（"China: Through the Lens of John Thomson, 1868–1872"）、《移民的故事：当代艺术家对迁徙的诠释》（"Stories of Migration: Contemporary Artists Interpret Diaspora"）、《琉球特有的红型艺术》（"Bingata! Only in Okinawa"）及《消逝的传统：中国西南地区的纺织品与珍宝》（"Vanishing Traditions: Textiles and Treasures from Southwest China"）。李·塔尔伯特曾在韩国首尔的郑英阳刺绣博物馆任研究员，2009年任该馆客座研究员，并参与策划了展览《寻根世界：乔恩·埃里克·里斯（Jon Eric Riis）诠释古老缂织》（"Sourcing the World: Jon Eric Riis Re-envisions Historic Tapestry"）。李·塔尔伯特还担任了第9届美国缂织双年展（2012）评委，同时他也是美国纺织学会董事会成员。

Tamburini, Diego（迭戈·坦布里尼）· 第二部分 第5章

迭戈·坦布里尼，分析化学家，2015年获意大利比萨大学化学和材料科学博士学位。他专门研究使用色谱和质谱技术鉴定有机材料。其博士论文主要研究分析热裂解技术(热裂解—气相色谱—质谱联用技术)在考古木材和亚洲漆中的应用。2016年他加入大英博物馆科学研究部，荣获安德鲁博士后奖学金，主要研究方向为应用液相色谱质谱鉴定织品文物中的天然染料。主要研究项目是奥雷尔·斯坦因收藏品敦煌织物中使用的亚洲染料色谱。2020年，迭戈·坦布里尼作为史密森学会博士后研究员前往弗里尔艺术画廊和亚瑟·M.萨克

勒画廊（史密森学会亚洲艺术国家博物馆）的保护与科学研究部门。在此期间，主要研究项目是对吉多·戈德曼（Guido Goldman）收藏品中的绵织物进行染料分析，主要目的是探究19世纪中亚绵织物生产过程中从使用天然染料到使用合成染料的转变。在西北大学短暂的博士后阶段研究期间，他专注于非洲雕塑中蛋白质的分布。2021年，他以科学家的身份再次加入大英博物馆，研究聚合物和现代有机材料。

Wang, Helen（汪海岚）· 第五部分 第20章

汪海岚，大英博物馆东亚钱币研究馆馆长。作品包括《丝绸之路上的货币：亚洲中东地区800年前后的证据》（*Money on the Silk Road, the Evidence from Eastern Central Asia to c. AD 800*）、《丝绸之路上的货币纺织品》（多人合著）（*Textiles as Money on the Silk Road*），并编有多卷与奥雷尔·斯坦因爵士（Sir Marc Aurel Stein）及其收藏品相关的图书。

Sim, Yeonok（沈莲玉）· 第三部分 第10章

沈莲玉，现任韩国传统文化大学传统美术工艺系教授、传统纺织品修复研究所所长。沈莲玉在韩国国民大学取得学士学位和硕士学位后，又赴东华大学（前身为中国纺织大学）攻读并取得博士学位。2000年起，任中国丝绸博物馆中国纺织品鉴定保护中心访问学者。2011年至2013年，供职于韩国文化遗产委员会。沈莲玉致力于东亚古代纺织研究，先后发表了30多篇论文，出版了7本专著，包括《中国纺织史》（*History of Chinese Textiles*）、《韩国传统织物五千年》（*Five Thousand Years of Korean Textiles*, 2002）、《韩国传统编带和结艺》（*Korean Traditional Braids and Knots*, 2006）、《韩国纺织设计两千年》（*2,000 Years of Korean Textile Design*, 2006）、《韩国传统印金》（*Geumbak: Korean Traditional Gold Leaf Imprinting*, 2020）、《韩山苎麻》（*Hansan Mosi* [Korean Ramie], 2020），以及《韩国刺绣两千年》（*2,000 Years of Korean Embroidery*, 2020）。

Zanier, Claudio（克劳迪奥·扎尼尔）· 第五部分 第17章

克劳迪奥·扎尼尔是意大利比萨大学亚洲史退休教授、欧洲委员会丝绸文化线路的意方展览协调人、东京一桥大学客座教授、巴黎社会科学高等研究学院（EHESS）副研究员、中国丝绸博物馆的学术顾问。著有《从中世纪到17世纪的意大利丝绸业》（*La seta in Italia dal medioevo al Seicento, 2000*）（与卢卡·莫拉和霍尔德·米勒合著）、《前现代欧洲技术与东亚》（*Pre-Modern European Technology and East Asia, 2005*）（收录于马德斌《1500—1900年太平洋地区的纺织业》一书）、《中西丝绸神话》（*Miti e culti della seta. Dalla Cina all'Europa, 2019*）。

Zhao, Feng（赵丰）· 中文版序、第一部分 第1章、结语

　　赵丰是世界知名的中国古代丝绸研究领域的权威专家，曾任中国丝绸博物馆馆长、纺织品文物保护国家文物局重点科研基地（SACH）学术委员会主任，并担任东华大学（上海）纺织与服饰史论专业博士生导师。同时，他还是国际博物馆协会执行委员、国际古代纺织品研究中心（CIETA）理事会成员，并任国际丝路之绸研究联盟（IASSRT）主席。赵丰博士致力于研究丝绸之路沿途的纺织品与文化交流，主要以考古发掘和民族学调查的实物资料为基础，进行技术史和艺术史的跨学科研究。

译后记

"丝绸之路上的文化互动专题集"中的第一部专集《纺织与服装》中文版译自UNESCO和中国丝绸博物馆联合出版的英文版图书 *Textiles and Clothing along the Silk Roads*。联合国教科文组织授权中国丝绸博物馆完成中文版的翻译和出版工作。

本书的撰写力求做到"专、广、浅",要汇集全球顶尖纺织品领域专家的研究成果,要探究丝绸之路上古今中外的纺织品,要聚焦丝绸之路上的文化对话,更要深入浅出,专业而不晦涩。因此全书囊括了多学科、多专业的海量知识,这也给翻译带来了很大的难度。

为此,中国丝绸博物馆特别邀请浙江理工大学的英语专家和国内纺织与服装专家分别组成了翻译团队和审校团队。翻译团队由李思龙、李启正两位担任主译,成员包括余晓娜、陈冬雪、陆佳佳、夏琳、李燕、陈伊琳、倪佳美和钮玲玲,并特别邀请徐蔷翻译了第6章和第8章。审校团队成员包括赵丰、徐蔷、蔡欣、鲁佳亮、刘剑、龙博、王乐和李晋芳。

本书的翻译过程是一个创新的过程,也是一个体现团队合作精神的过程。在此,特向原作两位主编、参与写作的专家以及联合国教科文组织的编辑团队致谢,向翻译团队和审校团队致谢,向浙江大学出版社的编辑团队致谢。

译文难免有不妥之处,敬请各位读者、学界同仁批评指正!

图书在版编目（CIP）数据

纺织与服装 / 赵丰，（丹）玛丽-路易斯·诺施
(Marie-Louise Nosch) 主编. -- 杭州：浙江大学出版
社，2023.2
（丝绸之路文化互动专题集）
ISBN 978-7-308-22703-2

Ⅰ．①纺… Ⅱ．①赵… ②玛… Ⅲ．①纺织－文化研
究－文集 Ⅳ．①TS1-53

中国版本图书馆CIP数据核字(2022)第105802号

纺织与服装

赵丰　[丹]玛丽-路易斯·诺施　主编
李晋芳　助理主编
李思龙　李启正　主译

策　划	包灵灵	
责任编辑	田　慧	
责任校对	陆雅娟	
封面设计	林智广告	
出版发行	浙江大学出版社	
	（杭州市天目山路148号　　邮政编码310007）	
	（网址：http：//www.zjupress.com）	
排　版	杭州林智广告有限公司	
印　刷	浙江全能工艺美术印刷有限公司	
开　本	710mm×1000mm　1/16	
印　张	26.75	
字　数	451千	
版 印 次	2023年2月第1版　2023年2月第1次印刷	
书　号	ISBN 978-7-308-22703-2	
定　价	168.00元	

UNESCO Team

General Supervision and Management:
Mehrdad Shabahang, Programme Specialist

Coordination: Xinyu Zhou, Tara Golkar, Natalia Wagner

Graphic Design (cover and layout): Corinne Hayworth

English Editor: Emily Baker

Proofreader: Cathy Lee

China National Silk Museum Team

Assistant Editor: Jinfang Li

Proofreader: Alice Fitzsimons

The English version is published in 2022 by the United Nations Educational, Scientific and Cultural Organization (UNESCO)
7, place de Fontenoy, 75352 Paris 07 SP, France
and China National Silk Museum (CNSM),
No. 73-1 Yuhuangshan Road, Hangzhou, Zhejiang 310002, China

© UNESCO/China National Silk Museum, 2022
ISBN 978-92-3-100539-8

Cover photo: © Gala Vilarrasa Richard
Section photos: I. © Aung Chan Thar; II. © Behzod Boltaev;
III. © Farshid Bastani Rad; IV. © Azamat Bolzhurov;
V. © Mohammad Al-Amin; Final words © Jahid Apu

Printed in China